空調空間の温度・気流のコンピューターシミュレーション

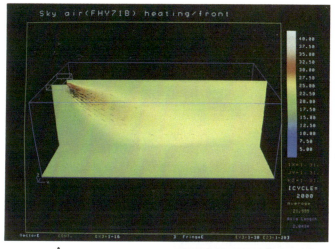

A

空調空間の温度・気流分布は，室内快適性の大きな要素である．左図は天井より吊り上げたエアコンで暖房を行った場合の室内温度の分布状態を，コンピュータグラフィックで色調表示したものである．

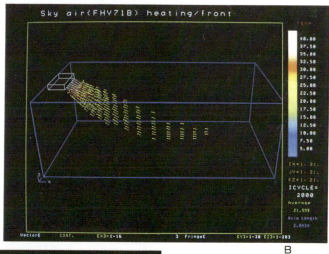

B

右図は，上図の場合の吹き出し流れをベクトル表示したもの．

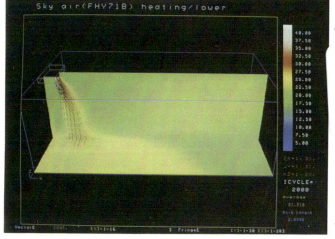

C

左図はA図の場合より，吹き出し方向を下方に下げた場合．特に床面付近の温度上昇が見られる．

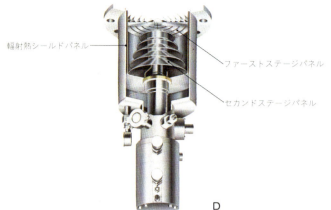

輻射熱シールドパネル
ファーストステージパネル
セカンドステージパネル

D

ファーストステージパネル（50 K）で水蒸気を凍結除去．セカンドステージパネル（10 K）で N_2, O_2, Ar を凍結，さらに 10 K でも凍結しない H_2, He, Ne をセカンドステージパネル内面の活性炭で吸着する．

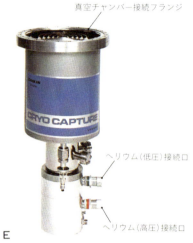

真空チャンバー接続フランジ
ヘリウム（低圧）接続口
ヘリウム（高圧）接続口

E

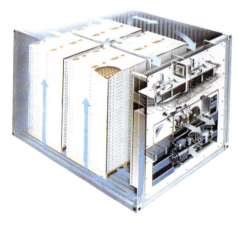

F

クライオポンプ 気体分子が絶対零度近くに冷却された面に接すると凍結する特性を応用して，10^{-8}Pa（10^{-10}Torr）以下の高真空を得る装置で，半導体製造装置などの先端産業分野に主として用いられる．冷却の原理はギフォード・マクマホンサイクルにより，ヘリウムの膨張仕事によって 10 K レベルの極低温を得る．

海上コンテナ冷凍装置 コンテナに生鮮貨物を積載して，冷凍冷蔵運転しながら生産地から消費地まで低温輸送する．冬の北太平洋から炎熱の中近東まで，世界の海を航行するため，周囲温度 +50〜−20°C，横ゆれ角 30°のほか，耐衝撃性・耐海水性など高い信頼性が要求される．低温輸送される貨物は，肉・魚・果物のほか，加工食品・球根・切り花など数多くの品種におよんでいる．

冷凍空調工学

関 信弘 編

福迫尚一郎・稲葉英男・坂爪伸二
相場眞也・斉藤 図・山田悦郎
共 著

森北出版株式会社

執筆分担

第1編　冷　凍　工　学

1. 冷　凍　　　　　　　　　　　福迫尚一郎

2. 伝　熱　　　　　　　　　　　稲葉　英男

3. 冷凍機および　　　　　　　　坂爪　伸二
　　　冷凍システム

4. 冷凍の進歩と応用　　　　　　相場　眞也

第2編　空　調　工　学

1. 空気調和理論　　　　　　　　斉藤　　図
　　　の基礎

2. 空気調和の方式　　　　　　　山田　悦郎
　　　とその展望

本書のサポート情報などをホームページに掲載する場合があります.下記のアドレスにアクセスしご確認下さい.
http://www.morikita.co.jp/support

■本書の無断複写は著作権法上での例外を除き禁じられています.複写される場合は,そのつど事前に(社)出版者著作権管理機構(電話 03-3513-6969,FAX03-3513-6979,e-mail:info@jcopy.or.jp)の許諾を得てください.

は　し　が　き

　私が冷凍空調工学に興味を持ったのは，戦前恩師の大賀惠二先生から熱力学の講義で湿り空気を習ってからである．今から思えば単純なことにあたるが，空気を冷やしたり暖めたりすることにより，モリエ線図をたどっていくと空気の湿り度の最終結果が得られることなど一大知識を得たように面白かったことが今でも心に残っている．戦後私は凍結問題の研究を行う必要から冷凍機を使ったり，冷凍室を使ったりするうちに，ごく自然に冷凍機に関心をひかれるようになった．

　やはり冷凍機を使うことによって常温とはちがった低温の温度領域を手軽に実現できる機械としての冷凍機に対する知識が自然に深まっていったことになろうか．今ではとても考えられないが，図体の大きい5馬力のフレオン冷凍機で，随分多くの事柄を勉強させて貰った．私が冷凍空調工学を関係の先生方にお願いして編集してみようと思ったのはこうした私個人の背景にあるといって良いかも知れない．

　冷凍空調工学の分野は，技術の革新的進歩と社会生活環境に対する快適性の強い要求の中で，ここ十数年来めざましい進歩と変革をとげてきたといえる．例えば，家庭用空調機はますます小型化し，無音化に近づくとともに効率も着実に上昇している．最近ではビル構造物に完全制御された空調機が相互に運転できるように工夫させることにより，ビル内空気環境を常に一定の快適性の中に保ち得るようにした，いわゆるインテリジェントビルが出現するにおよんで，空調工学は急速に我々の社会生活の必要度の一つの重要な分野になりつつあるといっても過言ではないかも知れない．

　本書はこうした工業分野のニーズに応え，

　1）　初めてこの分野の勉強に関心を持つ技術者諸君にも難解な入門書とならないように，例題をできるだけ多く随所に入れ，内容の理解に役立つようにしたつもりである．

　2）　冷凍工学の基礎の一つである，伝熱工学の記述においては，既刊の「伝熱工学」との重複をできるだけ避けるように，理論的記述より多くの図表を採用するなど，実務的な便に供せられるようにした．

　3）　冷凍工学あるいは空調工学がかかえる現在の問題点と，これらの工学が近い

ii　は　し　が　き

将来どのような方向に発展をとげていくであろうかという問題を考えてみる必要があるが，本書では，これらに対する何等かの示唆を示すため，これら工学がこの数年間に果してきた最新の進歩を，事例を盛りこみつつそれぞれ章を設けて記述することにした．

　ことなどいくつかの試みを行ってある．

　また，本書の単位，記号等はできるだけ伝熱工学資料（日本機械学会編）に準拠するようにしたが，採用した図表の多くは，まだCGS単位とSI単位のものが混在しており，全体として図表の単位統一がなされていない現状である．このため，本書においては，単位については各章ごとの記述の都合上に従って，新旧いずれかの単位を選択することとし，また記号については，それぞれの専門分野の慣用を尊重し，全章を通じて必ずしも統一することはしていない．

　読者には多少わずらわしいかも知れないが，各章ごとには十分に理解しやすいようにしているつもりであるので，いずれ図表の整理・統一がなされるまで御許しいただきたいものと思っている．

　本書の出版を引きうけてから数年の月日が流れたが，森北出版利根川和男氏には編者の怠慢を辛棒づよく御許しいただいたことなど感謝にたえない．また巻頭の口絵は知友山本博康氏（ダイキン工業）より御提供いただいたものであることを付記して謝意を表するものである．

　1990 年 10 月

関　信　弘

目　　次

第1編　冷　凍　工　学

1. 冷　　　凍 ……………………………………………………………………… 2

  1.1　冷凍サイクル ……………………………………………………………… 2

    1.1.1　冷凍と冷凍機 ……………………………………………………… 2

    1.1.2　冷凍サイクルの概要 ……………………………………………… 2

    1.1.3　冷凍サイクルにおける圧力と温度の変化 ……………………… 5

    1.1.4　逆カルノーサイクルとその可能性 ……………………………… 5

    1.1.5　温度-エントロピ線図上のサイクル ……………………………… 7

    1.1.6　圧力-エンタルピ線図上のサイクル ……………………………… 8

  1.2　冷凍負荷の計算 …………………………………………………………… 9

    1.2.1　冷凍能力の単位 …………………………………………………… 9

    1.2.2　乾き圧縮冷凍サイクル …………………………………………… 9

    1.2.3　過冷却冷凍サイクル ……………………………………………… 11

    1.2.4　2段圧縮冷凍サイクル …………………………………………… 12

    1.2.5　二元冷凍サイクル ………………………………………………… 16

  1.3　冷媒およびブラインとそれらの性質 …………………………………… 18

    1.3.1　概　　　要 ………………………………………………………… 18

    1.3.2　冷媒が備えるべき条件 …………………………………………… 19

    1.3.3　冷媒の種類 ………………………………………………………… 20

    1.3.4　無機化合物 ………………………………………………………… 20

    1.3.5　ハロゲン炭素化合物 ……………………………………………… 23

    1.3.6　共沸混合物 ………………………………………………………… 35

    1.3.7　ブ　ラ　イ　ン ………………………………………………… 35

  演　習　問　題 ……………………………………………………………… 43

2. 伝　　　熱 ……………………………………………………………………… 45

  2.1　熱の伝わり方 ……………………………………………………………… 45

iv 目 次

2.2 伝 導 伝 熱 ……………………………………………46
  2.2.1 定常伝導伝熱 ……………………………………51
  2.2.2 非定常伝導伝熱 …………………………………56
2.3 熱 通 過 ……………………………………………58
  2.3.1 熱通過率 K の求め方 …………………………58
  2.3.2 多層平板の熱通過率 ……………………………58
  2.3.3 多層円管の熱通過率 ……………………………58
2.4 対 流 伝 熱 ……………………………………………59
  2.4.1 対流の流動および熱伝達様式 …………………59
  2.4.2 強制対流による熱伝達 …………………………62
  2.4.3 自然対流による熱伝達 …………………………66
2.5 放 射 伝 熱 ……………………………………………70
  2.5.1 熱放射の基本法則 ………………………………70
  2.5.2 熱放射による伝熱 ………………………………73
2.6 沸騰および凝縮熱伝達 …………………………………77
  2.6.1 沸 騰 伝 熱 ……………………………………77
  2.6.2 凝 縮 伝 熱 ……………………………………79
2.7 熱交換器における熱伝達 ………………………………81
  2.7.1 交 換 熱 量 ……………………………………81
  2.7.2 汚 れ 係 数 ……………………………………84
  2.7.3 対数平均温度差 …………………………………84
演 習 問 題 ……………………………………………………86

3. 冷凍機および冷凍システム ………………………………88
3.1 冷凍機の概要 ……………………………………………88
3.2 圧縮式冷凍機 ……………………………………………89
  3.2.1 圧縮式冷凍機の理論 ……………………………89
  3.2.2 圧 縮 機 ………………………………………94
  3.2.3 凝 縮 機 ………………………………………98
  3.2.4 蒸 発 器 ………………………………………101
  3.2.5 制御装置および付属装置 ………………………105
3.3 吸収式冷凍機 ……………………………………………107

　　　　　　　　　　　　　　　　　　　　　　　　目　　次　　v

　　　3.3.1　吸収式冷凍機の概要　……………………107
　　　3.3.2　冷媒と吸収剤の特性　……………………110
　　　3.3.3　吸収冷凍機の熱収支　……………………115
　3.4　ターボ冷凍機　…………………………………116
　　　3.4.1　ターボ冷凍機の概要　……………………116
　　　3.4.2　ターボ冷凍機の冷凍サイクル　…………117
　　　3.4.3　ターボ冷凍機の構造　……………………120
　演　習　問　題　………………………………………122

4.　冷凍の進歩と応用　……………………………………124
　4.1　熱　電　冷　凍　………………………………124
　　　4.1.1　原　　　理　………………………………124
　　　4.1.2　理　論　と　特　徴　……………………125
　4.2　極　低　温　装　置　…………………………129
　　　4.2.1　概　　　要　………………………………129
　　　4.2.2　極低温領域の熱力学　……………………130
　　　4.2.3　空　気　の　液　化　……………………131
　　　4.2.4　水素・ヘリウムの液化　…………………133
　　　4.2.5　極　低　温　機　器　……………………133
　4.3　冷凍システムの進歩　…………………………134
　　　4.3.1　概　　　要　………………………………134
　　　4.3.2　冷凍サイクルの進歩　……………………135
　　　4.3.3　冷凍機器の進歩　…………………………136
　　　4.3.4　低温利用技術の拡大　……………………139
　4.4　食品の低温貯蔵　………………………………141
　　　4.4.1　概　　　要　………………………………141
　　　4.4.2　食品の熱的物性値　………………………142
　　　4.4.3　冷　却　速　度　…………………………143
　　　4.4.4　冷　却　装　置　…………………………146
　4.5　食品凍結と製氷　………………………………147
　　　4.5.1　概　　　要　………………………………147
　　　4.5.2　食品の凍結速度　…………………………148

vi 目　次

　　4.5.3　凍結装置の負荷計算 ……………………………………………151

　　4.5.4　製　氷　装　置 ………………………………………………152

演　習　問　題 ……………………………………………………………154

第2編　空　調　工　学

1. 空気調和理論の基礎 ………………………………………………158

1.1　空気調和の基礎 ………………………………………………158

　　1.1.1　空気調和とは ………………………………………………158

　　1.1.2　湿り空気の概要 ……………………………………………158

　　1.1.3　湿り空気の熱力学 …………………………………………161

1.2　湿り空気線図（h-x線図） …………………………………168

　　1.2.1　湿り空気線図の概要 ………………………………………168

　　1.2.2　湿り空気の状態変化（h-x線図の使い方） ……………170

1.3　空気調和負荷の計算 …………………………………………176

　　1.3.1　室内外の空気状態 …………………………………………176

　　1.3.2　空気調和負荷と状態変化 …………………………………182

演　習　問　題 ……………………………………………………………191

2. 空気調和方式とその展望 …………………………………………194

2.1　直接暖房方式の実際 …………………………………………194

　　2.1.1　概　　要 ……………………………………………………194

　　2.1.2　蒸気暖房方式と設備 ………………………………………195

　　2.1.3　温水暖房方式と設備 ………………………………………199

　　2.1.4　ふく射暖房方式と設備 ……………………………………205

2.2　冷房方式の実際 ………………………………………………206

　　2.2.1　冷房方式の概要 ……………………………………………206

　　2.2.2　冷房方式の種類 ……………………………………………207

　　2.2.3　空　気　調　和　機 ………………………………………207

　　2.2.4　空調方式の考察 ……………………………………………209

2.3　加湿および減湿装置 …………………………………………211

　　2.3.1　加　湿　装　置 ……………………………………………211

　　2.3.2　減　湿　装　置 ……………………………………………212

目　　次　vii

2.4　ヒートポンプによる空気調和 ……………………………………213
　2.4.1　ヒートポンプの概要 ……………………………………213
　2.4.2　ヒートポンプ方式の分類と構成機器 ………………………213
　2.4.3　熱　　　源 ………………………………………………214
　2.4.4　ヒートポンプによる空調方式 ……………………………215
2.5　冷　却　塔 …………………………………………………………216
　2.5.1　冷却塔の概要 ……………………………………………216
　2.5.2　冷却塔の種類と構造 ………………………………………216
　2.5.3　冷却塔の理論 ……………………………………………217
2.6　空気調和方式の進歩 ………………………………………………220
　2.6.1　概　　　要 ………………………………………………220
　2.6.2　空気調和機器の進歩 ………………………………………222
　2.6.3　空気調和システム，特にヒートポンプの進歩 ………………223
演　習　問　題 …………………………………………………………224

単　位　換　算　表 ……………………………………………………228

索　　　引 ………………………………………………………………231

第1編　冷　凍　工　学

2

1

——————————————————— 冷　　凍

1.1　冷凍サイクル

1.1.1　冷凍と冷凍機

　物体または一定の場所から熱を人工的に取り去り，その温度を自然界温度より低い温度に保持する技術を冷凍（refrigeration）と称するが，近年その利用範囲は，日常生活に直結した食品の貯蔵をはじめ，低温を必要とする産業，製氷および空気調和など各方面に及んでいる．

　物を低い所から高い所へ移動するには仕事が必要である．たとえば高さ H_1[m] のところにある水を高さ H_2[m] のところに上げるためにはポンプが必要であり，そのポンプに必要な仕事量は揚程差 (H_2-H_1)[m] と水量の積に比例することは周知の事実である．同様に温度 T_1[K] の物体から熱を吸収し，それを温度 T_2[K]（$T_2 > T_1$）の物体に移動するには，外部から仕事を与える必要があり，このことは熱力学の第 2 法則「熱はそれ自身では低温度から高温度へは移りえない」より良く理解されるところである．このような低温の物体から熱をとり高温の物体へ移動する目的に使う装置を冷凍機（refrigerating machine）という．この操作を行うサイクルを冷凍サイクル（refrigeration cycle）といい，このサイクルを行う動作流体を冷媒（refrigerant）と称する．

1.1.2　冷凍サイクルの概要

　図 1.1 に最も一般的に使用されている蒸気圧縮冷凍機の装置概要を示してある．図に示すように装置は蒸発器 (evaporator)，圧縮機 (compressor)，凝縮器 (condenser)，膨張弁 (expansion valve) の 4 主要部より成り立っている．蒸発器内での吸熱作用によって蒸発した冷媒は，圧縮機内にて機械的仕事が与えられて高温高圧の蒸気となる．これを凝縮器に導いて水または空気などで冷却すると，冷媒は凝縮して液体となる．さらに，これを膨張弁を通して蒸発器に送入すると，再び

蒸発して吸熱作用を行うというサイクルが繰り返されている．この主要な四つの作用について以下説明する．

(1) 蒸発過程　冷媒は液体から気体に変化する．図1.2に示すように蒸発器（冷却コイル）の中にある液化冷媒は，周囲より蒸発に必要な熱（潜熱）を奪って連続して蒸発している．そのため蒸発器内は冷媒液と蒸気が共存している．冷媒を十分に低い温度で蒸発させるためには，蒸発器内の圧力を適当に低く保つ必要がある．このため蒸発した冷媒蒸気は圧縮機によって蒸発器より排出される．このとき冷媒は乾き蒸気か，多少過熱された状態になっている．液体から気体（蒸気）への状態変化関係の一例を表1.1に示す．

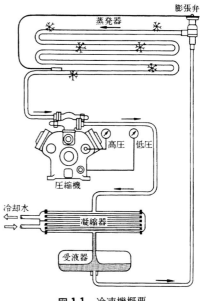

図 1.1　冷凍機概要

表 1.1　蒸発温度と蒸発圧力

| 蒸発温度 | 蒸発圧力（ゲージ圧力）[kgf/cm²] ||||
[℃]	アンモニア	R12	R22	R502
0	3.35	2.11	4.07	4.80
−15	1.38	0.83	2.00	2.53
−30	0.19	65mmHg（真空）	0.65	1.00

(2) 圧縮過程　冷媒蒸気を液化しやすい高温高圧の状態にする．圧縮機には，蒸発器内を一定の低圧に保つことと，蒸気を所定の高温高圧の状態にして送り出すことの二つの作用がある．圧縮機によって吸い込まれた冷媒蒸気はシリンダで圧縮されて圧力を高め，冷却水や冷却空気などの自然界の通常の温度状態で液化が可能な状態になる．

(3) 凝縮過程　冷媒は気体（蒸気）から液体になる．冷却は普通大および中容量の冷凍機では水，小容量のものでは空気によって行われる．図1.2に示すように常温より高い過熱蒸気となっている冷媒は，冷却によりまず飽和蒸気の状態の温度まで下がり，凝縮がはじまり湿り蒸気となり最終的に全体が液体となる．液体となってからも冷却され，普通さらに温度が下がった上で受液器へ入

4　1　冷　凍

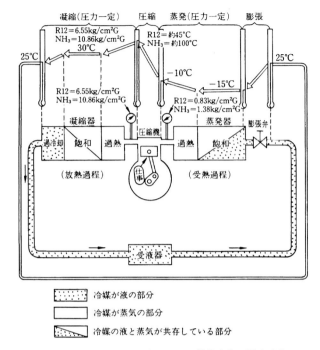

図1.2 冷凍サイクル内の冷媒ガスの状態変化と温度変化

る．このように凝縮器内も蒸発器内と同様に蒸気と液の共存状態にある．凝縮圧力と凝縮温度は一定の関係にある．その一例を表1.2に示す．

表1.2 凝縮温度と凝縮圧力

凝縮温度	凝縮圧力(ゲージ圧力)〔kgf/cm²〕			
〔℃〕	アンモニア	R12	R22	R502
30	10.86	6.55	11.23	14.04
35	12.73	7.60	12.92	15.93
40	14.22	8.74	14.76	17.99

(4) 膨張過程　冷媒液を蒸発しやすい状態にする．受液器を出た冷媒は膨張弁を通り蒸発器へ入るが，膨張弁入口側では高圧で，蒸発器側は低圧に保たれているから，熱力学的な"絞り"変化を受け，蒸発しやすい状態まで減圧される．したがって，膨張弁は絞り弁の一種であり，減圧作用と冷媒液流量制御作用の二つの機能を兼ね備えている．

なお，小型冷凍機（たとえば家庭用冷凍冷蔵庫など）では膨張弁の代りにある長

さの毛細管（capillary tube）を用いている．

1.1.3 冷凍サイクルにおける圧力と温度の変化

冷凍サイクルにおいては，冷媒は蒸発，圧縮，凝縮，膨張の四つの作用を順次繰り返しながら，冷媒系統内を連続的に循環していることを述べたが，さらに冷凍サイクル内の冷媒の状態変化と温度・圧力変化につき具体的に述べてみる．

図 1.2 は，蒸発温度 −15°C，過熱度 5°C，凝縮温度 30°C，過冷却度 5°Cの条件の下に冷媒として R12（フロン 12）およびアンモニア（NH₃）を用いた場合の冷凍サイクル内の状態変化および温度・圧力変化を例示している．

状態変化が行われている蒸発器と凝縮器内の冷媒蒸気は飽和の状態にあり，圧力と温度の関係は一定である．蒸発器内で冷媒を −15°C で蒸発させるためには，蒸発器内の圧力を，R12 の場合 0.83kgf/cm²（ゲージ圧力），アンモニアの場合 1.38 kgf/cm² に保たねばならない．また凝縮器内で冷媒を 30°Cで凝縮させるとすると，凝縮器内の圧力は R12 の場合 6.55kg/cm²，アンモニアの場合 10.86kgf/cm² となる．

冷凍サイクルにおいては，蒸発温度は冷却しようとする物の温度よりも低い温度（普通その温度差は 5〜13°C）にする必要がある．蒸発圧力はその温度に相当する飽和圧力である．一方，凝縮温度は冷却水や冷却空気の温度より高い温度（普通水冷の場合 7〜15°C，空冷の場合 13〜20°C）であって，凝縮圧力はその温度に相当する飽和圧力となる．したがって，圧縮機の低圧側と高圧側の圧力計の指示を読むことにより，蒸発器と凝縮器内の冷媒の温度を推定できるのである．

1.1.4 逆カルノーサイクルとその可能性

冷凍機の冷媒に次のような理想サイクルの仮定を行ってみる．

冷媒は，(1)低熱源から等温（T_1〔K〕）の状態で吸熱（蒸発過程に相当）し，(2)外部からの仕事により断熱圧縮（圧縮過程に相当）され，(3)高熱源へ等温（T_2〔K〕）で放熱（凝縮過程に相当）し，(4)断熱膨張（膨張過程に相当）をしてはじめの状態にもどる．これは Carnot（1796-1832）が提唱した理想的な熱機関サイクルであるカルノーサイクルを逆まわりさせたものであり，普通「逆カルノーサイクル」といわれるものである．

いまこのサイクルを縦軸に絶対温度 T〔K〕，横軸にエントロピ s〔J/kgK〕をとり図示すると図 1.3 のabcd となる．図において，

6　1　冷　　凍

面積 abb'a' ＝ 低熱源よりの吸熱量（一般に冷凍効果という）q_1 [J/kg]

面積 a'dcb' ＝ 高熱源への放熱量
q_2 [J/kg]

であるから，冷媒が受ける仕事量 W [Nm/kg]

面積 abcd ＝ $q_2 - q_1$ ＝ W [Nm/kg]

で表される．

冷凍機では，低熱源より受け取る熱量（冷凍熱量）q_1 と圧縮機による仕事量 W との比が冷凍機性能を表す尺度となるが，これを冷凍機の成績係数 (coefficient of performance) といい，一般に ε の記号で表している．すなわち，

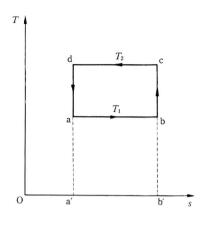

図 **1.3**　逆カルノーサイクル

$$\text{成績係数 } \varepsilon = \frac{\text{冷凍熱量}}{\text{圧縮仕事}} \tag{1.1}$$

である．いま逆カルノーサイクルの成績係数を ε_C とすると，

$$\varepsilon_C = \frac{q_1}{W} = \frac{T_1}{T_2 - T_1} \tag{1.2}$$

となる．式 (1.2) より明らかなように，ε_C は低熱源温度 T_1 が高いほど，また高熱源温度 T_2 が低いほど大きくなる．さらに，$T_2 - T_1$ が一定ならば，温度レベルが高いほど ε_C は大きくなる．

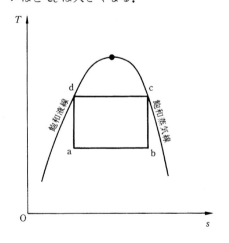

図 **1.4**　蒸気の逆カルノーサイクル

さてここで，熱ポンプとしての逆カルノーサイクルの成績係数について考えてみる．熱ポンプの場合には，高熱源へ放出する熱量 q_2 と圧縮機による仕事量 W との比を熱ポンプの成績係数 ε_{hC} としているが，

$$\varepsilon_{hC} = \frac{q_2}{W} = \frac{T_2}{T_2 - T_1} = 1 + \varepsilon_C \tag{1.3}$$

となる．これより熱ポンプの成績係数は冷凍機の成績係数より常に大きいことがわかる．

さて実際の蒸気圧縮サイクルにおいて逆カルノーサイクルを実現させる可能性とその効用について述べる．図1.4に示すように飽和蒸気の領域でabcdのような逆カルノーサイクルが理論的には考えられるが，このサイクルの実現には以下に述べるように多くの問題がある．まず断熱圧縮をbcのように湿り蒸気の状態で行わねばならないが，これは蒸気中に混在する液滴のため圧縮の際のシリンダが破損するという危険性があり，また潤滑が困難であるということから実行は困難である．また可逆の断熱膨張daを行うには，ピストン型あるいはタービン型の膨張機を設置する必要があるが，そのことによる非可逆の絞り変化との間の熱力学的な利点は非常に少ない．このようなことから，図1.4に示すような逆カルノーサイクルの実現は難しいことがわかる．

1.1.5 温度-エントロピ線図上のサイクル

実際の蒸気圧縮冷凍機の冷媒の行うサイクルを温度-エントロピ線図（T-s線図）上に示すと図1.5のようなものになり，サイクルは（a→b→c→c′→d）で与えられる．ここで，

(d→a)：膨張弁（絞り弁）における等エンタルピの膨張過程
(a→b)：蒸発器における等温・等圧の蒸発過程
(b→c)：圧縮機における断熱圧縮過程
(c→c′→d)：凝縮器における等圧の凝縮過程

であり，熱収支は次のように示される．

面積 aa′b′b＝冷媒の低熱源よりの受熱量（冷凍効果という）q_1〔J/kg〕

面積 dd′b′cc′＝冷媒の高熱源への排熱量 q_2〔J/kg〕

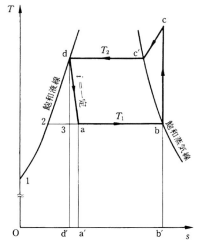

図1.5 温度エントロピ線図上のサイクル

冷媒は膨張弁入口ではいくらか過冷却（凝縮温度よりいくらか低く図では簡単のためこれを無視して示してある）されており，膨張弁にて絞り作用を受け等エンタルピ変化（d→a）をし，湿り蒸気となる．点aで蒸発器に入り，周囲から吸熱し蒸発するが，この過程は等温・等圧変化（a→b）である．次に，冷媒は点bで圧縮器へ入り，等エントロピ変化（b→c）の圧縮を受け過熱蒸気（点c）となる．ここから凝

縮器へ入った冷媒は放熱し，乾き飽和蒸気（点c′）から湿り蒸気となり，飽和液（点d）となって膨張弁へ入る．

このように，冷凍サイクルを熱力学的に理解する上で $T\text{-}s$ 線図は便利であるが，実際上のサイクル負荷計算には次に述べる圧力-エンタルピ線図の方が便利であり，普通これが使用されている．

1.1.6 圧力-エンタルピ線図上のサイクル

圧力 p[Pa] を縦軸，エンタルピ i[J/kg] を横軸にとり，冷媒の状態を数値的に知ることができるようにしたもので，普通モリエ線図（Mollier, 1863-1935）といわれている．図1.6にモリエ線図の構成を示してある．

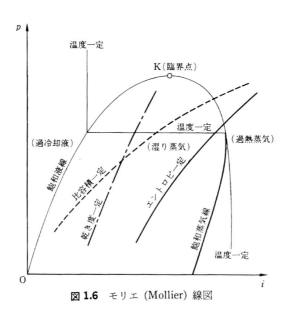

図1.6 モリエ (Mollier) 線図

普通，縦軸（p），横軸（i）とも対数目盛で示されている．図に示すように臨界点（K）より右へ飽和蒸気線，左へ飽和液線が下がっており，点Kより小さいある圧力ではこの線を境にして，右より過熱蒸気域，湿り蒸気域および過冷却液の三つに区分される．このように飽和液と過冷却液とが明確に区分できるのが $T\text{-}s$ 線との違いである．温度一定の線は，湿り蒸気域で水平であり，過熱蒸気域および過冷却液域ではほとんど垂直に近い．また線図内には，比容積 v，乾き度 x，およびエントロピ s 一定の線も描かれている．

圧力-エンタルピ線図が蒸気圧縮冷凍機の計算上きわめて有用な理由は，(1)膨張弁の絞り過程が等エンタルピ変化であること，(2)流体が等圧変化（蒸発および凝縮）する際の外部との熱収支が，その変化前後のエンタルピ差で算出できること，(3)定常的な流れの過程において流体を断熱の条件下で圧縮する仕事が，その変化前後のエンタルピ差で算定できることなどである．

1.2 冷凍負荷の計算

1.2.1 冷凍能力の単位

冷凍機が低熱源より吸熱し，これを高熱源へ移動させる冷凍能力の単位として，普通1昼夜に作り得る氷の量で表した冷凍トン (refrigeration ton) が用いられる．1冷凍トンとは24時間に0°Cの水を0°Cの氷にする場合の熱量である．水の凝固の潜熱は 79.68 kcal/kg(333.6 kJ/kg) であるから

$$1 \text{日本冷凍トン} = \frac{79.68 \times 1\,000}{24} = 3\,320 \text{ kcal/h} \qquad (1.4)$$
$$(13\,900 \text{ kJ/h})$$

である．米国制単位では水の凝固の潜熱を 144 BTU/lb，1米トンを 2000 lb とし，1 kcal は 3.968 BTU であるから

$$1 \text{米国冷凍トン} = \frac{144 \times 2\,000}{24 \times 3.968} = 3\,024 \text{ kcal/h} \qquad (1.5)$$
$$(12\,660 \text{ kJ/h})$$

となる．したがって

$$\left. \begin{array}{l} 1 \text{日本冷凍トン} = 1.098 \text{ US 冷凍トン} \\ 1 \text{ US 冷凍トン} = 0.911 \text{日本冷凍トン} \end{array} \right\} \qquad (1.6)$$

1.2.2 乾き圧縮冷凍サイクル

乾き圧縮サイクルは，図 1.7 に示すように，圧縮機が点 b なる乾き飽和蒸気を吸入し，圧力 p，温度 T_c の過熱蒸気になるまで圧縮を行うサイクル abcc′d であり，各点のエンタルピをそれぞれ添字をつけて表すと，次のような特性値で示すことができる．

$$\begin{array}{lll} \text{冷凍効果：} & q_1 = i_b - i_a & [\text{J/kg}] & (1.7) \\ \text{圧縮仕事：} & W = i_c - i_b & [\text{Nm/kg}] & (1.8) \\ \text{放出熱量：} & q_2 = i_c - i_d & [\text{J/kg}] & (1.9) \end{array}$$

冷媒循環量： $G = \dfrac{Q}{q_1} = \dfrac{Q}{i_b - i_a}$ 〔kg/h〕 (1.10)

$$V = Gv_b = \dfrac{Qv_b}{q_1} = \dfrac{Qv_b}{i_b - i_a} \;\;〔m^3/h〕 \tag{1.11}$$

成 績 係 数： $\varepsilon = \dfrac{q_1}{W} = \dfrac{i_b - i_a}{i_c - i_b}$ (1.12)

ただし，i：エンタルピ〔J/kg〕
q_1：冷媒1kg当りの冷凍効果〔J/kg〕
q_2：冷媒1kg当りの放出熱量〔J/kg〕
W：冷媒1kg当りの圧縮仕事〔Nm/kg〕
Q：冷凍能力〔J/h〕
G：冷媒循環量〔kg/h〕
V：ピストン押しのけ量〔m³/h〕
v：冷媒ガスの比容積〔m³/kg〕

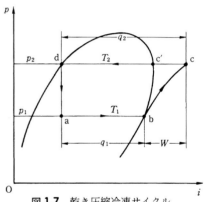

図1.7 乾き圧縮冷凍サイクル

例題1 冷媒はフロン12(R12)で，蒸発 −15℃，凝縮 30℃ の乾き圧縮サイクルをするとき，1日本冷凍トンに対する次の値を計算せよ．(1)冷媒の冷凍効果〔J/kg〕，(2)冷媒の循環量〔kg/h〕，(3)圧縮機の排除すべき吸入ガス容積〔m³/h〕，(4)圧縮機所要動力〔kW〕，(5)成績係数 ε

解答 (1) R12 の p–i 線図(図1.18)に題意のサイクルを描き，各点のエンタルピの値を読む（さらに正確には表1.8より読める）．
$i_a = i_d = 106.95$ kcal/kg, $\quad i_b = 135.32$ kcal/kg
$i_c = 141.35$ kcal/kg
$q_1 = i_b - i_a = 135.32 - 106.95 = 28.37$ kcal/kg
$\qquad\qquad\qquad (1.19 \times 10^5 \,\text{J/kg})$

(2) $G = Q/q_1 = 3\,320/28.37 = 117.03$ kg/h

(3) 圧縮機入口の比容積は図1.18 あるいは表1.8より $v_b = 0.0927$ m³/kg，したがって
$V = Gv_b = 117.03 \times 0.0927 = 10.85$ m³/h

(4) $W = i_c - i_b = 141.35 - 135.32 = 6.03$ kcal/kg
$\qquad\qquad\qquad (2.53 \times 10^4 \,\text{J/kg})$

1kW は 860 kcal/h であるから，所要動力 $= 6.03 \times 117.03/860 = 0.82$ kW

(5)　$\varepsilon = q_1/W = 28.37/6.03 = 4.70$

1.2.3 過冷却冷凍サイクル

　凝縮器内で凝縮した冷媒をさらに冷却し、飽和温度以下の温度にして膨張弁より蒸発器へ送ると、蒸発器入口における冷媒の乾き度が小さくなり、冷凍効果を大きくすることができる。この操作によるサイクルを図1.8に示してある。このようなサイクルを過冷却サイクルと呼び、その成績係数は

$$\varepsilon = \frac{q_1}{W} = \frac{i_b - i_d}{i_c - i_b} \tag{1.13}$$

と示すことができる。ここで温度 T_d を過冷却温度と呼び、$(T_2 - T_d)$ を普通過冷却度と称している。図より、前述のサイクルに比べ冷凍効果の増加量 $\Delta q_1 = i_t - i_d$ が期待できることがわかる。この過冷却サイクルは冷凍機の性能を比較する基準になるもので、標準サイクルといわれているものである。この標準サイクルの条件としては各国でいくらか異なった値を採用している。それを表1.3に示す。

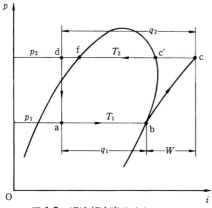

図1.8 過冷却冷凍サイクル

表1.3 各国の標準冷凍サイクル

日本ドイツ	蒸 発 温 度 = −15°C 凝 縮 温 度 = 30°C 過 冷 却 度 = 5°C
アメリカ	蒸 発 温 度 = −15°C 凝 縮 温 度 = 30°C 過 冷 却 度 = 5°C 吸入蒸気過熱度 = 5°C
イギリス	冷 却 水 温 入 口 = 15°C 　　　　　出 口 = 20°C ブライン温度入口 = 0°C 　　　　　出 口 = −5°C

例題2　日本製標準冷凍サイクルにおける蒸発圧力 p_1[kg/cm²]、凝縮圧力 p_2[kg/cm²]、圧縮比 r、冷凍効果 [J/kg]、所要仕事量 W[Nm/kg]、放出熱量 q_2[J/kg]、成績係数および1kW当りの冷凍効果 K[J/h·kW] を、アンモニア、R11、R12、R22、メチルクロライド、炭酸ガスのそれぞれの冷媒に対して求めよ。

解答　冷媒がアンモニアのとき、モリエ線図（図1.16）および飽和蒸気表（表1.6）より、蒸発、凝縮圧力および各点のエンタルピを求めると、

　　蒸発圧力　　$p_1 = 2.410$ kg/cm²

12　1　冷　　凍

凝縮圧力　　$p_2 = 11.895\,\mathrm{kg/cm^2}$

圧　縮　比　　$r = p_2/p_1 = 11.895/2.410 = 4.94$

エンタルピ　$i_a = i_d = 128.1\,\mathrm{kcal/kg}$

　　　　　　$i_b = 397.1\,\mathrm{kcal/kg}$

　　　　　　$i_c = 452.2\,\mathrm{kcal/kg}$

冷凍効果　　$q_1 = i_b - i_a = 397.1 - 128.1 = 269.0\,\mathrm{kcal/kg}$

　　　　　　　　　　　　　　　　$(1.126 \times 10^6\,\mathrm{J/kg})$

所要仕事量　$W = i_c - i_b = 452.2 - 397.1 = 55.1\,\mathrm{kcal/kg}$

　　　　　　　　　　　　　　　　$(2.31 \times 10^5\,\mathrm{Nm/kg})$

放出熱量　　$q_2 = i_c - i_d = 452.2 - 128.1 = 324.1\,\mathrm{kcal/kg}$

　　　　　　　　　　　　　　　　$(1.357 \times 10^6\,\mathrm{J/kg})$

成績係数　　$\varepsilon = q_1/W = 269.0/55.1 = 4.88$

1 kW 当りの冷凍効果 $K = 860 \times 4.88 = 4\,197\,\mathrm{kcal/h \cdot kW}$

　　　　　　　　　　　　　　　　$(1.757 \times 10^7\,\mathrm{J/h \cdot kW})$

である．

同様の計算を他の冷媒に対しても行い整理すると表 1.4 のようになる．

表 1.4　冷媒による各特性値

冷媒の種類	アンモニア	R11	R12	R22	クロロメチル	炭酸ガス
蒸発圧力 p_1〔kg/cm²〕	2.410	0.21	1.86	3.03	1.47	23.34
凝縮圧力 p_2〔kg/cm²〕	11.895	1.29	7.59	12.25	6.72	73.34
圧縮比 r	4.94	6.14	4.08	4.04	4.58	3.14
冷凍効果 q_1〔×10³J/kg〕	1,126	157	123	168	357	158
所要仕事 W〔×10³J/kg〕	231	31.0	25.0	39.8	70.8	47.7
放出熱量 q_2〔×10³J/kg〕	1,357	188	149	208	429	208
成績係数 ε	4.88	5.06	4.95	4.23	5.04	3.24
1 kW 当りの冷凍効果〔×10⁶J/h・kW〕	17.58	18.21	17.84	15.24	18.13	11.81

1.2.4　2 段圧縮冷凍サイクル

冷凍装置において，冷却温度が $-30^\circ\mathrm{C}$ 以下の低温になると冷媒の蒸発温度が低く吸入する冷媒が稀薄になり，今まで述べたような 1 台の圧縮機により 1 段で圧縮すると圧縮比が大きくなる．そのため圧縮機の体積効率（圧縮機の理論的なピストン押しのけ量と実際に吸収した冷媒ガス量との比）が低下し冷凍能力は下がるが，一方，必要な動力は増加し効率が下がってくる．また圧縮端の吐出ガス温度が上昇するため，シリンダの過熱をもたらし潤滑油の炭化などの問題が起こってくる．

この対策として，圧縮を 2 段に分け，蒸発圧力から中間圧力まで低圧側圧縮機で，中間圧力から凝縮圧力まで高圧側圧縮機で圧縮し，それぞれの圧縮機における圧縮

比を小さくし，体積効率の低下とシリンダの過熱を防ぐという方法が採用される．またこの場合，低圧側圧縮器の出口に普通中間冷却器を設け，低圧側圧縮器の吐出ガスを冷却して高圧側圧縮機の吐出ガス温度を下げるという方策が付加して用いられている．

次にこの方法の代表的な，中間冷却が完全な2段圧縮，2段膨張サイクルの場合について述べる．

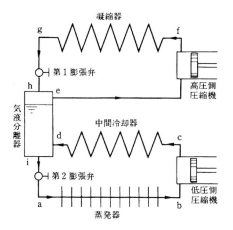
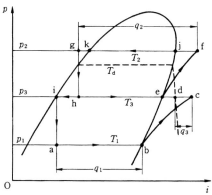

図1.9 中間冷却が完全な2段圧縮冷凍サイクル概念図

図1.10 中間冷却が完全な2段圧縮2段膨張サイクル

図1.9に2段圧縮式冷凍装置の概念図を，また図1.10に冷凍サイクルを示してある．大きな容量の中間冷却器を用いることにより，低圧側圧縮器を出たガス（点c）は中間圧力 p_3（一般に $p_3 = \sqrt{p_1 \cdot p_2}$）の状態で，完全に飽和蒸気となるまで（点e）冷却し，これを気液分離器に導いて完全に気液分離を行い，冷媒飽和蒸気のみを高圧側圧縮機に吸入させることにより，理想的な2段圧縮が可能になる．

一方，凝縮器にて液化した冷媒は，第1膨張弁で中間圧力まで減圧され（点g→h），気液分離器に導かれ，蒸気は上部に液は下部に分離される．気液分離器の上部は高圧側圧縮機に接続されているので，中間冷却された低圧側圧縮器の吐出ガスとともに高圧側圧縮機に吸入される．液は第2膨張弁で蒸発圧力まで減圧（点i→a）され蒸発器へ導かれ，ここで蒸発して冷凍作用を行う．

次に，この場合の冷凍効果，成績係数などの特性値を求めてみる．図1.10において，第1膨張弁を通過した1kgの冷媒は，気液分離器にて x [kg] の蒸気と $(1-x)$ [kg] の液体とに分離し，液の大部分 $k(1-x)$ [kg] は第2膨張弁から蒸発器へ

14　1　冷　　凍

導かれ，吸熱作用（冷凍効果）をして乾き蒸気となる．この蒸気は低圧側圧縮機にて中間圧力 p_3 まで圧縮され，過熱蒸気となり，中間冷却器で冷却される．中間冷却器から出る温度 T_d の蒸気は，気液分離器の冷媒液内を通過する際に，その蒸発により冷却され温度 $T_e(T_3)$ となる．この際蒸発する気液分離器内の冷媒液の量は $(1-k)(1-x)$ kg であるから

$$(1-k)(1-x)(i_e-i_i)=k(1-x)(i_d-i_e)$$

$$\therefore \quad k=\frac{i_e-i_i}{i_d-i_i} \tag{1.14}$$

となる．また

$$x=\frac{i_g-i_i}{i_e-i_i}, \qquad 1-x=\frac{i_e-i_g}{i_e-i_i} \tag{1.15}$$

であるから，冷凍効果 q_1 は

$$q_1=k(1-x)(i_b-i_i)$$

$$=\frac{(i_e-i_g)(i_b-i_i)}{i_d-i_i} \quad [\text{J/kg}] \tag{1.16}$$

となる．所要仕事 W は，低圧側仕事 W_i と高圧側仕事 W_h との和であるから，

$$W=W_i+W_h$$

$$=k(1-x)(i_c-i_b)+(i_f-i_e)$$

$$=\frac{(i_e-i_g)(i_c-i_b)}{i_d-i_i}+(i_f-i_e) \quad [\text{J/kg}] \tag{1.17}$$

となる．したがって成績係数 ε は

$$\varepsilon=\frac{(i_e-i_g)(i_b-i_i)}{(i_e-i_g)(i_c-i_b)+(i_d-i_i)(i_f-i_e)} \tag{1.18}$$

となる．また，中間冷却熱量 q_3 は

$$q_3=k(1-x)(i_c-i_d)=\frac{(i_e-i_g)(i_c-i_d)}{i_d-i_i} \quad [\text{J/kg}] \tag{1.19}$$

となる．

　なおこのほか，中間冷却が不完全な2段圧縮2段膨張サイクル，（図1.11，1.12），2段圧縮2段蒸発サイクル（図1.13）などが用いられており，さらに低温度を得るため3段圧縮とすることもある．

　例題3　中間冷却が完全な2段圧縮2段膨張サイクル（図1.10）で働く冷凍機の成績係数および中間冷却熱量を求めよ．ただし，冷媒はアンモニアで，蒸発温度 -15℃，凝縮温度30℃，過冷却度5℃ とする．

　解答　モリエ線図（図1.16）および飽和蒸気表（表1.6）より，蒸発，凝縮圧力およ

1.2 冷凍負荷の計算　**15**

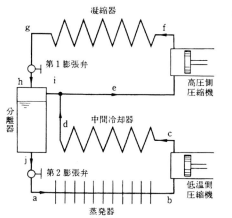

図1.11 中間冷却が不完全な2段圧縮
2段膨張サイクル概念図

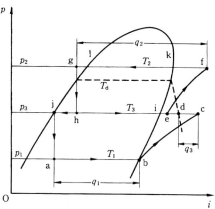

図1.12 中間冷却が不完全な2段圧縮
2段膨張サイクル

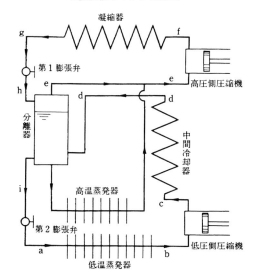

図1.13 中間冷却が不完全な2段圧縮
2段蒸発サイクル概念図

び過冷却温度は

$$p_1=2.410\,\mathrm{kg/cm^2}, \quad p_2=11.895\,\mathrm{kg/cm^2}, \quad T_d=25℃$$

であるから，$p_3=\sqrt{p_1\cdot p_2}=5.36\,\mathrm{kg/cm^2}$ とすると，各点のエンタルピは，

$i_a=i_j=106.1\,\mathrm{kcal/kg}, \quad i_b=397.1\,\mathrm{kcal/kg}$

$i_c=422.5\,\mathrm{kcal/kg}, \quad i_d=415.8\,\mathrm{kcal/kg}, \quad i_e=402.9\,\mathrm{kcal/kg}$

$i_f=429.2\,\mathrm{kcal/kg}, \quad i_g=i_h=128.1\,\mathrm{kcal/kg}$

となる．
　したがって，

冷凍効果 $q_1 = \dfrac{(i_e - i_g)(i_b - i_l)}{i_d - i_l} = \dfrac{(402.9 - 128.1)(397.1 - 106.1)}{415.8 - 106.1} = 258.2 \, \text{kcal/kg}$
$(1.08 \times 10^6 \, \text{J/kg})$

所要仕事 $W = \dfrac{(i_e - i_g)(i_c - i_b)}{(i_d - i_l)} + (i_f - i_e)$

$= \dfrac{(402.9 - 128.1)(422.5 - 397.1)}{415.8 - 106.1} + (429.2 - 402.9)$

$= 48.8 \, \text{kcal/kg} \, (2.04 \times 10^5 \, \text{J/kg})$

成績係数 $\varepsilon = \dfrac{q_1}{W} = \dfrac{258.2}{48.8} = 5.29$

中間冷却熱量 $q_3 = \dfrac{(i_e - i_g)(i_c - i_d)}{i_d - i_l} = \dfrac{(402.9 - 128.1)(422.5 - 415.8)}{415.8 - 106.1}$

$= 5.9 \, \text{kcal/kg} \, (2.47 \times 10^4 \, \text{J/kg})$

1.2.5 二元冷凍サイクル

冷却温度が－70℃以下の極低温装置になると，多段圧縮方式ではそのサイクルの実現が困難になってくる．そこで冷凍サイクルの改良として用いられるのが多元冷凍サイクルである．冷凍効果は低温側蒸発器により，低温側の凝縮器は高温側の蒸発器により冷却するという二元冷凍サイクルは，図 1.14 および図 1.15 に示すように，低温側と高温側とで別々のサイクルを行う二つの冷凍機を組み合わせたものである．

フロン 13(R13) のように，超低温度でも適当な圧力のもとで蒸発する

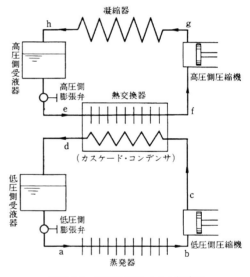

図 1.14　二元冷凍サイクル概念図

(－100℃ で 0.339 kg/cm²) という良好な低温特性を有する冷媒が通常使用されるようになっているが，常温で臨界温度 (28.8℃) を超えるため常温の冷却水や冷却空気では液化ができなくなる．そのため，現在の二元冷凍サイクルでは低温側冷媒としてこれを用いると都合が良いことがわかる．普通，－70℃ 程度までは高温側，低温側とも R22，それ以下の温度では高温側に R22，低温側に R13 が用いられることが多い．

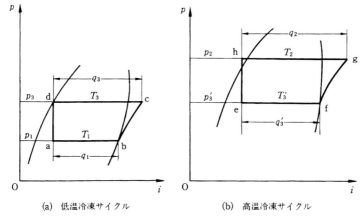

(a) 低温冷凍サイクル　　(b) 高温冷凍サイクル

図 **1.15**　二元冷凍サイクル

高温側冷凍サイクルの冷媒循環量を G_h[kg/h], 低温側冷凍サイクルの冷媒循環量を G_l[kg/h] とすれば, 高温側の吸熱量と低温側の放熱量は等しいから,

$$G_h(i_f - i_h) = G_l(i_c - i_d)$$

$$\therefore \quad \frac{G_h}{G_l} = \frac{i_c - i_d}{i_f - i_h} \tag{1.20}$$

である.

冷凍熱量 Q_l（低温側吸熱量）は

$$Q_l = q_1 \cdot G_l = G_l(i_b - i_d) \quad [\text{J/h}] \tag{1.21}$$

であり, 一方, 高温側吸熱量（＝低温側放熱量）Q_h は

$$Q_h = q_3' \cdot G_h = G_h(i_f - i_h) = q_3 \cdot G_l = G_l(i_c - i_d) \tag{1.22}$$

$$\therefore \quad \frac{Q_h}{Q_l} = \frac{i_c - i_d}{i_b - i_d} \tag{1.23}$$

となる.

高温側および低温側冷凍機の成績係数は

$$\text{高温側冷凍機の成績係数}: \varepsilon_h = \frac{q_3'}{W_h} = \frac{i_f - i_h}{i_g - i_f} \tag{1.24}$$

$$\text{低温側冷凍機の成績係数}: \varepsilon_l = \frac{q_1}{W_l} = \frac{i_b - i_d}{i_c - i_b} \tag{1.25}$$

であるから, 総合成績係数 ε は,

$$\varepsilon = \frac{G_l \cdot q_1}{G_l W_l + G_h W_h} \tag{1.26}$$

で表される.

18　1　冷　　凍

いま，$G_h \cdot q'_3 = G_l(q_1 + W_l)$ であるから，式 (1.26) は書き替えられ

$$\varepsilon = \frac{q_1}{W_l + \dfrac{G_h}{G_l} W_h} = \frac{\varepsilon_l \cdot \varepsilon_h}{\varepsilon_l + \dfrac{G_h}{G_l} \cdot \dfrac{q_3'}{W_l}} = \frac{\varepsilon_l \cdot \varepsilon_h}{\varepsilon_l + \varepsilon_h + 1} \tag{1.27}$$

となる．

例題 4　二元冷凍サイクルで働く冷凍機において，低温側冷媒が R13 で蒸発温度 −100℃，凝縮温度 −40℃，液の過冷却はないものとし，高温側冷媒が R22 で蒸発温度 −45℃，凝縮温度 30℃，液は 25℃ まで過冷却されるものとする．このサイクルの，(1)成績係数，および(2)1 冷凍トン当りの冷媒循環量を求めよ．

解答　冷媒の蒸気表（表 1.9，表 1.11）およびモリエ線図（図 1.19，図 1.21）より，図 1.15 に示す各点のエンタルピが次のように求められる．

$$i_a = i_d = 89.49\,\mathrm{kcal/kg}, \qquad i_b = 113.85\,\mathrm{kcal/kg}, \qquad i_c = 123.3\,\mathrm{kcal/kg}$$
$$i_e = i_h = 107.76\,\mathrm{kcal/kg}, \qquad i_f = 144.4\,\mathrm{kcal/kg}, \qquad i_g = 161.1\,\mathrm{kcal/kg}$$

以上の値より，

(1)　低温側成績係数 $\varepsilon_l = \dfrac{i_b - i_d}{i_c - i_b} = \dfrac{113.85 - 89.49}{123.3 - 113.85} = \dfrac{24.36}{9.45} = 2.58$

　　　高温側成績係数 $\varepsilon_h = \dfrac{i_f - i_h}{i_g - i_f} = \dfrac{144.4 - 107.76}{161.1 - 144.4} = \dfrac{36.64}{16.70} = 2.20$

　　　総合成績係数 $\varepsilon = \dfrac{\varepsilon_l \cdot \varepsilon_h}{\varepsilon_l + \varepsilon_h + 1} = 0.98$

(2)　低温側冷媒循環量 $G_l = \dfrac{Q_l}{q_1} = \dfrac{3\,320}{i_b - i_d} = \dfrac{3\,320}{113.85 - 89.49} = 136.3\,\mathrm{kg/h}$

　　　高温側冷媒循環量 $G_h = G_l \dfrac{i_c - i_d}{i_f - i_h} = 136.3 \times \dfrac{123.3 - 89.49}{144.4 - 107.76}$

$$= 136.3 \times \frac{33.81}{36.64} = 125.8\,\mathrm{kg/h}$$

1.3　冷媒およびブラインとそれらの性質

1.3.1　概　要

冷凍において，蒸発または膨張により冷凍効果をあげるものを冷媒（refrigerant）と称することは前に述べたが，冷凍装置は冷房装置から低温装置まで，きわめて広い範囲で使用されるため，冷媒は圧縮機の種類，蒸発温度と蒸発圧力，凝縮温度と凝縮圧力など，熱力学的な条件によって使い分ける必要がある．ここでは，主要な冷媒の性質，種類，適性などのほか，間接冷却式冷凍装置に使用される二次冷媒について述べる．

1.3.2 冷媒が備えるべき条件

冷媒が備えねばならない条件を上げると次のようになる．

(a) 物理的性質

(1) 蒸発圧力が適当に高いこと．蒸発圧力は大気圧よりやや高いことが望ましい．その理由は，大気圧より極度に低いと，外部より空気が漏れ込み冷媒と混合する恐れがあるからである．

(2) 凝縮圧力が適当に低いこと．これは，凝縮圧力が高いと圧縮機・凝縮器および配管などを強固な耐圧構造とせねばならないからである．

(3) 蒸発の潜熱が大きいこと．蒸発熱が大きい冷媒ほどその成績係数は逆カルノーサイクルのそれに近づくことは T-s 線図より明らかであり，また，所要の冷凍効果をあげるための冷媒循環量は少なくなる．

(4) 臨界温度が高いこと．臨界温度は常温より高くなければならない．そうでない場合は臨界温度に近い温度で蒸発や凝縮の行われる実際のサイクルと逆カルノーサイクルの差が大きくなり，成績係数は小さくなる．

(5) 凝固温度が低いこと．凝固温度は，冷凍サイクル内の最低温度（蒸発温度）よりかなり低いことが必要である．

(6) 蒸気の比容積が適当に小さいこと．これは，圧縮機の単位冷凍量当りの排除体積が小さくなり，圧縮機が小型になるためである．ただし，遠心圧縮機では大きい比容積が要求される．

(b) 化学的性質

(1) 化学的に安定であり変質しないこと．冷媒はサイクル内のいずれの温度においても分解などを生じてはならない．

(2) 不活性なこと．金属・油および水分などと化合するものであってはならない．

(3) 毒性・刺激性がないこと．配管等の不備や不慮の出来事に基づく漏洩による人体への害があってはならない．ただし，いくらかの刺激性や臭気は漏れたときの警報（漏洩ガスの検知）となることがある．

(4) 可燃性・爆発性がないこと．これは安全性の上から絶対の条件といえるものである．

(5) 潤滑油になるべくとけないこと．冷媒のある程度の溶油性は，油が冷媒とともに運ばれるので，圧縮機のピストンの潤滑や弁座の密閉性の上からはよいが，溶解度が過大であると油の粘性が低下し，潤滑がよく行われなくなる．

20　　1　冷　　凍

(6) 粘性が小さいこと．蒸気（気相）および液体（液相）の粘性が大きいと，配管中の圧力降下が大きくなり，余分の圧縮機の仕事量が増大する．

(7) 熱伝導率が大きいこと．蒸発管や凝縮管における伝熱特性の向上に都合がよい．

(8) 電気抵抗が大きいこと．密閉型冷凍機のとき要求される．

(9) 蒸気の断熱指数（c_p/c_v）が小さいこと．断熱指数が大きいほど圧縮後の温度は大きくなり，高温度による潤滑油の変質などの問題が起こってくる．

そのほか，工業的には価格が安価なこと，入手しやすいことなども大切な条件である．

1.3.3　冷　媒　の　種　類

冷媒は化学的に，(1)無機化合物，(2)炭化水素およびハロゲン炭素化合物，および(3)共沸混合物に分類することができる．

無機化合物には，アンモニア，炭酸ガスおよび水などがある．アンモニアは毒性の点を除くと大変優れた冷媒である．水は噴射式冷凍機や吸収式冷凍機の冷媒として用いられている．

炭化水素には，メタン，エタン，プロパンなどがあり，安全性の上で問題があるが，経済上の点で優れている．

ハロゲン化炭化水素は1個またはそれ以上のハロゲン元素（Cl，F，BrおよびI）を含む炭化水素の総称である．この中でFを含むものをフロンと称している．この系の冷媒は，前述の種々の条件を満足し，また安全性の面でもすぐれている．現在使用されているものとして，R11，R12，R13，R22，R113，R114などである．F以外のハロゲン炭化物には，メチルクロライド，塩化メチル，塩化メチレンなどがある．

共沸混合物は，2成分以上の冷媒をある一定の比率で混合して得られたもので，あたかも1成分のような性質をもち，一定の沸点が得られ，かつ液相と気相においてその組成は等しくなる．したがって，蒸発，凝縮をくり返しても同一の組成をもつ．現在実用化されているものとしてR500およびR502などがある．

1.3.4　無　機　化　合　物

アンモニア（NH$_3$）　アンモニアは冷媒としての熱力学的特性が優れかつ価格も安いため，昔から今日まで最も長く使用されている．単位重量当りの冷凍能力が

1.3 冷媒およびブラインとそれらの性質 **21**

フロン系冷媒に比べて大きく，したがって所要冷媒循環量が少なくてよい．ただし凝固温度（−77.9℃）が比較的高いため，極低温度の冷凍装置には使用できない欠点がある．

アンモニアは，断熱指数 c_p/c_v がフロン系冷媒の 1.1 程度に比べて 1.3 と大きいため（表 1.5 参照），同じ吸入ガス温度，蒸発温度，凝縮温度で運転しても，吐出温度は数十度も高くなり，シリンダを水冷式にせねばならない．

アンモニアは黄銅に対して，はなはだしい腐食性があるため，これらの材料を配管材として使用することはできない．

表 1.5 冷媒ガスの c_p/c_v （30℃，1 atm）

	c_p/c_v		c_p/c_v
R11	1.136	R114	1.088
R12	1.136	R500	1.127
R13	1.172(−30℃)	R502	1.133
R21	1.175	アンモニア	1.31
R22	1.184	炭酸ガス	1.3
R113	1.080(60℃)	クロロメチル	1.20

ただし，青銅に対する腐食性は比較的小さいので，常時油膜で包まれる軸受メタルをこれに使用できる．

アンモニアは非常に激しい刺激性の臭気があり，かつ毒性も強い．空気中に 0.5〜1％存在すると 30 分間で人体に致命的な傷害を与える．一般高圧ガス保安規則によるアンモニアの含有限度は 100 ppm となっている．

表 1.6 アンモニアの飽和表

温度 t℃	飽和圧力 P_s [kg/cm²]	比 容 積 液体 v' [l/kg]	蒸 気 v'' [m³/kg]	比 重 量 液体 γ' [kg/l]	蒸 気 γ'' [kg/m³]	エンタルピ 液体 i' [kcal/kg]	蒸 気 i'' [kcal/kg]	蒸発熱 γ [kcal/kg]	エントロピ 液体 s' [kcal/kgK]	蒸 気 s'' [kcal/kgK]	$s''-s'$ $=\gamma/T$ [kcal/kgK]
−70	0.111	1.379	9.009	0.7253	0.111	25.9	375.7	349.8	0.6878	2.4101	1.7223
−65	0.159	1.390	6.449	0.7195	0.155	30.2	377.1	346.9	0.7098	2.3765	1.6667
−60	0.223	1.401	4.699	0.7138	0.213	36.1	380.0	343.9	0.7366	2.3504	1.6138
−55	0.308	1.413	3.484	0.7079	0.287	40.4	381.3	340.0	0.7576	2.3205	1.5629
−50	0.417	1.425	2.623	0.7020	0.381	46.2	384.1	337.9	0.7832	2.2978	1.5146
−45	0.556	1.437	2.003	0.6960	0.499	50.8	385.4	334.6	0.8040	2.2709	1.4669
−40	0.732	1.449	1.550	0.6900	0.645	56.76	388.10	331.34	0.8295	2.2510	1.4215
−35	0.950	1.462	1.215	0.6839	0.823	62.08	390.03	327.95	0.8520	2.2294	1.3774
−30	1.219	1.476	0.9630	0.6777	1.038	67.42	391.91	324.49	0.8742	2.2090	1.3348
−25	1.546	1.490	0.7712	0.6714	1.297	72.78	393.72	320.94	0.8960	2.1896	1.2936
−20	1.940	1.504	0.6236	0.6650	1.604	78.17	395.46	317.29	0.9174	2.1710	1.2536
−15	2.410	1.519	0.5087	0.6585	1.966	83.59	397.12	313.53	0.9385	2.1532	1.2147
−10	2.966	1.534	0.4184	0.6520	2.390	89.03	368.67	309.64	0.9593	2.1362	1.1769
− 5	3.619	1.550	0.3469	0.6453	2.883	94.50	400.14	305.64	0.9798	2.1199	1.1401
0	4.379	1.566	0.2897	0.6386	3.452	100.00	401.52	301.52	1.0000	2.1041	1.1041
5	5.259	1.583	0.2435	0.6317	4.108	105.54	402.80	297.26	1.0200	2.0889	1.0689
10	6.271	1.601	0.2058	0.6247	4.859	111.11	403.95	292.84	1.0397	2.0741	1.0344
15	7.427	1.619	0.1749	0.6175	5.718	116.72	404.99	238.27	1.0592	2.0598	1.0006
20	8.741	1.639	0.1494	0.6103	6.695	122.38	405.93	283.55	1.0785	2.0459	0.9674
25	10.225	1.659	0.1283	0.6028	7.795	128.09	406.75	278.66	1.0976	2.0324	0.9348
30	11.895	1.680	0.1107	0.5952	9.034	133.84	407.43	273.59	1.1165	2.0191	0.9026
35	13.765	1.702	0.0959	0.5875	10.431	139.65	407.97	268.32	1.1352	2.0061	0.8709
40	15.850	1.726	0.0833	0.5795	12.005	145.52	408.37	262.85	1.1538	1.9933	0.8395
45	18.165	1.750	0.0726	0.5713	13.774	151.43	408.61	257.18	1.1722	1.9807	0.8085
50	20.727	1.777	0.0635	0.5629	15.756	157.40	408.69	251.29	1.1904	1.9681	0.7777

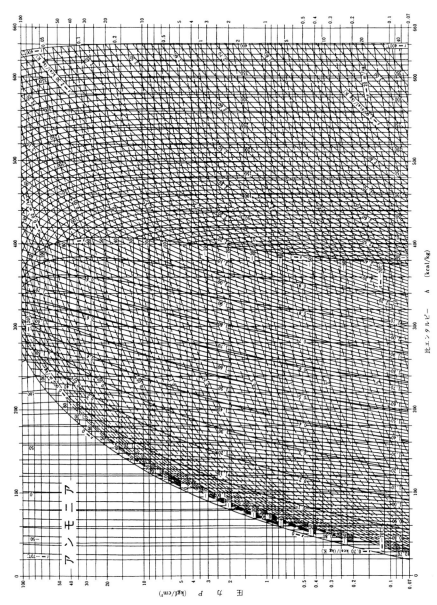

図1.16 アンモニアのモリエ線図

1.3 冷媒およびブラインとそれらの性質 **23**

　また，アンモニアは可燃性ガスであり，大気中に13～27％含有した場合，点火源があれば爆発する．アンモニアは水にきわめてよく溶解する．したがって，もしアンモニアが冷凍機より漏れた場合には，これを水に溶解させるべく方策を講ずるとよい．したがって，散水設備を備える必要がある．

　アンモニアの熱力学的特性およびモリエ線図を表1.6および図1.16に示してある．

1.3.5　ハロゲン炭素化合物

　R11（**CFCl$_3$**）　　蒸発温度 $-10℃$ で蒸発圧力約 $0.26\mathrm{kg/cm^2}$，凝縮温度 $30℃$ で約 $1.29\mathrm{kg/cm^2}$ と，蒸発圧力が大変低い．ターボ冷凍機用冷媒として適している．飽和表を表1.7，モリエ線図を図1.17に示してある．

　R12（**CF$_2$Cl$_2$**）　　R12は最も古いフロン系冷媒で，現在も最も多く用いられている．熱力学的性質として凝固点は $-155℃$ と低く，同温度における飽和圧力はアンモニアより低い．一方，蒸発潜熱が小さいため冷凍能力は小さく（$-15℃$ で冷凍能力はアンモニアの約1/9），冷媒循環量は大きく（容積にてアンモニアの4倍）なる．

　R12は金属に対してほとんど無害である．電気抵抗が大きいので，密閉型圧縮機の冷媒として適している．また，水に対する溶解度がきわめて小さいが，そのため冷媒中に含まれる水分が膨張弁にて凍結する危険があるため管路内にシリカゲル脱湿器を備える必要がある．

　R12は不燃性であるが，直接火に接すると分解して塩酸，フッ酸などの有毒ガスを発生する可能性があるが，R12の蒸気自体は人畜に対して無害と考えてよい．R12は溶油性がきわめて良いので，圧縮機の潤滑には好都合であるが，冷媒ガスの中に潤滑油を持ち込んでくる欠点もある．

　R12の熱力学的特性およびモリエ線図を表1.8および図1.18に示してある．

　R13（**CF$_3$Cl**）　　飽和圧力がきわめて高く，R12と組み合わせた二元冷凍サイクルにより $-100℃$ 程度の極低温度を得るのに適している．飽和表を表1.9に，モリエ線図を図1.19に示してある．

　R21（**CHFCl$_2$**）　　蒸発圧力が低いので，凝縮用冷却水が得られずかつ高温度の雰囲気にて使用するのに適している．飽和表を表1.10に，モリエ線図を図1.20に示してある．

　R22（**CHF$_2$Cl**）　　熱力学的性質がアンモニアに類似しているが，同一の凝縮温

24 1 冷 凍

表 1.7 R11 の飽和表

温度 t°C	飽和圧力 P_s (kg/cm²)	比 容 積 液 体 v' (l/kg)	蒸 気 v'' (m³/kg)	エンタルピ 液 体 i' (kcal/kg)	蒸 気 i'' (kcal/kg)	蒸発潜熱 γ (kcal/kg)	エントロピ 液 体 s' (kcal/kgK)	蒸 気 s'' (kcal/kgK)
−40	0.052	0.6167	2.760	92.07	140.67	48.60	0.9686	1.1770
−38	0.059	0.6184	2.415	92.46	140.91	48.45	0.9702	1.1762
−36	0.066	0.6201	2.124	92.86	141.15	48.29	0.9719	1.1756
−34	0.075	0.6217	1.888	93.25	141.38	48.13	0.9735	1.1748
−32	0.084	0.6234	1.698	93.64	141.62	47.98	0.9751	1.1741
−30	0.094	0.6250	1.533	94.03	141.86	47.83	0.9767	1.1734
−28	0.105	0.6267	1.389	94.42	142.09	47.67	0.9784	1.1729
−26	0.117	0.6284	1.264	94.82	142.33	47.51	0.9800	1.1723
−24	0.130	0.6300	1.156	95.22	142.58	47.36	0.9816	1.1717
−22	0.144	0.6318	1.057	95.61	142.81	47.20	0.9832	1.1712
−20	0.160	0.6335	0.963	96.01	143.06	47.05	0.9848	1.1707
−18	0.177	0.6352	0.879	96.41	143.31	46.09	0.9863	1.1701
−16	0.195	0.6370	0.806	96.81	143.55	46.74	0.9878	1.1696
−14	0.216	0.6388	0.737	97.20	143.78	46.58	0.9894	1.1692
−12	0.238	0.6406	0.673	97.60	144.03	46.43	0.9909	1.1687
−10	0.261	0.6425	0.616	98.00	144.27	46.27	0.9924	1.1682
− 8	0.2875	0.6443	0.564	98.40	144.52	46.12	0.9940	1.1679
− 6	0.3145	0.6461	0.517	98.80	144.76	45.96	0.9955	1.1675
− 4	0.3430	0.6480	0.475	99.20	145.00	45.80	0.9970	1.1671
− 2	0.3750	0.6499	0.439	99.60	145.24	45.64	0.9985	1.1668
0	0.4100	0.6519	0.405	100.00	145.48	45.48	1.0000	1.1665
2	0.4460	0.6535	0.374	100.41	145.73	45.32	1.0014	1.1661
4	0.4855	0.6558	0.346	100.81	145.97	45.16	1.0029	1.1659
6	0.5270	0.6578	0.321	101.21	146.20	44.99	1.0043	1.1655
8	0.5715	0.6598	0.298	101.62	146.45	44.83	1.0058	1.1653
10	0.6175	0.6619	0.277	102.02	146.69	44.67	1.0072	1.1650
12	0.6675	0.6639	0.257	102.43	146.93	44.50	1.0087	1.1648
14	0.7210	0.6660	0.239	102.83	147.16	44.33	1.0101	1.1646
16	0.7790	0.6680	0.223	103.24	147.41	44.17	1.0115	1.1643
18	0.8400	0.6701	0.208	103.66	147.66	44.00	1.0129	1.1641
20	0.9040	0.6722	0.194	104.07	147.90	43.83	1.0143	1.1638
22	0.9720	0.6743	0.181	104.48	148.14	43.66	1.0157	1.1636
24	1.0445	0.6765	0.170	104.90	148.38	43.48	1.0171	1.1634
26	1.1205	0.6787	0.159	105.31	148.61	43.30	1.0185	1.1632
28	1.2000	0.6809	0.149	105.73	148.86	43.13	1.0199	1.1631
30	1.2855	0.6833	0.140	106.14	149.09	42.95	1.0213	1.1630
32	1.374	0.6856	0.132	106.56	149.33	42.77	1.0226	1.1628
34	1.466	0.6879	0.124	106.98	149.56	42.58	1.0240	1.1627
36	1.565	0.6903	0.116	107.40	149.80	42.40	1.0254	1.1626
38	1.671	0.6927	0.109	107.82	150.03	42.21	1.0268	1.1625
40	1.782	0.6950	0.103	108.24	150.27	42.03	1.0281	1.1623
42	1.899	0.6975	0.098	108.66	150.50	41.84	1.0295	1.1622
44	2.022	0.7000	0.092	109.09	150.74	41.65	1.0308	1.1621
46	2.148	0.7025	0.087	109.52	150.97	41.45	1.0322	1.1621
48	2.275	0.7050	0.082	109.95	151.20	41.25	1.0335	1.1620
50	2.403	0.7075	0.077	110.38	151.43	41.05	1.0349	1.1619

1.3 冷媒およびブラインとそれらの性質　**25**

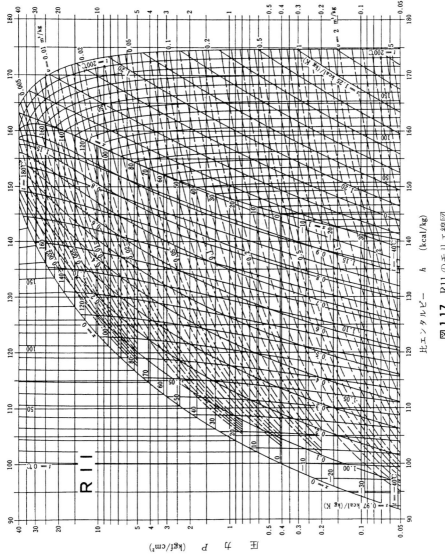

図 1.17　R11のモリエ線図

26 1 冷 凍

表 1.8 R12 の飽和表

温度 $t°C$	飽和圧力 P_s [kg/cm²]	比 容 積 液体 v' [l/kg]	蒸 気 v'' [m³/kg]	比 重 量 液体 γ' [kg/l]	蒸 気 γ'' [kcal/kg]	エンタルピ 液 体 i' [kcal/kg]	蒸 気 i'' [kcal/kg]	蒸発潜熱 γ [kcal/kg]	エントロピ 液 体 s' [kcal/kgK]	蒸 気 s'' [kcal/kgK]	$s''-s'$ $=\gamma/T$ [kcal/kgK]
−70	0.125	0.6150	1.125	1.598	0.888	85.42	128.79	43.37	0.9387	1.1522	0.2135
−65	0.172	0.6202	0.8413	1.585	1.183	86.44	129.39	42.95	0.9436	1.1500	0.2064
−60	0.231	0.6255	0.6392	1.571	1.564	87.45	129.99	42.54	0.9484	1.1480	0.1996
−55	0.306	0.6309	0.4929	1.557	2.028	88.46	130.58	42.12	0.9531	1.1462	0.1931
−50	0.399	0.6	0.3852	1.543	2.595	89.48	131.18	41.70	0.9577	1.1446	0.1869
−45	0.515		0.3049	1.529	3.279	90.51	131.78	41.27	0.9623	1.1432	0.1809
−40	0.655	0.6600	0.2442	1.515	4.095	91.55	132.38	40.83	0.9668	1.1420	0.1752
−35	0.824	0.6662	0.1972	1.501	5.701	92.56	132.98	40.42	0.9710	1.1408	0.1698
−30	1.025	0.6728	0.1613	1.486	6.201	93.38	133.57	39.99	0.9752	1.1397	0.1645
−25	1.262	0.6794	0.1331	1.472	7.516	94.61	134.16	39.54	0.9794	1.1388	0.1594
−20	1.540	0.6864	0.1106	1.457	9.039	95.67	134.74	39.08	0.9836	1.1380	0.1544
−15	1.863	0.6936	0.0927	1.442	10.79	96.12	135.32	38.59	0.9878	1.1373	0.1495
−10	2.236	0.7011	0.0781	1.426	12.80	97.81	135.89	38.09	0.9919	1.1367	0.1448
− 5	2.663	0.7091	0.0663	1.410	15.09	98.89	136.49	37.56	0.9960	1.1361	0.1401
0	3.149	0.7174	0.0566	1.394	17.66	100.00	137.01	37.01	1.0000	1.1355	0.1355
5	3.699	0.7259	0.0486	1.378	20.56	101.12	137.56	36.44	1.0040	1.1350	0.1310
10	4.381	0.7348	0.0420	1.361	23.80	102.26	138.09	35.84	1.0080	1.1346	0.1266
15	5.012	0.7439	0.0365	1.344	27.43	103.40	138.62	35.21	1.0120	1.1342	0.1222
20	5.785	0.7534	0.0317	1.327	31.52	104.56	139.12	34.56	1.0160	1.1339	0.1179
25	6.644	0.7637	0.0277	1.310	36.07	105.75	139.61	33.86	1.0199	1.1335	0.1136
30	7.592	0.7742	0.0243	1.292	41.16	106.95	140.09	33.14	1.0239	1.1332	0.1093
35	8.637	0.7855	0.0214	1.273	46.81	108.18	140.54	32.37	1.0278	1.1328	0.1050
40	9.784	0.7975	0.0188	1.254	53.12	109.41	140.97	31.56	1.0317	1.1325	0.1008
45	11.038	0.8104	0.0166	1.234	60.38	110.66	141.36	30.70	1.0356	1.1321	0.0965
50	12.405	0.8244	0.0146	1.213	68.69	111.92	141.71	29.79	1.0394	1.1316	0.0922

表 1.9 R13 の飽和表

温 度 [°C]	飽 和 圧 力 [kg/cm²]	比 容 積 液 [l/kg]	蒸気 [m³/kg]	エンタルピ [kcal/kg] 液	蒸気	蒸発熱 [kcal/kg]	エントロピ [kcal/kgK] 液	蒸気
−140	0.0087	0.576	12.378	68.46	109.90	41.44	0.8441	1.1553
−130	0.0271	0.587	4.273	70.24	110.86	40.62	0.8570	1.1407
−120	0.0714	0.599	1.732	72.09	111.84	39.75	0.8694	1.1290
−110	0.1643	0.612	0.798	74.01	112.84	38.83	0.8816	1.1196
−100	0.3392	0.626	0.4070	76.00	113.85	37.85	0.8935	1.1120
− 90	0.640	0.642	0.2259	78.08	114.86	36.78	0.9050	1.1058
− 80	1.120	0.658	0.1342	80.21	115.86	35.65	0.9163	1.1009
− 70	1.841	0.675	0.0844	82.40	116.84	34.44	0.9271	1.0968
− 60	2.873	0.695	0.05542	84.67	117.78	33.11	0.9382	1.0935
− 50	4.287	0.717	0.03774	87.03	118.66	31.63	0.9489	1.0906
− 40	6.17	0.741	0.02642	89.49	119.48	29.99	0.9595	1.0881
− 30	8.59	0.769	0.01889	92.01	120.19	28.18	0.9699	1.0858
− 20	11.66	0.802	0.01373	94.61	120.77	26.16	0.9802	1.0835
− 10	15.45	0.842	0.01010	97.27	121.22	23.95	0.9902	1.0812
0	20.09	0.894	0.00747	100.00	121.48	21.48	1.0000	1.0786
10	25.69	0.962	0.00549	102.99	121.42	18.43	1.0103	1.0754
20	32.41	1.079	0.003829	106.75	120.59	13.84	1.0228	1.0700
28.8	39.36	1.721	0.001721	113.94	113.94	0.00	1.0462	1.0462

1.3 冷媒およびブラインとそれらの性質　**27**

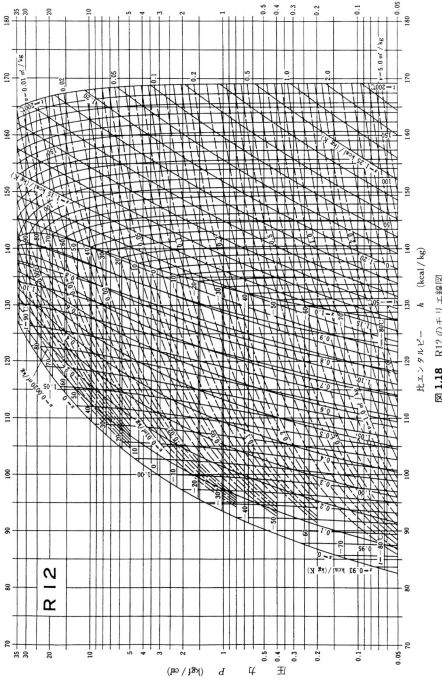

図 1.18　R12のモリエ線図

28 1 冷 凍

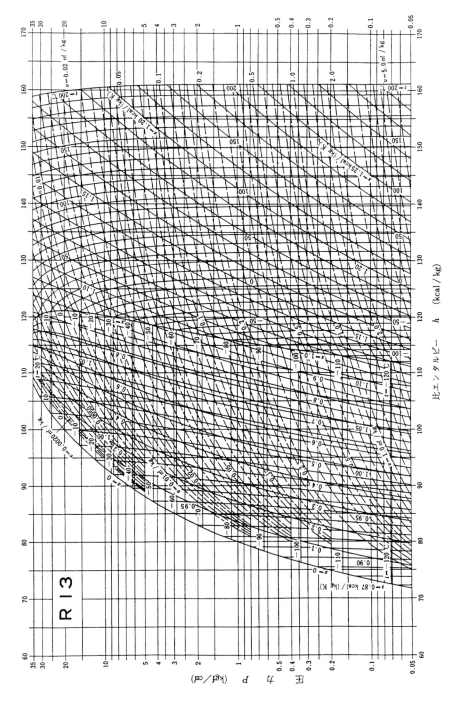

図1.19 R13のモリエ線図

1.3 冷媒およびブラインとそれらの性質　29

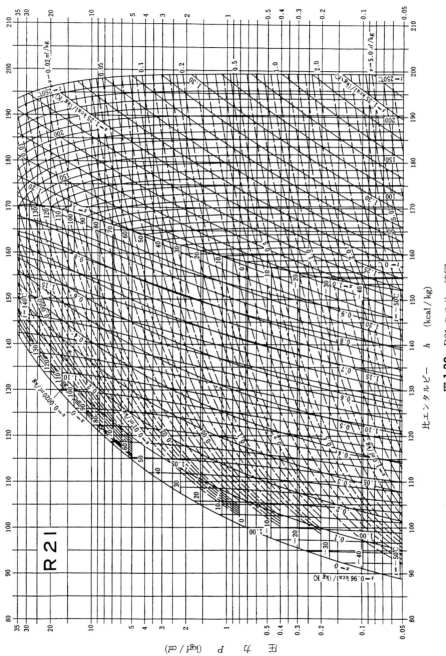

図1.20　R21のモリエ線図

30　1　冷　　凍

表 1.10　R21 の飽和表

温度 〔℃〕	飽　和 圧　力 〔kg/cm²〕	比　容　積		比　重　量		エンタルピ 〔kcal/kg〕		蒸発熱 〔kcal/kg〕	エントロピ 〔kcal/kgK〕	
		液 〔l/kg〕	蒸気 〔m³/kg〕	液 〔kg/l〕	蒸気 〔kg/m³〕	液	蒸気		液	蒸気
−40	0.0957	0.6604	2.004	1.5141	0.4989	90.26	154.06	63.80	0.9608	1.2344
−30	0.1709	0.6699	1.168	1.4927	0.8563	92.67	155.28	62.61	0.9712	1.2287
−20	0.2891	0.6798	0.7169	1.4709	1.395	95.09	156.50	61.31	0.9810	1.2232
−10	0.4666	0.6903	0.4587	1.4485	2.180	97.54	157.72	60.20	0.9906	1.2193
0	0.7226	0.7014	0.3053	1.4256	3.276	100.00	158.93	58.93	1.0000	1.2157
10	1.0797	0.7131	0.2103	1.4022	4.756	102.50	160.23	57.73	1.0091	1.2130
20	1.562	0.7255	0.1491	1.3782	6.708	104.99	161.44	56.45	1.0179	1.2105
30	2.198	0.7386	0.1084	1.3538	9.229	107.52	162.67	55.15	1.0265	1.2084
40	3.017	0.7525	0.0804	1.3288	12.43	110.08	163.86	53.78	1.0349	1.2066
50	4.048	0.7672	0.0607	1.3033	16.48	112.66	164.77	52.11	1.0430	1.2042

度および蒸発温度に対する圧縮比が小さいため，2段圧縮により −80℃ 程度の低温度が達成可能である．1冷凍トン当りのピストン押しのけ量はアンモニアとほぼ同じであるが，冷媒循環量は7倍程度になる．

R12 と比較した場合，化学的安定性および毒性は劣るが，金属を侵すこともなく，水に対する溶解度も小さい．高温における溶油性は良いが，低温ではそれが低下し，冷媒液の上部に油層ができる可能性がある．価格が高いのが難点である．

R22 の熱力学的特性およびモリエ線図を表 1.11 および図 1.21 に示してある．

表 1.11　R22 の飽和表

温度 t〔℃〕	飽和圧力 P_s 〔kg/cm²〕	比　容　積		比　重　量		エンタルピ		蒸発潜熱 γ 〔kcal/kg〕	エントロピ	
		液　体 v' 〔l/kg〕	蒸　気 v'' 〔m³/kg〕	液　体 γ' 〔kg/l〕	蒸　気 γ'' 〔kg/m³〕	液　体 i' 〔kcal/kg〕	蒸　気 i'' 〔kcal/kg〕		液　体 s' 〔kcal/kgK〕	蒸　気 s'' 〔kcal/kgK〕
−100	0.0204	0.644	8.29	1.552	0.12062	74.1	137.9	63.8	0.883	1.251
−90	0.0489	0.650	3.64	1.538	0.27472	76.6	139.1	62.5	0.897	1.238
−85	0.1055	0.659	1.772	1.517	0.56433	79.1	140.3	61.2	0.910	1.227
−70	0.210	0.671	0.938	1.490	1.0660	81.6	141.4	59.8	0.923	1.218
−60	0.382	0.683	0.536	1.464	1.8657	84.1	142.6	58.5	0.935	1.210
−50	0.661	0.696	0.323	1.437	3.0959	86.7	143.8	57.1	0.947	1.203
−45	0.850	0.703	0.256	1.422	3.9062	88.0	144.4	56.4	0.952	1.200
−40	1.078	0.710	0.205	1.408	4.8780	89.3	145.0	55.7	0.958	1.197
−35	1.355	0.717	0.1658	1.380	6.0313	90.6	145.6	55.0	0.963	1.195
−30	1.680	0.724	0.1353	1.381	7.2430	91.9	146.3	54.5	0.969	1.192
−25	2.06	0.732	0.1118	1.352	8.9267	93.9	146.9	53.6	0.974	1.190
−20	2.51	0.741	0.0930	1.349	10.9517	94.6	147.4	52.8	0.979	1.188
−15	3.03	0.750	0.0777	1.333	12.8637	95.9	147.9	52.0	0.984	1.186
−10	3.63	0.760	0.0655	1.302	15.2671	97.2	148.4	51.2	0.989	1.184
−5	4.32	0.770	0.0554	1.298	18.0505	98.6	149.0	50.4	0.995	1.182
0	5.10	0.780	0.0473	1.282	21.1442	100.0	149.9	49.4	1.000	1.180
5	6.00	0.790	0.0403	1.266	24.8139	101.5	150.4	48.4	1.005	1.179
10	7.00	0.800	0.0346	1.225	28.9017	103.0	150.8	47.4	1.011	1.178
15	8.12	0.812	0.0297	1.219	33.6700	104.6	151.1	46.2	1.016	1.177
20	9.35	0.825	0.0258	1.212	38.7558	106.1	151.4	45.0	1.021	1.175
25	10.72	0.839	0.0224	1.191	44.6428	107.7	151.4	43.7	1.027	1.174
30	12.25	0.853	0.01944	1.172	51.4403	109.4	151.7	42.3	1.032	1.172
35	13.94	0.867	0.01695	1.153	58.9970	111.1	152.0	40.9	1.038	1.170
40	15.80	0.884	0.01480	1.131	67.5675	112.8	152.2	39.4	1.043	1.168
45	17.80	0.902	0.01296	1.108	77.1605	114.5	152.2	37.7	1.048	1.167

1.3 冷媒およびブラインとそれらの性質　31

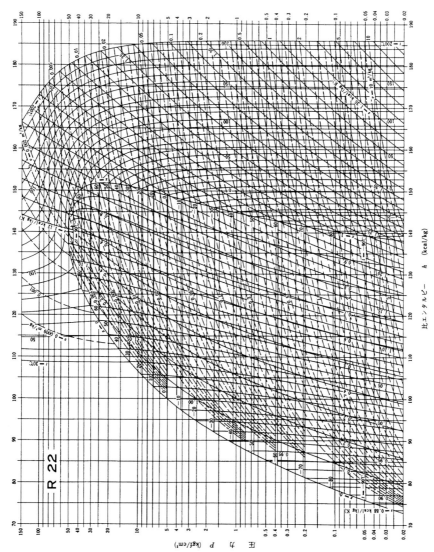

図 1.21　R22 のモリエ線図

32　1　冷　凍

表 1.12　R113 の飽和表

温　度 t [℃]	絶対圧力 P [kg/cm² abs]	比　容　量		エンタルピ		蒸発潜熱 γ [kcal/kg]	エントロピ	
		液　体 v' [l/kg]	蒸　気 v'' [m³/kg]	液　体 i' [kcal/kg]	蒸　気 i'' [kcal/kg]		液　体 s' [kcal/kgK]	蒸　気 s'' [kcal/kgK]
−30	0.0289	0.5925	3.798	93.61	133.47	39.86	0.9753	1.1392
−25	0.0394	0.5964	2.838	94.66	134.20	39.54	0.9795	1.1388
−20	0.0530	0.6004	2.149	95.71	134.93	39.22	0.9837	1.1386
−15	0.0704	0.6044	1.649	96.77	135.67	38.90	0.9879	1.1386
−10	0.0923	0.6085	1.281	97.84	136.41	38.57	0.9920	1.1386
− 5	0.1195	0.6127	1.006	98.92	137.16	38.24	0.9960	1.1386
− 0	0.1530	0.6169	0.7993	100.00	137.90	37.90	1.0000	1.1387
5	0.1939	0.6212	0.6409	101.09	138.65	37.56	1.0039	1.1389
10	0.2434	0.6257	0.5186	102.19	139.41	37.22	1.0078	1.1392
15	0.3026	0.6302	0.4234	103.30	140.17	36.87	1.0117	1.1396
20	0.3729	0.6348	0.3485	104.41	140.93	36.52	1.0155	1.1401
25	0.4557	0.6395	0.2892	105.54	141.71	36.17	1.0193	1.1406
30	0.5527	0.6443	0.2416	106.67	142.48	36.81	1.0231	1.1412
35	0.6654	0.6493	0.2032	107.82	143.27	35.45	1.0269	1.1419
40	0.7956	0.6543	0.1720	108.97	144.06	35.09	1.0306	1.1427
45	0.9451	0.6596	0.1465	110.13	144.85	34.72	1.0343	1.1434
50	1.1158	0.6649	0.1255	111.31	145.66	34.35	1.0379	1.1442
55	1.310	0.6704	0.1080	112.50	146.48	33.98	1.0416	1.1451
60	1.529	0.6761	0.0934	113.69	147.29	33.60	1.0452	1.1461
65	1.775	0.6819	0.0812	114.90	148.12	33.22	1.0488	1.1470
70	2.052	0.6878	0.0708	116.13	148.96	32.83	1.0523	1.1480
75	2.360	0.6939	0.0621	117.36	149.80	32.44	1.0568	1.1490
80	2.703	0.7002	0.0546	118.61	150.66	32.05	1.0593	1.1501

表 1.13　R114 の飽和表

温　度 t [℃]	絶対圧力 P [kg/cm² abs]	比　容　積		エンタルピ		蒸発潜熱 r [kcal/kg]	エントロピ	
		液　体 v' [l/kg]	蒸　気 v'' [m³/kg]	液　体 i' [kcal/kg]	蒸　気 i'' [kcal/kg]		液　体 s' [kcal/kgK]	蒸　気 s'' [kcal/kgK]
−40	0.134	0.6060	0.8468	92.09	127.14	35.05	0.9700	1.1203
−35	0.178	0.6111	0.6554	93.00	127.85	34.85	0.9738	1.1201
−30	0.230	0.6162	0.5142	93.92	128.56	34.64	0.9775	1.1200
−25	0.297	0.6213	0.4069	94.87	129.28	34.41	0.9812	1.1199
−20	0.378	0.6266	0.3250	95.85	130.00	34.15	0.9849	1.1198
−15	0.475	0.6321	0.2627	96.86	130.74	33.88	0.9888	1.1200
−10	0.592	0.6376	0.2139	97.87	131.46	33.59	0.9925	1.1201
− 5	0.732	0.6434	0.1754	98.92	132.20	33.28	0.9963	1.1204
0	0.897	0.6494	0.1450	100.00	132.95	32.95	1.0000	1.1206
5	1.090	0.6554	0.1207	101.90	133.69	32.60	1.0037	1.1209
10	1.314	0.6617	0.1013	102.23	134.45	32.22	1.0075	1.1213
15	1.574	0.6681	0.0854	103.38	135.21	31.83	1.0112	1.1217
20	1.872	0.6749	0.0725	104.57	135.97	31.40	1.0150	1.1221
25	2.212	0.6818	0.0619	105.77	136.73	30.96	1.0188	1.1226
30	2.598	0.6888	0.0531	107.01	137.51	30.50	1.0225	1.1231
35	3.033	0.6961	0.0458	108.29	138.29	30.00	1.0263	1.1237
40	3.521	0.7040	0.0397	109.57	139.07	29.50	1.0301	1.1243
45	4.066	0.7119	0.0345	110.88	139.85	28.97	1.0338	1.1249
50	4.673	0.7203	0.0302	112.23	140.65	28.42	1.0375	1.1255
55	5.342	0.7288	0.0265	113.58	141.44	27.86	1.0412	1.1261
60	6.080	0.7381	0.0233	114.95	142.25	27.30	1.0440	1.1268

1.3 冷媒およびブラインとそれらの性質　**33**

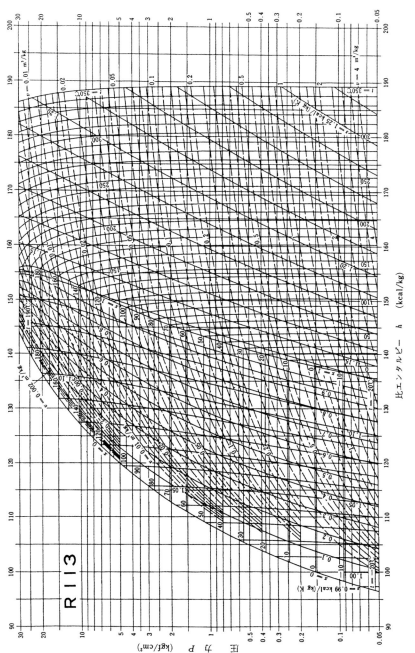

図 1.22　R113のモリエ線図

34 1 冷　凍

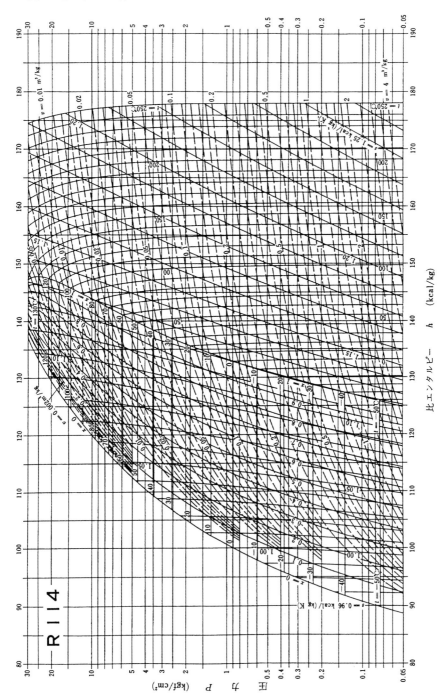

図 1.23　R114 のモリエ線図

1.3 冷媒およびブラインとそれらの性質　**35**

R113 (C₂F₃Cl₃)　R11 とともにターボ冷凍機の冷媒として冷房用に適している．飽和表を表 1.12 に，モリエ線図を図 1.22 に示す．

R114 (C₂F₄Cl₂)　蒸発圧力は R21 よりわずか高い程度である．化学的安定性の上で非常に優れており，毒性はきわめて小さい．飽和表を表 1.13，モリエ線図を図 1.23 に示す．

1.3.6　共沸混合物

R500　R500 は重量混合比率で，R12：73.8％，R152：26.2％の組成をもつ．R12 に比べると冷凍能力および所要能力がおよそ 18％程度増加する．飽和表を表 1.14 に，モリエ線図を図 1.24 に示す．

表 1.14　R500 の飽和表

温度	飽和圧力 (絶対)	比 容 積		密 度		エンタルピ			エントロピ	
t [℃]	P [kg/cm²]	液体 v' [l/kg]	蒸気 v'' [m³/kg]	液体 r' [kg/l]	蒸気 r'' [kg/m³]	液体 i' [kcal/kg]	蒸発潜熱 r [kcal/kg]	蒸気 i'' [kcal/kg]	液体 s' [kcal/kgK]	蒸気 s'' [kcal/kgK]
−40	0.7588	0.7378	0.2541	1.353	3.936	89.43	49.43	138.86	0.9579	1.1722
−35	0.9599	0.7473	0.2055	1.338	4.867	90.61	49.36	139.97	0.9634	1.1707
−30	1.196	0.7549	0.1674	1.325	5.974	91.91	48.75	140.66	0.9688	1.1693
−25	1.476	0.7627	0.1375	1.311	7.270	93.22	48.12	141.34	0.9741	1.1680
−20	1.803	0.7709	0.1140	1.297	8.775	94.54	47.47	142.01	0.9794	1.1669
−15	2.185	0.7794	0.09513	1.283	10.51	95.89	46.79	142.68	0.9846	1.1658
−10	2.626	0.7882	0.07995	1.269	12.51	97.24	46.08	143.33	0.9898	1.1649
− 5	3.132	0.7974	0.06765	1.254	14.78	98.62	45.35	143.97	0.9949	1.1640
0	3.708	0.8070	0.05756	1.239	17.37	100.00	44.59	144.59	1.000	1.1632
5	4.362	0.8171	0.04923	1.224	20.31	101.40	44.80	145.20	1.005	1.1625
10	5.099	0.8277	0.04233	1.208	23.63	102.83	42.96	145.79	1.010	1.1618
15	5.925	0.8389	0.03654	1.192	27.36	104.27	42.09	146.36	1.015	1.1611
20	6.849	0.8507	0.03167	1.175	31.57	105.72	41.18	146.91	1.020	1.1605
25	7.873	0.8634	0.02756	1.158	36.28	107.19	40.23	147.43	1.025	1.1598
30	9.009	0.8767	0.02405	1.141	41.58	108.68	39.24	147.92	1.030	1.1592
35	10.261	0.8911	0.02105	1.122	47.52	110.21	38.38	148.58	1.035	1.1585
40	11.639	0.9064	0.01845	1.103	54.20	111.73	37.08	148.81	1.039	1.1579
45	13.145	0.9231	0.01622	1.083	61.67	113.29	35.91	149.19	1.044	1.1572
50	14.793	0.9410	0.01426	1.063	70.10	114.89	34.64	149.52	1.049	1.1564
55	16.579	0.9609	0.01256	1.041	79.59	116.54	33.28	149.81	1.054	1.1555
60	18.527	0.9828	0.01105	1.018	90.47	118.22	31.82	150.03	1.059	1.1546
65	20.634	1.008	0.00971	0.9925	103.0	120.02	30.16	150.18	1.064	1.1535
70	22.910	1.036	0.00850	0.9656	117.6	121.88	28.34	150.22	1.070	1.1522

R502　R502 は重量混合比率で，R22：48.8％，R115：51.2％の組成を有する混合冷媒であり，特に R22 のもつ電気的特性が大幅に改善されている．飽和表およびモリエ線図を表 1.15 および図 1.25 に示す．

1.3.7　ブ ラ イ ン

ブライン (brine) は元来塩水のことを意味するが，冷凍においては，間接冷却式

36 1 冷 凍

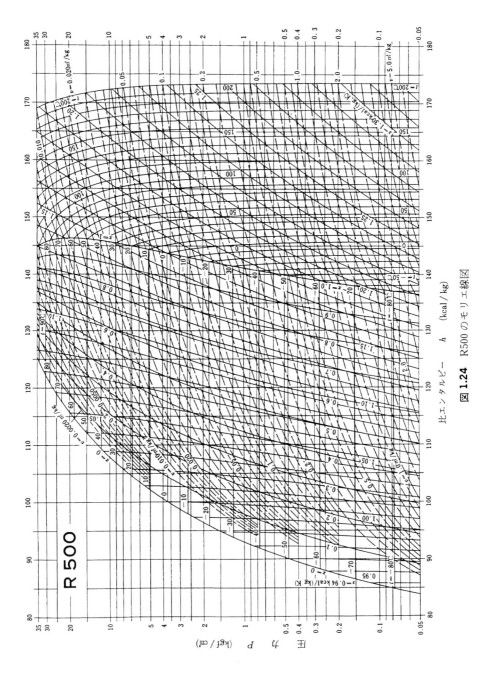

図1.24 R500のモリエ線図

1.3 冷媒およびブラインとそれらの性質　**37**

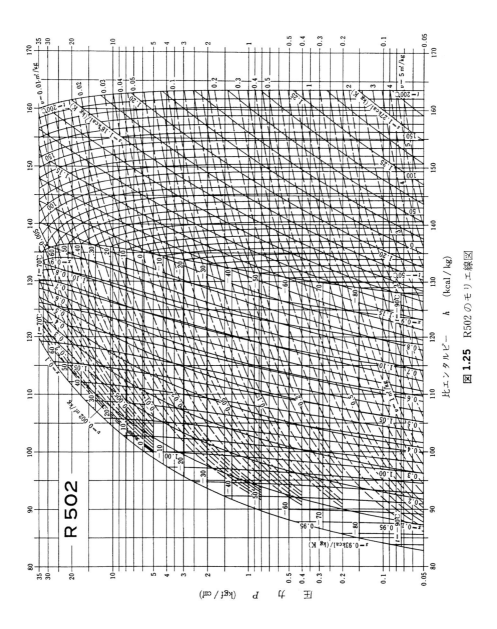

図1.25 R502のモリエ線図

38　1　冷　凍

表 1.15　R 502 の飽和表

温度 t [℃]	飽和圧力 (絶対) P [kg/cm²]	比　容　積		密　度		エンタルピ			エントロピ	
		液体 v' [l/kg]	蒸気 v'' [m³/kg]	液体 r' [kg/l]	蒸気 r'' [kg/m³]	液体 i' [kcal/kg]	蒸発潜熱 r [kcal/kg]	蒸気 i'' [kcal/kg]	液体 s' [kcal/kgK]	蒸気 s'' [kcal/kgK]
−75	0.2039	0.632	0.7479	1.582	1.337	80.43	46.07	126.50	0.9169	1.1494
−70	0.2798	0.6376	0.5578	1.568	1.793	81.67	45.45	127.12	0.9232	1.1468
−65	0.3768	0.6433	0.4230	1.554	2.364	82.92	44.85	127.77	0.9292	1.1447
−60	0.4992	0.6493	0.3258	1.540	3.069	84.18	44.25	128.43	0.9351	1.1427
−55	0.6511	0.6554	0.2545	1.526	3.930	85.43	43.65	129.08	0.9410	1.1410
−50	0.8377	0.6619	0.2014	1.511	4.967	86.70	43.03	129.73	0.9467	1.1394
−45	1.064	0.6686	0.1612	1.496	6.204	87.98	42.40	130.38	0.9523	1.1381
−40	1.334	0.6756	0.1304	1.480	7.667	89.26	41.76	131.02	0.9579	1.1370
−35	1.655	0.6829	0.1066	1.464	9.383	90.56	41.10	131.66	0.9634	1.1359
−30	2.032	0.6905	0.08786	1.448	11.38	91.87	40.42	132.29	0.9688	1.1350
−25	2.472	0.6985	0.07302	1.432	13.69	93.19	39.72	132.91	0.9742	1.1342
−20	2.980	0.7068	0.06114	1.415	16.36	94.52	39.00	133.52	0.9794	1.1334
−15	3.563	0.7156	0.05153	1.397	19.41	95.87	38.26	134.12	0.9847	1.1328
−10	4.229	0.7247	0.04369	1.380	22.89	97.23	37.48	134.71	0.9898	1.1322
− 5	4.982	0.7343	0.03724	1.362	26.85	98.61	36.67	135.28	0.9950	1.1317
0	5.831	0.7445	0.03191	1.343	31.34	100.00	35.83	135.83	1.000	1.1312
5	6.783	0.7552	0.02745	1.324	36.43	101.40	34.95	136.35	1.005	1.1307
10	7.846	0.7665	0.02370	1.305	42.19	102.83	34.03	136.86	1.010	1.1302
15	9.022	0.7786	0.02053	1.284	48.71	104.28	33.06	137.34	1.015	1.1298
20	10.33	0.7914	0.01783	1.264	56.09	105.74	32.03	137.77	1.020	1.1293
25	11.77	0.8052	0.01552	1.242	64.44	107.23	30.94	138.17	1.025	1.1287
30	13.35	0.8200	0.01352	1.220	73.97	108.74	29.79	138.53	1.030	1.1281
35	15.07	0.8363	0.01180	1.196	84.77	110.27	28.56	138.83	1.035	1.1275
40	16.96	0.8540	0.01028	1.171	97.24	111.83	27.23	139.06	1.040	1.1267
45	19.02	0.8737	0.00896	1.145	111.6	113.42	25.81	139.22	1.045	1.1257
50	21.25	0.8960	0.00780	1.116	128.2	115.02	24.26	139.28	1.049	1.1245
55	23.67	0.9216	0.00677	1.085	147.7	116.64	22.58	139.22	1.054	1.1231
60	26.28	0.9518	0.00585	1.051	170.8	118.25	20.77	139.01	1.059	1.1213
65	29.10	0.9888	0.00504	1.011	198.3	119.83	18.82	138.64	1.064	1.1191
70	32.15	1.0366	0.00436	0.9647	229.3	121.29	16.83	138.13	1.068	1.1166

冷凍装置で二次冷媒として用いられる液体のことを総称している.

(a)　ブラインの具備すべき条件

(1)　比熱が大なること．比熱が大きいということは，同じ冷凍能力に対してブライン循環量が少なくてよく，したがってブライン回流ポンプの容量，配管径，およびタンクの容量などは小さくてすむ．

(2)　熱伝導率が大なること．ブライン冷却器における冷媒との熱交換，および被冷却物との熱交換に際して，熱伝導率が大きいということは，それだけ熱交換器を小型化できるという点で有利である．

(3)　粘性が小さいこと．粘性が大きいと配管内のブライン回流に伴う抵抗が大きくなり，ブラインポンプの容量が大きくなる．

(4)　凍結温度が低いこと．凍結による回流装置等の破損の危険性を避けるため，凍結温度は低いほどよい．

(5)　腐食性が小さいこと．配管系統を腐食させない性質は，装置保持の上から特に重要である．

1.3 冷媒およびブラインとそれらの性質　**39**

(6) 毒性，悪臭がないこと．ブラインの製造過程ならびに配管系統からの不慮の漏洩などの上から考えて大切な条件である．

(7) 不燃性であること．これは装置運転の安全性の上から必要な条件である．

(8) 不活性であること．特に金属などと化合するものであってはならない．

(b) ブラインの種類

塩化カルシウム（CaCl₂）　安価なため一般に広く使用されている．凍結温度も低く（比重 1.286 で −55℃），腐食性も小さい．この低い凍結温度のため，製水・凍結・冷蔵などに広く適用され，濃度を変化させることにより適当な凍結温度の溶液が得られるという利点もある．ただ，苦味があるため，食品の凍結等に利用する場合には間接式凍結法を用いる必要がある．塩化カルシウム水溶液の凍結温度を表 1.

表 1.16　塩化カルシウム（CaCl₂）水溶液凍結温度表

比 重	ボーメ度	溶液の塩含有量重量〔%〕	水100に対する塩含有量	凍結点	溶　液　の　比　熱						
15℃				〔℃〕	−40℃	−30℃	−20℃	−10℃	0℃	10℃	20℃
1.00	0.1	0.1	0.1	−0.0					1.003	0.999	0.998
1.01	1.6	1.3	1.3	−0.6					0.986	0.984	0.983
1.02	3.0	2.5	2.6	−1.2					0.968	0.967	0.967
1.03	4.3	3.6	3.7	−1.8					0.950	0.950	0.951
1.04	5.7	4.8	5.0	−2.4					0.932	0.933	0.934
1.05	7.0	5.9	6.3	−3.0					0.915	0.917	0.918
1.06	8.3	7.1	7.6	−3.7					0.899	0.901	0.903
1.07	9.6	8.3	9.0	−4.4					0.882	0.885	0.887
1.08	10.8	9.4	10.4	−5.2					0.866	0.869	0.872
1.09	12.0	10.5	11.7	−6.1					0.851	0.854	0.858
1.10	13.2	11.5	13.0	−7.1					0.836	0.840	0.844
1.11	14.4	12.6	14.4	−8.1					0.822	0.825	0.830
1.12	15.6	13.7	15.9	−9.1					0.808	0.813	0.817
1.13	16.7	14.7	17.3	−10.2				0.789	0.795	0.800	0.805
1.14	17.8	15.8	18.8	−11.4				0.776	0.782	0.788	0.793
1.15	18.9	16.8	20.2	−12.7				0.764	0.770	0.776	0.781
1.16	20.0	17.8	21.7	−14.2				0.753	0.758	0.764	0.770
1.17	21.1	18.9	23.3	−15.7				0.742	0.747	0.753	0.759
1.18	22.1	19.9	24.9	−17.4				0.731	0.737	0.742	0.748
1.19	23.1	20.9	26.5	−19.2				0.721	0.727	0.732	0.738
1.20	24.1	21.9	28.0	−21.2			0.705	0.711	0.717	0.723	0.729
1.21	25.1	22.8	29.6	−23.3			0.696	0.702	0.708	0.714	0.720
1.22	26.1	23.8	31.2	−25.7			0.688	0.694	0.700	0.706	0.712
1.23	27.1	24.7	32.9	−28.3			0.680	0.686	0.692	0.698	0.704
1.24	28.0	25.7	34.6	−31.2		0.667	0.673	0.679	0.685	0.691	0.697
1.25	29.0	26.6	36.2	−34.6		0.660	0.666	0.672	0.678	0.684	0.690
1.26	29.9	27.5	37.9	−38.6		0.653	0.659	0.655	0.671	0.677	0.683
1.27	30.8	28.4	39.7	−43.6	0.640	0.646	0.652	0.658	0.664	0.670	0.676
1.28	31.7	29.4	41.6	−50.1	0.634	0.640	0.646	0.652	0.658	0.664	0.670
1.286	32.2	29.9	42.7	−55.0	0.630	0.636	0.642	0.648	0.654	0.660	0.666
1.29	32.5	30.3	43.5	−50.6	0.627	0.633	0.639	0.645	0.651	0.657	0.663
1.30	33.4	31.2	45.4	−41.6	0.621	0.627	0.633	0.639	0.645	0.651	0.657
1.31	24.2	32.1	47.3	−43.9		0.620	0.626	0.633	0.639	0.645	0.651
1.32	35.1	33.0	49.3	−27.1			0.620	0.627	0.633	0.639	0.645
1.33	35.9	33.9	51.3	−21.2				0.614	0.621	0.627	0.634	0.640
1.34	36.7	34.7	53.2	−15.6				0.615	0.621	0.628	0.634
1.35	37.5	35.6	55.3	−10.2				0.609	0.616	0.622	0.629
1.36	38.3	36.4	57.4	− 5.1					0.610	0.617	0.624
1.37	39.1	37.3	59.5	− 0.0					0.604	0.611	0.618

40 1 冷 凍

表 1.17 塩化カルシウム (CaCl₂) 水溶液の熱的性質

塩含有量 重量 [%]	凍結点 [℃]	15℃の比重 量 γ [kg/m³]	温度 t [℃]	動粘性係数 $\nu \cdot 10^4$ [m²/s]	熱伝導率 λ $\left[\dfrac{\text{kcal}}{\text{mh deg}}\right]$	温度伝導率 $a \cdot 10^4$ [m²/h]	プラントル数 $P_r = \dfrac{\nu}{a}$
14.7	−10.2	1,130	+20	1.32	0.495	5.46	8.7
			+10	1.64	0.484	5.35	11.05
			0	2.27	0.472	5.26	15.6
			− 5	2.7	0.466	5.2	18.7
			−10	3.6	0.459	5.15	25.3
18.9	−15.7	1,170	+20	1.54	0.492	5.6	9.9
			+10	1.91	0.48	5.47	12.6
			0	2.56	0.468	5.37	17.2
			− 5	2.94	0.462	5.34	19.8
			−10	4.0	0.455	5.29	27.3
			−15	5.27	0.45	5.28	35.9
20.9	−19.2	1,190	+20	1.68	0.489	5.59	10.9
			+10	2.06	0.477	5.5	13.4
			0	2.76	0.466	5.38	18.5
			− 5	3.22	0.46	5.38	21.5
			−10	4.25	0.453	5.3	28.9
			−15	5.53	0.448	5.23	38.2
25.7	−31.2	1,240	+20	2.12	0.483	5.66	13.5
			+10	2.51	0.471	5.5	16.5
			0	3.43	0.46	5.43	22.7
			−10	5.4	0.448	5.32	36.6
			−15	6.75	0.442	5.25	46.3
			−20	8.52	0.437	5.26	58.5
			−25	10.4	0.431	5.2	72
			−30	12.0	0.425	5.21	83
28.4	−43.6	1,270	+20	2.47	0.479	5.62	15.8
			0	4.02	0.455	5.4	26.7
			−10	6.32	0.445	5.31	42.7
			−20	10.0	0.434	5.25	68.8
			−25	12.6	0.428	5.18	87.5
			−30	14.9	0.422	5.16	103.5
			−35	19.3	0.416	5.1	136.5
			−40	24	0.411	5.07	171
29.9	−55	1,286	+20	2.75	0.476	5.58	17.8
			0	4.43	0.454	5.4	29.5
			−10	7.04	0.443	5.34	47.5
			−20	11.23	0.432	5.25	77
			−30	17.6	0.42	5.16	123
			−35	22.1	0.415	5.1	156.5
			−40	27.5	0.409	5.06	196
			−45	33.5	0.404	5.02	240
			−50	39.7	0.398	4.96	290
			−55	50.2	0.392	4.91	368

16 に，熱的性質を表 1.17 に示す．

　エチレングリコール (C₂H₆O₂)　　添加剤の付加により腐食性をなくすことができ，あらゆる金属材料に適用できる．価格は塩化カルシウムに比べ高い．エチレングリコール水溶液の熱的性質を表 1.18 に示す．

　塩化ナトリウム (NaCl)　　塩化カルシウム・ブラインに比較して凍結温度が高く（比重 1.17 で −21℃），金属を著しく腐食させるが，食品に対して無害であるため利用されることがある．塩化ナトリウム水溶液の凍結温度を表 1.19，熱的性質を表

1.3 冷媒およびブラインとそれらの性質　41

表 1.18　エチレングリコール（$C_2H_6O_2$）水溶液の熱的性質

液含有量 重量[%]	凍結点 [°C]	15°C の比重量 γ [kg/m³]	温度 t [°C]	比熱 c_p [kcal/kgdeg]	粘性係数 $\eta \cdot 10^4$ [kg·s/m²]	動粘性係数 $\gamma \cdot 10^4$ [m²/s]	熱伝導率 λ [kcal/mh deg]	温度伝導率 $a \cdot 10^4$ [m²/h]	プラントル数 $P_r = \dfrac{\nu}{a}$
4.6	− 2	1,005	50	0.99	60	0.586	0.53	5.33	3.96
			20	0.99	110	1.07	0.5	5.0	7.7
			10	0.985	140	1.365	0.49	4.95	9.9
			0	0.98	200	1.95	0.48	4.85	14.4
8.4	− 4	1,010	50	0.98	70	0.68	0.51	5.15	4.75
			20	0.97	120	1.17	0.49	5.0	8.4
			10	0.97	160	1.55	0.48	4.9	11.4
			0	0.97	230	2.23	0.47	4.8	16.7
16	− 7	1,020	50	0.96	80	0.77	0.48	4.9	5.65
			20	0.94	150	1.45	0.46	4.8	10.8
			10	0.935	210	2.02	0.45	4.72	15.4
			0	0.93	290	2.79	0.44	4.63	21.6
			− 5	0.93	350	3.37	0.43	4.55	26.6
19.8	−10	1,025	50	0.95	80	0.76	0.47	4.8	5.7
			20	0.93	170	1.63	0.45	4.7	12.5
			10	0.925	230	2.20	0.44	4.65	17
			0	0.92	320	3.06	0.43	4.55	21.2
			− 5	0.92	390	3.73	0.42	4.49	30
27.4	−15	1,035	50	0.92	90	0.855	0.44	4.62	6.7
			20	0.9	200	1.9	0.42	4.5	15.2
			0	0.89	400	3.8	0.41	4.45	31
			−10	0.88	580	5.5	0.41	4.5	44
			−15	0.875	720	6.83	0.405	4.47	55
35	−21	1.045	50	0.89	110	1.03	0.41	4.4	8.4
			20	0.87	250	2.35	0.40	4.4	19.2
			0	0.85	500	4.7	0.40	4.4	37.7
			−10	0.85	780	7.85	0.39	4.4	60
			−15	0.845	950	8.9	0.39	4.4	73
			−20	0.84	1,200	11.3	0.39	4.45	92
42.6	−29	1,055	50	0.86	140	1.3	0.38	4.18	11.2
			20	0.83	300	2.78	0.38	4.35	23
			0	0.82	630	5.85	0.38	4.4	47.5
			−10	0.81	980	9.1	0.38	4.45	73
			−15	0.805	1,250	11.7	0.38	4.5	93
			−20	0.80	1,640	15.2	0.38	4.5	122
			−25	0.795	2,200	20.5	0.38	4.55	162
46.4	−33	1,060	50	0.84	160	1.48	0.37	4.15	12.8
			20	0.81	350	3.24	0.37	4.3	27
			0	0.80	700	6.28	0.37	4.4	51.5
			−10	0.79	1,100	10.2	0.37	4.4	84
			−15	0.785	1,400	13	0.37	4.45	105
			−20	0.78	1,850	17.2	0.37	4.45	140
			−25	0.775	2,450	22.6	0.37	4.5	180
			−30	0.77	3,300	30.5	0.37	4.55	242

表 1.19　塩化ナトリウム（NaCl）水溶液表

比重 15°Cにて	ボーメ度	溶液の塩含有量重量[%]	水 100 に対する塩含有量	凍結点 [°C]	溶液の比熱 −20°C	溶液の比熱 −10°C	溶液の比熱 0°C	溶液の比熱 10°C	溶液の比熱 20°C
1.00	0.1	0.1	0.1	0.0			1.001	0.999	0.997
1.01	1.6	1.5	1.5	− 0.8			0.973	0.975	0.978
1.02	3.0	2.9	3.0	− 1.7			0.956	0.959	0.963
1.03	4.3	4.3	4.5	− 2.7			0.941	0.945	0.948
1.04	5.7	5.6	5.9	− 3.6			0.927	0.931	0.934
1.05	7.0	7.0	7.5	− 4.6			0.914	0.917	0.920
1.06	8.3	8.3	9.0	− 5.5			0.901	0.904	0.907

42　1　冷　　凍

1.07	9.6	9.6	10.6	− 6.6			0.889	0.892	0.895
1.08	10.8	11.0	12.3	− 7.8			0.878	0.881	0.884
1.09	12.0	12.3	14.0	− 9.1			0.867	0.870	0.873
1.10	13.2	13.6	15.7	−10.4		0.855	0.857	0.860	0.863
1.11	14.4	14.9	17.5	−11.8		0.845	0.848	0.850	0.853
1.12	15.6	16.2	19.3	−13.2		0.836	0.839	0.841	0.844
1.13	16.7	17.5	21.2	−14.6		0.828	0.830	0.832	0.835
1.14	17.8	18.8	23.1	−16.2		0.819	0.822	0.824	0.826
1.15	18.9	20.0	25.0	−17.8		0.811	0.814	0.816	0.818
1.16	20.0	21.2	26.9	−19.4		0.803	0.806	0.808	0.810
1.17	21.1	22.4	29.0	−21.2	0.793	0.796	0.798	0.800	0.803
1.18	22.1	23.7	31.1	−17.3		0.789	0.791	0.793	0.795
1.19	23.1	24.9	33.1	−11.1		0.182	0.784	0.786	0.788
1.20	24.2	26.1	35.3	− 2.7			0.778	0.770	0.781
1.203	24.4	26.3	35.7	− 0.0			0.776	0.778	0.780

表 1.20　塩化ナトリウム（NaCl）水溶液の熱的性質

塩含有量 重量〔%〕	凍結点 〔℃〕	15℃の比重量 γ 〔kg/m³〕	温度 t 〔℃〕	粘性係数 $\eta \cdot 10^4$ $\left[\dfrac{kg \cdot s}{m^2}\right]$	動粘性使数 $\nu \cdot 10^4$ 〔m²/s〕	熱伝導率 λ $\left[\dfrac{kcal}{mh\,deg}\right]$	温度伝導率 $a \cdot 10^4$ 〔m²/h〕	プラントル数 $P_r = \dfrac{\nu}{a}$
7	− 4.6	1,050	+20	110	1.03	0.51	5.31	6.95
			+10	144	1.345	0.495	5.16	9.4
			0	191	1.78	0.481	5.02	12.7
			− 4	220	2.06	0.478	5.0	14.8
11	− 7.5	1,080	+20	117	1.06	0.51	5.33	7.18
			+10	155	1.41	0.49	5.15	9.9
			0	206	1.87	0.478	5.03	13.4
			− 5	249	2.26	0.472	4.98	16.4
			− 7.5	270	2.45	0.469	4.96	17.8
13.6	− 9.8	1,100	+20	125	1.115	0.51	5.4	7.45
			+10	165	1.47	0.488	5.15	10.3
			0	219	1.95	0.476	5.07	13.9
			− 5	266	2.37	0.47	5.0	17.1
			− 9.8	350	3.13	0.464	4.94	22.9
16.2	−13.2	1,120	+20	134	1.2	0.493	5.21	8.3
			+10	176	1.57	0.489	5.18	10.9
			0	237	2.12	0.475	5.07	15.1
			− 5	289	2.58	0.468	5.0	18.6
			−10	356	3.18	0.460	4.93	23.2
			−12.2	430	3.84	0.458	4.9	28.3
18.8	−15.1	1,140	+20	146	1.26	0.5	5.32	8.5
			+10	189	1.63	0.487	5.17	11.4
			0	261	2.25	0.473	5.05	16.1
			− 5	318	2.74	0.466	5.0	19.8
			−10	395	3.4	0.458	4.92	24.8
			−15	487	4.19	0.451	4.86	31
21.2	−18.2	1,160	+20	158	1.33	0.498	5.27	9.1
			+10	205	1.73	0.484	5.17	12.1
			0	288	2.44	0.47	5.03	17.5
			− 5	351	2.96	0.463	4.96	21.5
			−10	439	3.7	0.456	4.9	27.1
			−15	538	4.55	0.449	4.85	33.9
			−18	620	5.24	0.445	4.8	39.4
22.4	−21.2	1.170	+20	170	1.42	0.486	5.3	9.6
			+10	220	1.84	0.472	5.05	13.1
			0	310	2.59	0.468	5.02	18.6
			− 5	382	3.2	0.461	4.95	23.3
			−10	480	4.02	0.454	4.89	29.5
			−15	586	4.9	0.447	4.83	36.5
			−21	790	6.6	0.442	4.77	50

1.20 に示す.

演 習 問 題

[**1.1**]　冷媒がアンモニアで，蒸発温度 −15°C，凝縮温度 30°C の乾き圧縮サイクルにおける(1)冷凍効果 q_1, (2)必要な圧縮仕事W, (3)成績係数を求めよ.
（答　(1)1.1×10³kJ/kg, (2)2.3×10⁵Nm/kg, (3)4.78）

[**1.2**]　冷媒がフロン 502 で，蒸発温度 −40°C，凝縮温度 20°C，過冷却度 5°C の冷凍サイクルにおいて，1 冷凍トン（13 900 kJ/h）に対する次の値を求めよ.
　(1)冷凍効果〔J/kg〕, (2)冷媒循環量〔kg/h〕, (3)圧縮機の排除量〔m³/h〕, (4)圧縮機所要動力〔kW〕, (5)成績係数
（答　(1)1.16×10⁵J/kg, (2)119.5kg/h, (3)15.6m³/h, (4)1.42kW, (5)2.71）

[**1.3**]　蒸発温度 −10°C，凝縮温度 30°C の乾き圧縮サイクルにおいて，1 冷凍トン当りの圧縮機の(1)ピストン押しのけ量〔m³/h〕および(2)冷媒循環量〔kg/h〕を，アンモニア，フロン 12, 22, 502 につき比較せよ.　（答　アンモニアの場合(1)5,92m³/h, (2)14.1kg/h）

[**1.4**]　フロン 502 を冷媒とする，中間冷却が完全な 2 段圧縮 2 段膨張に対し，(1)冷凍効果〔J/kg〕, (2)圧縮仕事〔Nm/kg〕, (3)成績係数を求めよ.　ただし，蒸発温度 −40°C，凝縮温度 30°C とする.　（答　(1)8.82×10⁵J/kg, (2)4.58×10⁵Nm/kg, (3)1.93）

[**1.5**]　問題 1.4 において，過冷却度が 5°C および 10°C の場合，各特性はどのように変化するか.　（答　過冷却度 10°C の場合，(1)9.46×10⁵J/kg, (2)4.68×10⁵Nm/kg, (3)2.02）

[**1.6**]　冷凍負荷が 50 冷凍トンある冷凍室に，図1.11に示す 2 段圧縮 2 段膨張フロン 22 冷凍機を使用している.　蒸発温度 −20°C，凝縮温度 25°C，膨張弁入口温度 20°C のとき，(1)冷媒循環量〔kg/h〕, (2)所要動力〔kW〕, (3)成績係数を求めよ.
（答　(1)4.07×10³kg/h, (2)32.4kW, (3)5.96）

[**1.7**]　低温側冷媒フロン 13，高温側冷媒フロン 500 で働く二元冷凍サイクルがある.　高温側蒸発温度 −35°C，凝縮温度 25°C，過冷却度 5°C，低温側蒸発温度 −90°C，凝縮温度 −30°C で過冷却はない場合，このサイクルの 1 冷凍トン当りの(1)冷媒循環量, (2)圧縮機のピストン押しのけ量, (3)圧縮機所要動力，および(4)成績係数を求めよ.
（答　(1)145.3, 142.9kg/h, (2)32.8, 29.4m³/h, (3)1.83, 2.08kW, (4)2.11, 2.73）

参 考 文 献

1)　日本機械学会編：機械工学便覧（新版）B 8，熱交換器・空気調和・冷凍（1985）.
2)　日本冷凍協会編：冷凍空調便覧 第 4 版（1981）.
3)　小谷信市，後藤清市：冷凍および冷凍機（1958），海文堂.
4)　山田治夫：冷凍および空気調和（1971），養賢堂.

44   1 冷　　凍

5)　大西復治：冷凍工学演習（1969），産業図書．

6)　Stoecken, W. F. : Refrigeration and Air Conditioning (1968), McGraw-Hill Book Company, Inc.

7)　Gunthen, R. C. : Refrigeration, Air Conditioning, and Cold Storage (1969), Chilton Book Company.

8)　Ambrose, E.R. : Heat Pumps and Electric Heating (1966), John Willy & Sons, Inc.

2

伝　　熱

2.1 熱の伝わり方

"熱"を熱力学的表現で示すと温度差のみを駆動力源として移動するエネルギと定義される．したがって，温度と熱とは，水位差と水流や電圧と電流の関係に似ている．したがって，熱は二つの物体に温度差がある限り自然の状態では，高温より低温の方向に流れる．

熱の移動には三つの基本形態がある．図 2.1 に示される冷蔵庫の周囲の熱移動において，太陽からの熱は，電磁波の形で冷蔵庫外壁にはこばれる．この熱移動形態を熱放射 (thermal radiation) という．一方冷蔵庫の外壁は，空気の流動により大気よりも熱を伝達される．このように流体が流動して熱を伝達する熱移動形態を熱伝達 (heat transfer) または，対流熱伝達 (convective heat transfer) といい，流体の流動のさせ方により二つに区分される．一つは風や送風機などにより流体を強制的に流動させて熱伝達を行う強制対流熱伝達 (forced convective heat transfer) であり，他の一つは，図 2.1 の冷蔵庫の例では，内壁面により暖められた空気は上昇し，冷却管に接触し冷却され重くなった空気は下降するという運動をくりかえす．このように流体中の温度差により生じた密度差による浮力を駆動源とする対流を自然対流 (natural convection) と呼び，その熱伝達を自

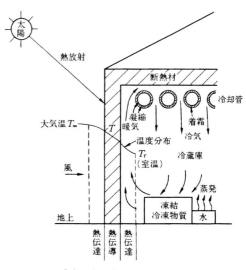

図 2.1　冷蔵庫周囲の熱移動形態

46 2 伝 熱

然対流熱伝達 (natural convective heat transfer) という．また冷蔵庫の固体壁は，高温の外壁面と低温の内壁面に接するから，この固体壁内でも熱が移動する．このような形で熱が物質内を移動する現象を熱伝導 (thermal conduction) という．これらの熱移動現象は，いずれも物質内の温度差により熱移動が行われ，顕熱 (sensible heat) 移動と呼ばれるものであるが，たとえば冷却された水蒸気および水が凝縮 (condensation)，凝固 (solidification) したり，加熱した液体および固体が沸騰 (boiling)，蒸発 (evaporation) あるいは融解 (melting) などのように相変化を伴う場合は，潜熱 (latent heat) 移動が行われる．

2.2 伝 導 伝 熱

いま，物質内のある位置 x での熱の流れに垂直な面を考え，その単位面積を単位時間に通過する熱量（これを熱流束，heat flux と呼ぶ）を $q[\text{W/m}^2]$ とすると，q はその位置の温度勾配 $dT/dx[\text{K/m}]$ に比例し，一般には，次のように書き表すことができる．

$$q = -\lambda \frac{dT}{dx} \tag{2.1}$$

右辺の負号は，熱流束 q を正とするために付けたものである．さらに，式 (2.1) の右辺の λ は，比例定数で物質に固有な値で，熱伝導率 (thermal conductivity, W/mK) と呼ばれており，一般に λ の値は，温度により変化する物質が多く，通常気体→液体→固体の順に大きくなる．また固体の中でも金属の方が非金属より λ は大きい傾向にある．表 2.1 および 2.2 は，代表的な物質の熱伝導率を示したものである．なお式 (2.1) は，フーリエ (Fourier) の熱伝導方程式という．また，式 (2.1) の両辺を単位体積当りの熱容量 ρc（密度 $\rho \times$ 比熱 c，$\text{kJ/m}^3\text{K}$）で割ると，

$$\frac{q}{\rho c} = -\frac{\lambda}{\rho c} \frac{dT}{dx} = -a\frac{dT}{dx} \tag{2.2}$$

となる．この式の右辺の定数 $a(=\lambda/\rho c)$ は，温度伝導率または熱拡散率 (thermal diffusivity) と呼ばれる値で，表 2.1 にいくつかの物質についての $a[\text{m}^2/\text{h}]$ の値を示してある．

次に図 2.2 に示すように x 方向に温度分布が存在し，それが時間 τ とともに変化し，かつ物体内に発熱（吸熱）現象がある場合の一般的な一次元伝導伝熱に関する基礎式について述べる．図 2.2 において，微小体積 Adx に対してのエネルギバラ

2.2 伝 導 伝 熱　47

表 2.1 (a)　各種固体の熱物性値（日本機械学会編伝熱工学資料）

物　質　名	温度 T [°C]	密度 ρ [kg/m³]	比熱 c_p [kJ/(kg·K)]	熱伝導率 λ [W/(m·K)]	温度伝導率 a [m²/h]
亜　鉛	20	7,130	0.381	113	0.149
アルミニウム	20	2,700	0.900	204	0.301
金	20	19,320	0.130	295	0.424
銀（純）	20	10,490	0.234	419	0.613
鉄（純）	20	4,540	0.461	67	0.026
鋳鉄 4°C以下	20	7,270	0.419	48	0.063
炭素鋼：0.5°C以下	20	7,830	0.461	53	0.053
ニッケル鋼：10Ni	20	7,950	0.461	26	0.025
マンガン鋼 IMn	20	7,870	0.466	50	0.050
銅（純）	20	8,960	0.385	386	0.435
銅（普通商品）	20	8,900	0.418	372	0.360
砲金：10Sn2Zn	20		0.381	48	
鉛	20	11,340	0.130	35	0.085
ニッケル（99.9%）	20	8,900	0.440	90	0.082
白　金	0	21,450	0.134	70	0.087
マグネシウム	20	1,740	1.047	159	0.315
ウラン	20	18,700	0.170	29	0.048
炭　素	20	2,200	0.691	23.86	0.0565
水　銀	20	13,546	1.139	8.60	164×10^{-4}
アスファルト	20	2,120	0.921	0.744	0.0014
雲　母（平均）	50	1,900〜2,300	0.880	0.500	0.0007
花こう岩	20			3.838	0.006
紙	20			0.128	
ガラス（板）	20	2,700	0.837	0.756	0.0012
石英ガラス	20	2,210	0.712	1.349	0.0031
ソーダガラス	20	2,590	0.754	0.744	0.0014
珪藻土（水練り後乾燥）	0	440	0.837	0.077	0.00075
氷	0	920	2.039	2.210	0.0042
ゴム（軟）	20	920〜1,230	1.424	0.139〜0.302	
コルク粉	20	130		0.039	
コンクリート	20	1,900〜2,300	0.880	0.814〜1.396	
磁器（ポースレン）	200		0.795	0.151	
石　炭	20	1,200〜1,500	1.256	0.256	0.0005〜0.0055
石こう	20	1,250	1.047	0.430	0.0012
土壌（砂利を含んだ普通の土）	20	2,000	1.842	0.523	0.0005
粘土質	20	1,460	0.879	1.279	0.0036
ベークライト	20	1,270	1.591	0.233	0.0004
まつ（繊維に直角方向の値繊維方向は約2倍）	30	377	2.093〜2.931	0.106	
木　炭	80	200	0.837	0.0744	0.0016
雪	0	600		0.465	
羊　毛	30	110		0.0361	
れんが（普通，赤）	200		0.988	0.558〜1.086	
キャスタブル耐火材	1,000	1,600〜2,000		1.012〜1.047	

48　2　伝　　熱

表 2.1 (b)　各種液体の熱物性値　　　　　　　　　　　（圧力：9.807×10^4Pa）

物　質　名	温度 T [℃]	密度 ρ [kg/m³]	比熱 c_p [kJ/(kg·K)]	熱伝導率 λ [W/(m·K)]	温度伝導率 a [m²/h]
水	0	999.9	4.220	0.554	4.72×10^{-4}
	20	998.2	4.183	0.594	5.12
	40	992.3	4.178	0.628	5.45
	60	983.2	4.187	0.654	5.72
	80	971.8	4.199	0.672	5.93
	100	958.4	4.216	0.682	6.08
	200	864.7	4.501	0.661	6.11
	300	712	5.694	0.495	4.77
アンモニア（NH₃）	20	612	4.798	0.521	6.39×10^{-4}
炭酸ガス（CO₂）	20	770	5.024	0.581	0.80
滑　油	40	876	1.955	0.144	3.00
スピンドル油	20	871	1.851	0.144	3.22
変圧器油	20	866	1.892	0.124	2.73
エチレングリコール（C₂H₄(CO)₂）	20	1,117	2.382	0.250	3.38
グリセリン（C₃H₅(OH)₃）	20	1,264	2.386	0.285	3.40
塩化カルシウム29.9%溶液	20	1,287	2.788	0.498	50.2
塩化マグネシウム20%溶液	20	1,184	3.081	0.498	
エチルアルコール（C₂H₅OH）	20	790	2.416	0.183	3.44

表 2.1 (c)　各種気体の熱物性値　　　　　　　　　　　（圧力：9.807×10^4Pa）

物　質　名	温度 T [℃]	密度 ρ [kg/m³]	比熱 c_p [kJ/(kg·K)]	熱伝導率 λ [W/(m·K)]	温度伝導率 a [m²/h]
空　気	0	1.251	1.005	0.0241	0.0689
	20	1.166	1.005	0.0259	0.0789
	40	1.091	1.009	0.0272	0.0892
	60	1.026	1.009	0.0287	0.100
	80	0.968	1.009	0.0302	0.111
	100	0.916	1.013	0.0316	0.123
	200	0.722	1.026	0.0386	0.188
	300	0.596	1.047	0.0449	0.259
	400	0.508	1.068	0.0508	0.337
	500	0.442	1.093	0.0562	0.419
蒸　気	100	0.578	2.098	0.0241	0.0715
	200	0.451	1.976	0.0317	0.128
	300	0.372	2.014	0.0399	0.192
水　素（H₂）	0	0.0869	14.193	0.167	0.486
	100	0.0636	14.486	0.214	0.840
窒　素（N₂）	0	1.211	1.043	0.0241	0.0867
炭酸ガス（CO₂）	0	1.912	0.829	0.0145	0.033
	100	1.400	0.921	0.0222	0.062
酸　素（O₂）	0	1.382	0.845	0.0229	0.065
	100	1.012	0.934	0.0304	0.116
一酸化炭素（CO）	0	1.210	1.043	0.0233	0.066
アンモニア（NH₃）	0	0.746	2.144	0.0219	0.049

2.2 伝 導 伝 熱

表 2.2 (a) 各種保温材の熱伝導率

名　　称	密度 ρ [kg/m³]	熱伝導率 λ [W/(m·K)]	最高使用温度 [°C]
岩　　綿	170〜250	0.051〜0.055	500
アモサイト石綿	160〜300	0.058〜0.062	400
アスベスト・スポンジ	140〜220	0.049〜0.063	400
シリケート・コットン板	230〜320	0.066〜0.070	300
石　綿　紙	457〜856	0.072〜0.108	350
85%炭酸マグネシウム	220〜280	0.064〜0.071	300
珪　藻　土	400〜600	0.081〜0.124	500
獣毛フェルト	136〜166	0.057〜0.059	120
炭化コルク板	130〜190	0.057〜0.059	150
紙	168〜470	0.056〜0.076	100
木　　材	254〜527	0.093〜0.141	100

表 2.2 (b) 各種保冷材の熱伝導率

名　　称	密度 ρ [kg/m³]	熱伝導率 λ [W/(m·K)]	最高使用温度 [°C]
コ ル ク 板	200	0.052〜0.058	0〜50
綿	81	0.056〜0.069	0〜100
羊　　毛	105〜40	0.035〜0.042	30
ガ ラ ス 毛	200	0.035〜0.052	0〜100
牛毛フェルト	96	0.0377	−30〜−40
炭酸マグネシウム	―	0.0433	−57

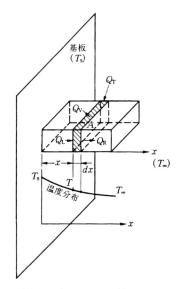

図 2.2 長方形フィンの熱伝導モデル

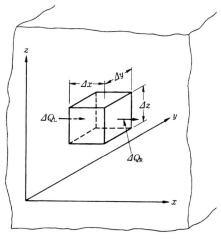

図 2.3 長方形体内の熱伝導モデル

ンスは，次の関係により導かれる．ここで①左側の面より熱伝導で流入するエネルギ $Q_L(+)$，②右側の面より熱伝導で流出するエネルギ $Q_R(-)$，③微小体積 Adx での内部発熱 Q_V(発熱 $Q_V>0$，吸熱 $Q_V<0$)，④微小体積 Adx の内部エネルギの増加量 Q_T とすれば各々のエネルギ量は，次のように表せる．

$$\left. \begin{array}{ll} Q_L = -\lambda A \dfrac{\partial T}{\partial x}, & Q_R = -A\left[\lambda\dfrac{\partial T}{\partial x}+\dfrac{\partial}{\partial x}\left(\lambda\dfrac{\partial T}{\partial x}\right)dx\right] \\ Q_V = \dot{q}Adx, & Q_T = \rho c A \dfrac{\partial T}{\partial \tau}dx \end{array} \right\} \quad (2.3)$$

ただし，$\dot{q}$ は単位体積・単位時間当りの発熱量である．したがって最終的にはエネルギバランスの式は，次のように表現できる．

$$\rho c \frac{\partial T}{\partial \tau} = \frac{\partial}{\partial x}\left(\lambda \frac{\partial T}{\partial x}\right) + \dot{q} \quad (2.4)$$

式 (2.4) を図 2.3 に示すように，x，y，z 方向の三次元に拡張すると，次のような三次元熱伝導方程式となる．

$$\rho c \frac{\partial T}{\partial \tau} = \frac{\partial}{\partial x}\left(\lambda \frac{\partial T}{\partial x}\right) + \frac{\partial}{\partial y}\left(\lambda \frac{\partial T}{\partial y}\right) + \frac{\partial}{\partial z}\left(\lambda \frac{\partial T}{\partial z}\right) + \dot{q} \quad (2.5)$$

ここで，もし λ が一定であり，a を温度伝導率 ($=\lambda/\rho c$) とすると，式 (2.5) は，

$$\frac{1}{a}\frac{\partial T}{\partial \tau} = \frac{\partial^2 T}{\partial x^2} + \frac{\partial^2 T}{\partial y^2} + \frac{\partial^2 T}{\partial z^2} + \frac{\dot{q}}{\lambda} \quad (2.6)$$

となる．系が軸対称の円筒座標 (図 2.4 (a)) に関しては，次のような熱伝導方程式となる．

$$\frac{1}{a}\frac{\partial T}{\partial \tau} = \frac{\partial^2 T}{\partial r^2} + \frac{1}{r}\frac{\partial T}{\partial r} + \frac{1}{r^2}\frac{\partial^2 T}{\partial \phi^2} + \frac{\partial^2 T}{\partial z^2} + \frac{\dot{q}}{\lambda} \quad (2.7)$$

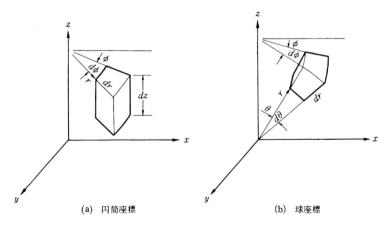

(a) 円筒座標　　　　(b) 球座標

図 2.4 円筒および球座標

系が点対称の球座標（図2.4(b)）に関しては，次のようになる．

$$\frac{1}{a}\frac{\partial T}{\partial \tau} = \frac{1}{r^2}\frac{\partial}{\partial r}\left(r^2\frac{\partial T}{\partial r}\right) + \frac{1}{r^2\sin\theta}\frac{\partial}{\partial \theta}\left(\sin\theta\frac{\partial T}{\partial \theta}\right) + \frac{1}{r^2\sin^2\theta}\frac{\partial^2 T}{\partial \phi^2} + \frac{\dot{q}}{\lambda} \tag{2.8}$$

2.2.1 定常伝導伝熱

熱的系の全体にわたって温度および熱流が時間的に変化しない状態における熱伝導を，定常熱伝導（steady-state conduction）という．定常状態では式(2.6)～(2.8)の左辺が0となり，系内に熱発生がない場合は $\dot{q}=0$ となり，熱伝導方程式は簡単な形で表現される．具体的に上述の熱伝導方程式を解くには，初期条件，境界条件を与えて，解析的または数値的方法による．以下二，三の例について調べてみることにする．

(a) 平板の熱伝導

図2.5に示すように，板の厚さ l に比べて十分に広い均質な平板，また，その周縁が断熱されている場合には，一次元熱伝導問題として扱うことができる．いま，座標系 x を板厚方向にとり，定常状態そして内部発熱のないものとすると，式(2.4)は次のごとくなる．

$$\frac{d^2 T}{dx^2} = 0 \tag{2.9}$$

式(2.9)を x について二度積分すれば，板内の温度は次のように表せる．

$$T = Ax + B \tag{2.10}$$

ここで，$x=0$ で $T=T_1$，$x=l$ で $T=T_2$ の境界条件より，積分定数 A，B を定めると，上式は次式のようになる．

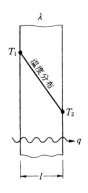 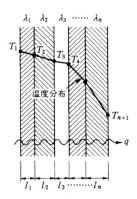

図2.5　平板の一次元定常熱伝導　　図2.6　多層平板の一次元定常熱伝導

52　2　伝　熱

$$T = \frac{T_2 - T_1}{l} x + T_1 \tag{2.11}$$

したがって，熱流束 q は式 (2.1) より，次のようになる．

$$q = -\lambda \frac{dT}{dx} = \lambda \frac{T_1 - T_2}{l} \tag{2.12}$$

また，熱流に垂直な平板の面積 A を通して単位時間に流れる熱流量 $Q[\mathrm{W}]$ は

$$Q = \lambda A \frac{T_1 - T_2}{l} \tag{2.13}$$

となる．

さらに，図 2.6 に示すような n 枚の平板を完全に密着させた多層板において，各平板を通過する熱流束 q は等しいことより，

$$q = \lambda_1 \frac{T_1 - T_2}{l_1} = \lambda_2 \frac{T_2 - T_3}{l_2} = \lambda_3 \frac{T_3 - T_4}{l_3} = \cdots\cdots = \lambda_n \frac{T_n - T_{n+1}}{l_n} \tag{2.14}$$

これら n 個の方程式から，多層板を通過する熱流量 Q は，次のようになる．

$$Q = \frac{A(T_1 - T_{n+1})}{\sum_{i=1}^{n}\left(\dfrac{l_i}{\lambda_i}\right)} \tag{2.15}$$

例題 1　厚さ 10 cm の保温板（熱伝導率 $\lambda = 0.08\,\mathrm{W/mK}$）の両端の表面温度差が 20℃ に保たれている．保温板の全表面積は 15 m² である．保温板を通過する時間当りの移動熱量 $Q[\mathrm{W}]$ を求めよ．ただし，熱は一次元熱伝導により移動するものとする．

解答　一次元熱伝導の式 (2.13) より，求める熱量 Q は次のようになる．

$$Q = \lambda A(T_1 - T_2)/l$$

いま温度差 $T_1 - T_2 = 20℃$，厚さ $l = 10\,\mathrm{cm} = 0.1\,\mathrm{m}$ として計算すると

$$Q = 0.08 \times 15 \times 20/0.1 = 240\,\mathrm{W}\ \ となる．$$

(b)　円筒の熱伝導

円筒の両端が断熱されている場合には円筒内の熱流は半径方向にのみ生じ，一次元熱伝導問題として扱える．図 2.7 に示すように，円筒内の半径 r，厚さ dr および軸方向の長さ l を通して流れる熱流束 $q[\mathrm{W/m^2}]$ は，次のようになる．

$$q = Q/2\pi rl \tag{2.16}$$

内部発熱を伴わない場合には，式 (2.7) は次のようになる．

$$\frac{\partial^2 T}{\partial r^2} + \frac{1}{r}\frac{\partial T}{\partial r} = 0 \tag{2.17}$$

式 (2.17) は容易に積分できて，

$$T = A \ln r + B$$

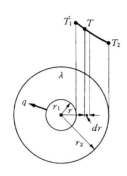
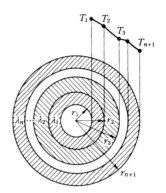

図 2.7 中空円筒の半径方向定常熱伝導   図 2.8 多層円筒の半径方向定常熱伝導

となる．ここで，$r=r_1$ で，$T=T_1$，$r=r_2$ で $T=T_2$ の境界条件により，積分定数 A，B を定め，T の解を求めると次のようになる．

$$T = T_1 + \frac{\ln r/r_1}{\ln r_1/r_2}(T_1 - T_2) \tag{2.18}$$

したがって，式 (2.16) および式 (2.18) より，熱流量 Q [W] を求めると，

$$Q = 2\pi r l q = 2\pi r l \left(-\lambda \frac{dT}{dr}\right) = 2\pi \lambda l \frac{T_1 - T_2}{\ln r_2/r_1} \tag{2.19}$$

となる．

さらに，図 2.8 に示される多層円筒についての熱流量 Q は，式 (2.13) から式 (2.15) を導いたのと同様にして次式が得られる．

$$Q = \frac{2\pi l(T_1 - T_{n+1})}{\sum_{i=1}^{n}(1/\lambda_i)\ln(r_{i+1}/r_i)} \tag{2.20}$$

ここで，円筒面積の平均面積 A_m を採用すると，熱流量 Q は次式となる．

$$Q = \frac{2\pi \lambda l(T_1 - T_2)}{\ln(r_2/r_1)} = \lambda A_m \frac{(T_1 - T_2)}{r_2 - r_1} \tag{2.21}$$

式 (2.21) の左辺に $(r_2 - r_1)/(r_2 - r_1)$ を乗じて整理すると次のようになる．

$$Q = \frac{\lambda(2\pi r_2 l - 2\pi r_1 l)(T_1 - T_2)}{(r_2 - r_1)\ln(2\pi l r_2/2\pi l r_1)} = \frac{\lambda(A_2 - A_1)(T_1 - T_2)}{(r_2 - r_1)\ln(A_2/A_1)} \tag{2.22}$$

ここで，A_1 と A_2 はそれぞれ円筒の内および外表面積である．したがって，円筒の平均面積は次のようになる．

$$A_m = \frac{(A_2 - A_1)}{\ln(A_2/A_1)} \tag{2.23}$$

この A_m は対数平均面積 (logarithmic mean area) で，式 (2.22) を用いると，

$$Q = \lambda A_m \frac{(T_1 - T_2)}{r_2 - r_1}$$

となる．ここで A_2/A_1 の比が 2 を超えない場合は，算術平均面積 $A_a = (A_1 + A_2)/2$ を用いても 4% 以内の誤差である．

(c) **球の熱伝導**

図 2.9 に示されるような $r = r_1$ で $T = T_1$, $r = r_2$ で $T = T_2$ なる中空球があるときの半径方向に単位時間に流れる熱流量 Q は，式 (2.8) において内部発熱の伴わない場合次のようになる．

$$\frac{1}{r^2}\frac{\partial}{\partial r}\left(r^2 \frac{\partial T}{\partial r}\right) = 0 \tag{2.24}$$

したがって，温度分布 T は，

$$T = \frac{A}{r} + B$$

となる．ここで $r = r_1$ で $T = T_1$, $r = r_2$ で $T = T_2$ の境界条件を用いて定数 A, B を求めると，温度分布 T は次のようになる．

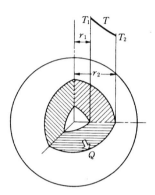

図 2.9 中空球の半径方向定常熱伝導

$$T = T_1 - \frac{\left(\frac{r_2}{r_1} - \frac{r_2}{r}\right)}{\frac{r_2}{r_1} - 1}(T_1 - T_2) \tag{2.25}$$

式 (2.25) より，中空球を半径方向に流れる熱流量 Q は次のようになる．

$$Q = -\lambda A \frac{dT}{dr} = -\lambda (4\pi r^2) \frac{dT}{dr} = 4\pi \lambda \frac{r_1 r_2}{r_2 - r_1}(T_1 - T_2) \tag{2.26}$$

(d) **比較的簡単な形状を有する物体の熱伝導**

温度が，T_1, T_2 なる二つの等温面間の二次元定常熱伝導に関してその熱流量 Q は，次のように表現できる．

$$Q = \lambda S(T_1 - T_2) \tag{2.27}$$

ここで S は，伝導伝熱の形状係数 (conduction shape factor) と呼ばれるもので，幾何学的な形のみで定まるもので，形が同じでその材質（熱伝導率）だけが異なる物体の伝導伝熱を計算する場合などに便利である．いくつかの形の物体に関する S の値を表 2.3 に示す．たとえば，面積 A, 厚さ δ の平板に対する形状係数 S は次の

表 2.3 種々の形の形状係数

図	形	形状係数 S	条件
平 板		$\dfrac{A}{\delta}$	一次元の熱流
中空円筒		$\dfrac{2\pi L}{\ln\left(\dfrac{r_2}{r_1}\right)}$	$L \gg r$
中空球		$\dfrac{4\pi r_1 r_2}{r_2 - r_1}$	
等温面をもつ半無限固体中に埋められた一様温度の円柱		$\dfrac{2\pi L}{\cosh^{-1}(\delta/r)}$ $\dfrac{2\pi L}{\ln(2\delta/r)}$ $\dfrac{2\pi L}{\ln(L/r)\left[1-\dfrac{\ln(L/2\delta)}{\ln(L/r)}\right]}$	$L \gg r$ $L \gg r,\ \delta > 3r$ $\delta \gg r$ $L \gg \delta$
無限固体の中に埋められた一様温度の球		$4\pi r$	
無限固体の中に埋められた2円柱		$\dfrac{2\pi L}{\cosh^{-1}\left(\dfrac{\delta^2 - r_1^2 - r_2^2}{2r_1 r_2}\right)}$	$L \gg r$ $L \gg \delta$
等温面をもつ半無限固体中に等温面に平行に埋められた角柱		$1.685L\left\{\ln\left(1+\dfrac{b}{a}\right)\right\}^{-0.59}\left(\dfrac{b}{c}\right)^{-0.078}$	

ように定まる.

$$Q = \lambda A \dfrac{(T_1 - T_2)}{\delta} = \lambda S(T_1 - T_2)$$

$$S = A/\delta \tag{2.28}$$

さらに,図 2.10 に示す三次元の物体についての形状係数は,平面(Ⅰ),角(Ⅱ)そして端(Ⅲ)の部分の形状係数をそれぞれ計算し,それらを合わせて最終的に,全体の形状係数を求める方法がとられている.

  平面 Ⅰ の形状係数 $S_Ⅰ = ca/\delta$
  角 Ⅱ の形状係数 $S_Ⅱ = 0.54c$
  端 Ⅲ の形状係数 $S_Ⅲ = 0.15\delta$

他の部分の形状係数も同様の方法により考える

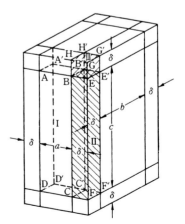

図 2.10 厚い壁の箱の形状係数

と，全体の形状係数 S は次のようになる．
$$S = 2(ab+bc+ca)/\delta + 0.54(a+b+c) \times 4 + 0.15\delta \times 8 \tag{2.29}$$

2.2.2 非定常伝導伝熱

非定常伝導伝熱とは，温度および熱流が時間的に変化する状態での伝導伝熱を意味する．ここでは，簡便な図式解法の例を述べる．

内部発熱を伴わない一次元非定常問題を対象としてSchmidt[1]により，ある時刻 τ における物体内の温度分布 T がわかっているとき，それから $\varDelta\tau$ 時間経過したときの温度分布 T' を求める図式解法が提案されている．

(1) 表面温度 T_s が与えられた図2.11に示す無限平板の問題を考える．この系の基礎式は式 (2.6) より

$$\frac{\partial T}{\partial \tau} = a\frac{\partial^2 T}{\partial x^2}$$

と簡単化できる．これを前述のように，時間に対して前進差分で，x 座標に対して中心差分で近似すれば次式となる．

$$\frac{T_i' - T_i}{\varDelta \tau} = a\frac{T_{i+1} - 2T_i + T_{i-1}}{(\varDelta x)^2} \tag{2.30}$$

いま，$\varDelta x^2/(a\varDelta\tau) = 4$ とおくと，$\varDelta\tau$ 時間後の温度 T_i' は次のようになる．

$$T_i' = \frac{1}{2}\left[\left(\frac{T_{i-1}+T_i}{2}\right)+\left(\frac{T_i+T_{i+1}}{2}\right)\right] \tag{2.31}$$

表面より i 番目の層の $\varDelta\tau$ 時間経たときの温度 T_i' は，隣接する層 $(i-1)$ および $(i+1)$ と i 層の相加平均として求めることができる．これを図2.11で求めるに

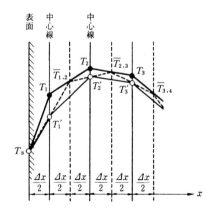

図2.11 境界条件として表面温度 T_s が与えられた場合の図形解法

は，まず時刻 τ における各層の中心温度（●印）を隣りどうし直線で結び，それらと破線で示した中間線との交点として，

$$\text{平均温度 } \overline{T_{1,2}}\left(=\frac{T_1+T_2}{2}\right), \overline{T_{2,3}}\left(=\frac{T_2+T_3}{2}\right), \cdots\cdots$$

を求める．次に，これらの平均温度および表面温度 T_s を隣りどうしで直線で結べば，破線のように各中心線の交点として，$\tau+\varDelta\tau$ における温度 T_i'（○印）が求まる．この手順を繰り返すことにより，$\varDelta\tau$ 時間おきの温度分布を求めることができる．ここで $\varDelta x$ の分割間隔は，$\varDelta\tau$ を選定することにより，$\varDelta\tau=\varDelta x^2/4a$ の関係より一義的に定まる．

(2) 表面に対流が存在し，熱伝達率 α と周囲流体温度 T_∞ が与えられた場合（図2.12）には，表面より $\delta=\lambda/\alpha$ だけ離れたところに T_∞ を設ける．したがって時刻 τ における表面温度 T_s は，T_∞ と $i=1$ 層の温度 T_1 と結ぶ直線が表面と交わる点として表され，その後 $\varDelta\tau$ 時間における温度 T' は(1)と同様な手順で求めることができる．

(3) 図2.13に示すように，表面において流入熱流束 q が存在する場合には，$i=1$ 層の中心温度 T_1 から勾配が $-q/\lambda$ の直線を引くと，時刻 τ における表面温度 T_s は，この直線と表面との交点より求まる．$\varDelta\tau$ 後の温度分布 T' は(1)と同様の手順を繰り返すことより求まる[2]．

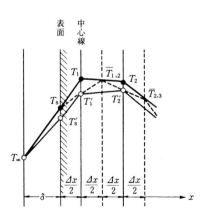

図 2.12　境界条件として熱伝達率 α が与えられた場合の図式解法

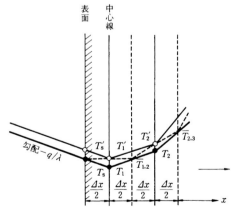

図 2.13　境界条件として表面熱流束 q が与えられた場合の図式解法

2.3 熱通過

熱交換器の伝熱や建築物からの熱損失は，熱が固体壁を介して高温流体 T_1 より低温流体 T_2 への熱移動を熱通過率（overall heat transfer coefficient）を用いて求めることができる．

2.3.1 熱通過率 K の求め方

図 2.14 に示されるように，固体壁を介して流体 1 より流体 2 へ熱が移動する場合には，壁の断面積（紙面に垂直）A とすると，定常状態においてはどの断面においても熱流量 Q は等しいことより，次の関係が満足される．

$$Q = \alpha_1 A(T_1 - T_1') = (\lambda/l) A(T_1' - T_2')$$
$$= \alpha_2 A(T_2' - T_2) \tag{2.32}$$

いま，これを $Q = KA(T_1 - T_2)$ と置いて，熱通過率 $K[\mathrm{W/m^2 K}]$ を用いれば，K は式 (2.32) より，

$$K = \cfrac{1}{\cfrac{1}{\alpha_1} + \cfrac{l}{\lambda} + \cfrac{1}{\alpha_2}} \tag{2.33}$$

となる．K の逆数を熱抵抗 $R(=1/K)$ と呼ぶこともある．

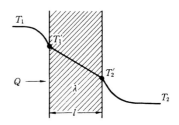

図 2.14 平板の一次元熱通過率のモデル

2.3.2 多層平板の熱通過率

図 2.15 に示される多層平板の熱通過率 K は次のようになる．

$$K = \cfrac{1}{\cfrac{1}{\alpha_1} + \sum_{i=1}^{n} \cfrac{l_i}{\lambda_i} + \cfrac{1}{\alpha_2}} \tag{2.34}$$

壁面を介しての移動熱流量 Q は，断面積を A とすると次のようになる．

$$Q = KA(T_1 - T_2) \tag{2.35}$$

2.3.3 多層円管の熱通過率

図 2.16 に示される多層円管においては，熱通過面積が熱流の方向に変化する．この場合，長さ $l[\mathrm{m}]$ の円管よりの熱流量 Q は次のようになる．

$$Q = 2\pi r_i l K_i (T_1 - T_2)$$

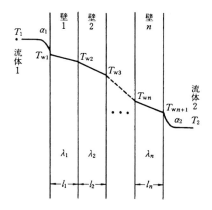
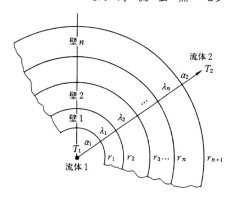

図 2.15　多層平板の一次元熱通過のモデル

図 2.16　多層円管の半径方向熱通過のモデル

半径 r_i における熱通過率 K_i を用いると，K_i は次のようになる．

$$\frac{1}{K_i}=r_i\left(\frac{1}{\alpha_1 r_1}+\sum_{i=1}^{n}\frac{1}{\lambda_i}\ln\frac{r_{i+1}}{r_i}+\frac{1}{\alpha_2 r_{n+1}}\right) \tag{2.36}$$

一般に，基準面 r_i として内面 $r_i=r_1$ または外面 $r_i=r_{n+1}$ がとられる．

例題 2　500℃ の燃焼ガスを有する火炉が厚さ 20 cm の耐火ブロック（全表面積 $A=20 \text{m}^2$）で保温されている．ブロックの外側は 20℃ の流動する空気（熱伝達率 $\alpha_2=10 \text{W/m}^2\text{K}$）にさらされている．火炉内側の燃焼ガスの流動による熱伝達率を $\alpha_1=30 \text{W/m}^2\text{K}$ とし，ブロックの熱伝導率を $\lambda=1.5 \text{W/mK}$ とする場合，火炉より外部への損失熱量 Q [W] を求めよ．

解答　式 (2.33) よりブロックを通じての熱通過率 K は次のようになる．
$K=1/(1/\alpha_1+l/\lambda+1/\alpha_2)=1/(1/30+0.2/1.5+1/10)≒3.75$
したがって損失熱量 Q は，式 (2.35) より
$Q=KA(T_1-T_2)=3.75\times 20\times(500-20)=36 \text{kW}$　となる．

2.4　対流伝熱

2.4.1　対流の流動および熱伝達様式

物体のまわりの流動挙動を，図 2.17 に示す流れと平行に置いた平板上に発達する流れ状態の変化を例にとり説明する．壁面のごく近い領域では，流体の粘性のために，速度分布が大きく変化する部分，すなわち速度境界層（velocity boundary layer）が生ずる．ここで，粘性の影響の及ばない領域を主流と呼ぶ．平板の前縁よ

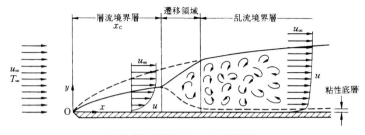

図 2.17 平板まわりの流動挙動

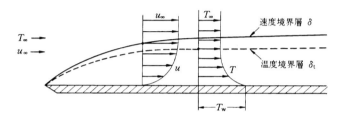

図 2.18 平板まわりの速度境界層と温度境界層

り発達する境界層は,はじめのうち整然とした層状の流れであるが,やがて不安定となり,ある距離 x_c 進むと,流体塊が不規則に激しく混合する流れとなる.前者を層流速度境界層 (laminar velocity boundary layer),後者を乱流速度境界層 (turbulent velocity boundary layer),そして両者の中間領域を遷移領域 (transition region) と呼ぶ.この層流が保たれる限界値を遷移レイノルズ数 (critical Reynolds number) $Re_{x,c}$ と呼び,平板の場合 $Re_{x,c}=(3.2〜5)×10^5$ 程度と考えられる.また図2.18に示されるように,主流と平板との間に温度差がある場合には,平板近傍に主流温度 $T_∞$ から平板表面温度 T_w まで温度が急変する領域がある.この領域を温度境界層 (thermal boundary layer) と呼び,速度境界層と共存する形で存在する.図2.19で示されるように,両境界層厚さは物理量であるプラントル数 (Prandtl number) $Pr(=ν/a)$ に左右される.すなわち図2.19に示されるように,$Pr=1$ を境として速度境界層厚さと温度境界層厚さの大小が変わることになる.この温度境界層を介して行われる熱輸送現象を対流熱伝達(または単に熱伝達)と呼び,温度境界層厚さに応じてその熱伝達率も変化する.平板よりの熱流束 q_x は次のように表せる.

$$q_x = α_x(T_w - T_∞) \tag{2.37}$$

上記の熱伝達率 $α_x$ を局所熱伝達率 (local heat transfer coefficient) と呼んでい

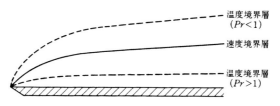

図 2.19 温度境界層厚さとプラントル数 Pr の関係

る．平板表面全体における平均熱伝達率 α_m(average heat-transfer coefficient) は次のように表せる．

$$\alpha_m = \int_A \alpha_x dA = \frac{Q}{A(T_w - T_\infty)} \tag{2.38}$$

ここで，A は平板表面積（$=bl$, b：平板幅, l：平板長さ），そして Q は平板表面全体よりの伝達熱量である．

管に流入する一様速度の流体は，図 2.20 で示されるように壁の近傍で減速され，最終的に放物線状の速度分布となる．この境界層が発達する領域を助走区間 (running distance) と呼び，この助走区間以後の流れを発達した流れ領域と呼ぶ．円管内の流れのレイノルズ数は次式で表される．

$$Re_d = \frac{u_m d}{\nu} \tag{2.39}$$

ここで，d は管直径，u_m は平均流速である．層流は $Re_d < 2\,300$，乱流は $Re_d > 3\,000$ の範囲といわれており，遷移領域は $Re_d = 2\,300 \sim 3\,000$ となる．発達した流れが層流であるものの助走区間 l_l は，

$$l_l = 0.05 d Re_d \tag{2.40}$$

である．発達した流れが乱流である場合の l_l は，

$$l_l = 25d \sim 75d \fallingdotseq 50d \tag{2.41}$$

である．管内流れの速度境界層と同様に主流と管表面とに温度差があれば，温度境

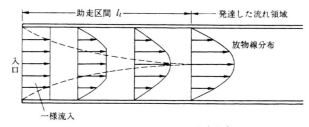

図 2.20 円管入口付近の速度分布

62 2 伝 熱

界層が発達する．近似的に，温度助走区間 l_t は次式で推定できる．

$$l_t = 0.05 d Re_d Pr \tag{2.42}$$

一般に対流熱伝達は，各種の無次元関係式で表現されている．無次元関係式を用いて熱伝達率を求め，伝熱量を計算する際には，①流れが層流か乱流かの区別，②代表寸法・代表速度および代表温度差のとり方，③流体温度および物性値決定の温度のとり方，④助走区間か発達した領域かの区別，⑤境界条件（等温，等熱流束，温度分布の存在），⑥局所熱伝達の式か平均熱伝達の式かの区別などに注意する必要がある．

伝熱面からの伝達熱量 Q[W] は，一般に次の手順より求めることができる．

(1) まず，無次元熱伝達率である平均ヌセルト数 Nu_m を関係式より算出する．

(2) 平均熱伝達率 $\alpha_m = \dfrac{Nu_m \lambda}{l}$ を求める．局所ヌセルト数 Nu_x が得られる場合には，局所熱伝達率 $\alpha_x = \dfrac{Nu_x \cdot \lambda}{x}$ を求める．

(3) $Q = \alpha_m A(T_w - T_\infty)$ または $Q = \displaystyle\int_A \alpha_x dA \times (T_w - T_\infty)$ の関係より，伝達熱量 Q が求まる．

2.4.2 強制対流による熱伝達

(a) 平板上の対流熱伝達

代表長さは平板先端からの距離 $(x = 0 \sim l)$，代表温度は平板表面温度 T_w と主流温度 T_∞ の平均値である膜温度 $T_m = (T_w + T_\infty)/2$ とする．したがって無次元数に使用する物性値は膜温度により定める．代表速度は主流速度，そして熱伝達率は温度差 $(T_w - T_\infty)$ に基づくものである．

(i) 層流境界層

1) 壁面温度一定（等温面）の境界条件

局所ヌセルト数 $\quad Nu_x = 0.564 Pr^{1/2} Re_x^{1/2} \quad (Pr < 0.6)$ (2.43)

$\qquad\qquad\qquad\quad Nu_x = 0.332 Pr^{1/3} Re_x^{1/2} \quad (0.6 < Pr < 15)$ (2.44)

$\qquad\qquad\qquad\quad Nu_x = 0.339 Pr^{1/3} Re_x^{1/2} \quad (Pr > 15)$ (2.45)

平均ヌセルト数 $\quad Nu_m = 0.664 Pr^{1/3} Re_l^{1/2} \quad (0.6 < Pr < 15)$ (2.46)

2) 熱流束一定の境界条件

局所ヌセルト数 $\quad Nu_x = 0.458 Pr^{1/3} Re_x^{1/2} \quad (Pr > 0.5)$ (2.47)

平均ヌセルト数 $\quad Nu_m = 0.916 Pr^{1/3} Re_l^{1/2} \quad (Pr > 0.5)$ (2.48)

2.4 対流伝熱　**63**

(ii) 乱流境界層

壁面温度一定の境界条件

局所ヌセルト数　$Nu_x = 0.0296 Pr^{1/3} Re_x^{0.8}$　$(0.7 < Pr < 120)$ (2.49)

平均ヌセルト数　$Nu_m = 0.037 Pr^{1/3} Re_l^{0.8}$　$(0.7 < Pr < 120)$ (2.50)

乱流の場合には，上式は熱流束一定の境界条件にもほぼ適用できる．

例題 3　表面温度 $T_w = 20℃$，長さ $L = 5\,cm$，幅 $B = 1\,m$ の平板上に大気圧，$T_\infty = 60℃$ の乾き空気が $U_\infty = 20\,m/s$ で平行に流れている．平板上に流入する熱量 $Q[W]$ はいくらか．

解答　膜温度 $(60 + 20)/2 = 40℃$ の空気の物性値を採用すると，動粘性係数 $\nu = 0.175 \times 10^{-4}\,m^2/s$，熱伝導率 $\lambda = 0.0272(W/mK)$，プラントル数 $Pr = 0.71$，平板後端のレイノルズ数 $Re_L = U_\infty L/\nu = 20 \times (5 \times 10^{-2})/(0.175 \times 10^{-4}) = 571\ (< Re_{x,\mathrm{crit}} = 3.2 \times 10^5)$ となり，流れは層流である．式 (2.46) より

平均ヌセルト数 $Nu_m = 0.664\sqrt{Re_L}\,Pr^{1/3} = 0.664 \times \sqrt{571} \times (0.71)^{1/3} = 14.1$

平均熱伝達率 $\alpha_m = Nu_m \cdot \lambda/L = 14.1 \times 0.0272/(5 \times 10^{-2}) = 7.67\,W/m^2K$

平板に流入する熱量 $Q = \alpha_m(T_\infty - T_w)A = 7.67 \times (60 - 20) \times 5 \times 10^{-2} \times 1$
$= 15.3\,W$

(b) 円管内の対流熱伝達

管内流のような制限された空間内の流れは図 2.20 で示されるように流れ状態の助走区間が存在し，$x_c = l_l$ の点において発達した流れとなり，それに伴って流体と管壁の間の熱伝達量も x に応じて変化することになる．

一般に，平均ヌセルト数 Nu_m の中の平均熱伝達率 α_m は，対数平均温度差 ΔT_l に対して定義されるものである．管壁温度 T_w，管入口および出口温度を T_1 および T_2 とすると，ΔT_l は次のようになる．

$$\Delta T_l = \frac{(T_w - T_1) - (T_w - T_2)}{\ln[(T_w - T_1)/(T_w - T_2)]} \tag{2.51}$$

なお，管入口，出口間での流体の温度差が小さい場合には，

$$\Delta T_l \fallingdotseq T_w - \frac{T_1 + T_2}{2} \tag{2.52}$$

で近似でき，$(T_w - T_1)/(T_w - T_2) = 0.5 \sim 2$ の範囲では，式 (2.52) による誤差は 4 ％ 以内である．以下，無次元量中の物性値は管入口，出口の平均温度 $(T_1 + T_2)/2$ に対する値を用いるが，レイノルズ数 Re とプラントル数 Pr に含まれる粘性係数のみは，膜温度 $T_m (= T_w + (T_1 + T_2)/2)$ における値を用いるものとする．

(i) 層流境界層　図 2.21(a)および(b)は，局所ヌセルト数 $Nu_x(\alpha_x d/\lambda)$ および平

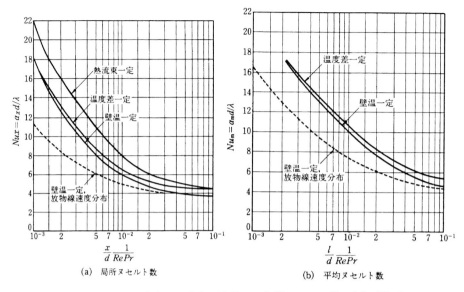

図 2.21 入口から加熱する場合の局所および平均ヌセルト数の変化（層流）

均ヌセルト数 Nu_m ($\alpha_m d/\lambda$) の変化を示したものである（$Pr=0.7$ の空気を対象）．両図とも入口より加熱した場合の例である．ここで，横軸は $Re_d = U_m d/\nu$ で定義される．l は管長である．

発達した層流の熱伝達に関する管長 l の区間を加熱（壁温一定）とした場合の平均ヌセルト数は，次式で近似される．

$$Nu_m = \frac{\alpha_m d}{\lambda} = 3.65 + \frac{0.0668(d/l)Re_d Pr}{1+0.04\{(d/l)Re_d Pr\}^{2/3}} \quad (Re_d < 2\,100) \quad (2.53)$$

(ii) 乱流境界層　発達した乱流の熱伝達に関しては，壁温一定の条件において以下の式が提案されている．

○コルバーン（Colburn）[3] の式

$$Nu_m = \frac{\alpha_m d}{\lambda} = 0.023 Re_d^{0.8} Pr^{0.4} \quad (2.54)$$

$$(10^4 < Re_d < 1.2 \times 10^5,\ 0.7 < Pr < 120)$$

○ディタス・ベルタ（Dittus-Boelter）[4] の式

$$Nu_m = 0.023 Re_d^{0.8} Pr^n \{n=0.4(加熱壁),\ n=0.3(冷却壁)\} \quad (2.55)$$

$$(10^4 < Re_d < 1.2 \times 10^5,\ 0.7 < Pr < 120)$$

粘性係数が温度により著しく変化する油などでは，ジーダ・テート（Sieder-

Tate)[5] の式

$$Nu_m = 0.023 Re_d^{0.8} Pr^{1/3}\left(\frac{\eta_m}{\eta_w}\right)^{0.14} \tag{2.56}$$

が用いられ，η_m，η_w は，流体の平均温度，壁温における流体の粘性係数である．

また，円管以外の管内流熱伝達は，発達した流れでは，等価直径 $d_e = \{4(断面積)/(濡れ縁長さ)\}$ を用い，円管の式により近似的な値を得られることが多い．

(c) 円管外面の対流熱伝達

(i) 流体が単管に直角に流れる場合　流れに直角に置かれた円管外面の熱伝達率は，円管外周上の位置によって変化する．図 2.22 は，種々の Re_d 数における円管周辺位置による局所ヌセルト数 $Nu_\phi (= \alpha_\phi d/\lambda)$ の変化を示したものである．ただし ϕ は，前部よどみ点よりの角度である．管壁温度一定の円管前部よどみ点付近の局所ヌセルト数 Nu_ϕ は，近似的に次式で表せる[6]．

$$Nu_\phi = 1.14 Re_d^{1/2} Pr^{0.4}\left[1-\left(\frac{\phi}{90}\right)^3\right] \tag{2.57}$$

$$Re_d = \frac{U_\infty d}{\nu}, \quad U_\infty : 主流速度，\quad \phi < 80°$$

管外面の熱伝達率を算定する場合の物性値は，すべて主流温度におけるものを用いる．一般に，等温円管外表面の平均ヌセルト数は次のように表せる[7]．

$$Nu_m = \frac{\alpha_m d}{\lambda} = 1.11 C Pr^{0.33} Re_d^n \tag{2.58}$$

ここで，定数 C および指数 n は，Re_d の範囲に応じて表 2.4(a) の値を選定する．なお，円管以外の表 2.4(b) に示される等温柱状物よりの平均ヌセルト数は，代表寸法として柱状物体の等価直径 d_e を採用し，表 2.4(b) より定数 C および指数 n を定めるこ

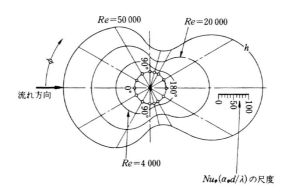

図 2.22　円筒外面の局所ヌセルト数 Nu_ϕ

とができる．

(ii) **流体が管群に直角に流れる場合**　図2.23に示されるように管群に対して流れが直角にあたる場合には，熱伝達率は単管よりも上昇する．この上昇率は，管の配列法（碁盤目，千鳥型），ピッチ (S_1, S_2), Re_d に依存する．この場合の平均ヌセルト数 Nu_m は，次のように近似される[8]．

$$Nu_m = 0.334 C_H \phi Pr^{0.3} Re_d^{0.6} \quad (2.59)$$

ここで C_H は，表2.5で表される配管方式，ピッチ直径比 $\sigma_1(=S_1/d)$, $\sigma_2(=S_2/d)$ および Re_d によって定まる値である．Re_d は $U_{max}\cdot d/\nu$ で定義され，U_{max} は管の間を通る

表2.4(a)　円管に対する式(2.58)の定数 C および指数 n

Re_d	C	n
0.4–4	0.891	0.330
4–40	0.821	0.385
40–4×10³	0.615	0.466
4×10³–4×10⁴	0.174	0.618
4×10⁴–4×10⁵	0.024	0.805

表2.4(b)　種々の角柱に対する式(2.58)の定数 C および指数 n

形　状	Re_{de}	C	n
◇	$5\times10^3 - 10^5$	0.246	0.588
□	$5\times10^3 - 10^5$	0.102	0.675
⬡	$5\times10^3 - 1.95\times10^4$ $1.95\times10^4 - 10^5$	0.160 0.0385	0.638 0.782
⬢	$5\times10^3 - 10^5$	0.153	0.638
∣	$4\times10^3 - 1.5\times10^4$	0.228	0.731

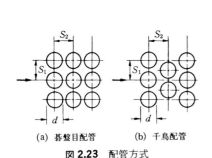

(a) 碁盤目配管　　(b) 千鳥配管
図2.23　配管方式

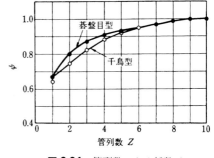

図2.24　管列数による係数 ϕ

ときの最大流速である．また，ϕ は管列数による係数で，10列以上のときは1を10列以下のときは図2.24による．

表 2.5　C_H の値（$\sigma_1 = S_1/d,\ \sigma_2 = S_2/d$）

形式		碁盤目配管				千鳥配管			
Re_d	$\dfrac{\sigma_2}{\sigma_1}$	1.25	1.50	2.0	3.0	1.25	1.50	2.0	3.0
2,000	1.25	1.68	1.74	2.04	2.28	2.52	2.58	2.58	2.64
	1.5	0.79	0.97	1.20	1.56	1.80	1.80	1.80	1.92
	2.0	0.29	0.44	0.66	1.02	1.56	1.50	1.44	1.32
	3.0	0.12	0.22	0.40	0.62	1.30	1.38	1.13	1.02
8,000	1.25	1.68	1.74	2.04	2.28	1.98	2.10	2.16	2.28
	1.5	0.83	0.96	1.20	1.56	1.44	1.50	1.56	1.56
	2.0	0.35	0.48	0.63	1.02	1.19	1.16	1.14	1.13
	3.0	0.20	0.28	0.47	0.60	1.08	1.04	0.96	0.90
20,000	1.25	1.44	1.56	1.74	2.04	1.56	1.74	1.92	2.16
	1.5	0.84	0.96	1.13	1.46	1.10	1.16	1.32	1.44
	2.0	0.38	0.49	0.66	0.88	0.96	0.96	0.96	0.96
	3.0	0.22	0.30	0.42	0.55	0.86	0.84	0.78	0.74
40,000	1.25	1.20	1.32	1.56	1.80	1.26	1.50	1.68	1.98
	1.5	0.74	0.85	1.02	1.27	0.88	0.96	1.08	1.20
	2.0	0.41	0.48	0.62	0.77	0.77	0.79	0.82	0.84
	3.0	0.25	0.30	0.38	0.46	0.78	0.68	0.65	0.60

2.4.3　自然対流による熱伝達

図 2.25 のような加熱垂直平板を考えると，平板近傍においては，その流体浮力により上方に流れる，壁面上で流体速度は零である．加熱面を離れるに従って流体速度は最大値をとり境界層の外縁では速度は零となる．その境界層は，下端の縁近辺では層流であり，ある点 x_c を経ると乱流境界層への遷移が起こる．その乱流発生の条件は壁面温度 T_w と周囲流体温度 T_∞ の温度差などで規定されるグラスホフ数 Gr_x とプラントル数 Pr とに依存する．自然対流のヌセルト数 Nu は，グラスホフ数 Gr とプラントル数 Pr の関数として，$Nu = C(Gr \cdot Pr)^n$ の形で表現できる．物性値等の算定に用いる代表温度は，壁面温度 T_w と周囲温度 T_∞ の平均値である膜温度とする．

(a)　垂直平板および大直径垂直円筒の対流熱伝達

一般に，垂直平板の場合乱流への遷移は，$Gr_x Pr \fallingdotseq 10^9$ で与えられる．ここで，$Gr_x = g\beta\varDelta T x^3/\nu^2$ と定義され，x は前縁より平板に沿っての距離である．大直径円筒とは，$d/l \geqq 35/(Gr_l \cdot l^{1/4})$ の条件を満足するもので，d は直径，l は円筒の長さを意味する[9]．

(i) 局所層流熱伝達率　等温垂直平板および大直径等温垂直円筒面上の局所ヌセルト数は次の式で表される．

$$Nu_x = \alpha_x \cdot x/\lambda = 0.508 Pr^{1/2}(0.952 + Pr)^{-1/4} Gr_x^{1/4}$$
(2.60)

等熱流束条件の場合には次の式となる[10]．

$$Nu_x = \alpha_x \cdot x/\lambda = q_x x/\{(T_{wx} - T_\infty)\lambda\}$$
$$= 0.60(Gr_x^* Pr)^{1/5}$$
$$(10^5 < Gr_x^* < 10^{11})$$
(2.61)

ただし，$Gr_x^* = \dfrac{g\beta q_w x^4}{\lambda \nu^2}$，$q_w$ は熱流束，T_{wx} は x の位置における表面温度を意味する．

図 2.25　垂直平板自然対流

(ii) 平均熱伝達率　等温垂直平板および円筒面上の層流および乱流における平均ヌセルト数は，$Nu_m = C(Gr_l \cdot Pr)^n$ の関係で表され，係数 C および指数 n は，$Gr_l \cdot Pr$ の範囲により，図 2.26(a), (b)および表 2.6 により定めるものとする[9]．

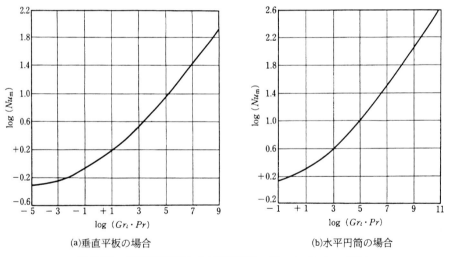

(a) 垂直平板の場合　　　　　　(b) 水平円筒の場合

図 2.26　等温垂直平板および垂直円筒の Nu_m と $Gr_l Pr$ の関係

(b) 水平平板上の対流熱伝達

等温伝熱面に関する平均ヌセルト数は次のようになる．代表長さは，長方形のものに対しては，縦横の長さの平均値 l とする．

(i) 上向き加熱平板または下向き冷却平板（図 2.27）

2.4 対流伝熱

表 2.6 種々の形状に対する定数Cと指数n

形　状	$Gr_l Pr$	C	n
垂直平板および垂直円筒	$10^{-1}-10^4$	図2.26(a)	図2.26(a)
	10^4-10^9	0.59	$\frac{1}{4}$
	10^9-10^{13}	0.10	$\frac{1}{3}$
水平円筒	$0-10^{-5}$	0.4	0
	$10^{-5}-10^4$	図2.26(b)	図2.26(b)
	10^4-10^9	0.53	$\frac{1}{4}$
	10^9-10^{12}	0.13	$\frac{1}{3}$
上向き加熱平板，または下向き冷却平板	$2\times10^4-8\times10^6$	0.54	$\frac{1}{4}$
上向き加熱平板，または下向き冷却平板	$8\times10^6-10^{11}$	0.15	$\frac{1}{3}$
下向き加熱平板，または下向き冷却平板	10^5-10^{11}	0.58	$\frac{1}{5}$

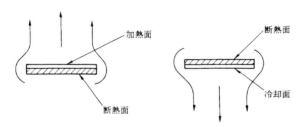

図 2.27 上向き加熱平板および下向き冷却面

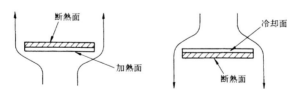

図 2.28 下向き加熱平板および上向き冷却面

$$Nu_m = 0.54(Gr_l \cdot Pr)^{1/4} \quad (2\times10^4 < Gr_l \cdot Pr < 8\times10^6) \tag{2.62}$$

$$Nu_m = 0.15(Gr_l \cdot Pr)^{1/3} \quad (8\times10^6 < Gr_l \cdot Pr < 10^{11}) \tag{2.63}$$

(ii) 下向き加熱平板または上向き冷却平板（図2.28）

$$Nu_m = 0.58(Gr_l \cdot Pr)^{1/5} \quad (10^5 < Gr_l \cdot Pr < 10^{11}) \tag{2.64}$$

(c) 水平円筒の対流熱伝達

代表寸法を直径dとすると，その場合の平均ヌセルト数は $Nu_m = C(Gr_d \cdot Pr)^n$ と

70　2　伝　熱

して表され，$Gr_d \cdot Pr$ に応じてその係数 C および指数 n は，図 2.26 (b) および表 2.6
のように変化する[7]．

(d)　細い垂直円筒および球の対流熱伝達

（ⅰ）　**細い垂直円管の熱伝達**　　代表長さを円管直径 d とすると，平均ヌセルト数
Nu_m は次のようになる．

$$Nu_m = (Gr_d \cdot Pr)^{0.1} \qquad (10^{-7} < Gr_d \cdot Pr < 10^{-2}) \tag{2.65}$$

（ⅱ）　**球の熱伝達**　　代表長さを直径 d とすると，平均ヌセルト数は[11]，

$$Nu_m = 2 + 0.43(Gr_d \cdot Pr)^{1/4} \qquad (1 < Gr_d < 10^5) \tag{2.66}$$

となる．

例題4　温度 $T_\infty = 40\,℃$ の乾き空気中に，$T_w = 100\,℃$ に加熱された高さ $H = 5$
cm，奥行 $B = 100$ cm の垂直平板よりの自然対流による伝達熱量 Q [W] を求めよ．

解答　膜温度 $(T_\infty + T_w)/2 = (40 + 100)/2 = 70\,℃$ の空気の物性値を採用すると，動粘
性係数 $\nu = 20.02 \times 10^{-6}\,\mathrm{m^2/s}$，熱伝導率 $\lambda = 0.0297\,\mathrm{W/mK}$，プラントル数 $Pr = 0.71$，体
膨張係数 $\beta = 1/(273 + 70)\,[1/℃]$ となる．

$$\begin{aligned}
\text{グラフホフ数}\ Gr &= g\beta H^3(T_w - T_\infty)/\nu^2 \\
&= 9.8 \times 1/(273 + 70) \times (0.05)^3 \times (100 - 40)/(20.02 \times 10^{-6})^2 \\
&= 5.34 \times 10^5
\end{aligned}$$

したがって流れは層流である．表 2.6 よりヌセルト数 Nu 算出の各係数を求めると

$$Nu = 0.59(Gr \cdot Pr)^{1/4} = 0.59 \times (5.34 \times 10^5 \times 0.71)^{1/4} = 14.6$$

$$\text{平均熱伝達率}\ \alpha_m = Nu \cdot \lambda/H = 14.6 \times 0.0297/0.05 = 8.67\,\mathrm{W/m^2K}$$

$$\text{伝達熱量}\ Q = \alpha_m A(T_w - T_\infty) = 8.67 \times 0.05 \times 1 \times (100 - 40) = 26\,\mathrm{W}$$

となる．

2.5　放　射　伝　熱

2.5.1　熱放射の基本法則

物体は，その温度によって定まる量の熱エネルギを電磁波の形で外部へ放射する．
図 2.29 に示すように，物体に熱放射 Q (E) があたると，その一部は反射 Q_R (ρE)
され，一部は物体を透過 Q_D (τE) し，残りは物体に吸収 Q_A (αE) される．さらに
吸収された放射エネルギは，内部エネルギに変換される．これら放射エネルギの平
衡を考えると，$E = \rho E + \tau E + \alpha E$ となり，$\rho + \tau + \alpha = 1$ の関係となる．ここで，ρ は
反射率 (reflectivity)，τ は透過率 (transmissivity)，α は吸収率 (absorptivity) と
呼ぶ．$\tau = 0$，$\alpha = 0$ のような物体は，完全白体 (white body)($\rho = 1$) と呼び，$\tau = 0$ の

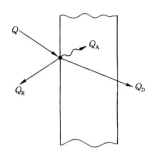
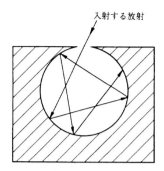

図 2.29　入射エネルギの分解　　図 2.30　空洞黒体をつくる方法

物体を不透明体 (non transmissive body) という．そして，入射してくるすべての波長の放射エネルギを吸収する物体 ($a=1, \rho=0, \tau=0$) を，完全黒体 (black body) という．図 2.30 に示す黒体炉においては小孔から空洞内へ入射した放射は，大部分が内部で吸収されてしまうので，内部よりでてくる放射は黒体放射と考えてよい．

プランクの法則は，物体の表面より単位時間当り放射される全エネルギ量を放射能 (emissive power) E と呼び，種々の波長の放射エネルギを総計したものであり，波長 λ と $\lambda+d\lambda$ の間にあるものを $E_\lambda d\lambda$ とすると，この E_λ を単色放射能 (monochromatic emissive power) と呼び，E は次のように，E_λ を $d\lambda$ で積分したものとなる．

$$E = \int_0^\infty E_\lambda d\lambda \tag{2.67}$$

プランクの法則は，黒体の表面から放射される単色放射能を表したもので，温度 $T[\mathrm{K}]$ の黒体に対して，次のように表せる．

$$E_{b\lambda} = C_1 \lambda^{-5} / \{\exp(C_2/\lambda T) - 1\} \tag{2.68}$$

$$C_1 = 3.74 \times 10^8 [\mathrm{W \mu m^4/m^2}], \quad C_2 = 1.44 \times 10^4 [\mu \mathrm{m \cdot K}]$$

波長 $\lambda[\mu\mathrm{m}]$ を横軸に，単色放射能 $E_{b\lambda}$ を縦軸にとり，温度をパラメータにとると，図 2.31 に示すような結果となる．この図によれば，温度が高くなれば最大の強度を示す放射線の波長 λ_m は，短波長の方に移行する．λ_m と T には次の関係がある．

$$\lambda_m T = 2.898 \times 10^3 [\mu \mathrm{m \cdot K}] \tag{2.69}$$

これをウィーン (Wien) の変位則といい，固体が高温になるに従って，その色が赤色より白色へ変化することを意味する．

$T[\mathrm{K}]$ の黒体表面の単位面積・時間当りに放射されるエネルギ E_b は，単色放射能を波長 $\lambda = 0 \sim \infty$ まで積分することにより求まる．

$$E_b = \int_0^\infty E_{b\lambda} d\lambda = \sigma T^4 \,[\text{W/m}^2] \tag{2.70}$$

$$\sigma = 5.67 \times 10^{-8} \,[\text{W/(m}^2 \cdot \text{K}^4)]$$

これをステファン・ボルツマン (Stefan-Boltzmann) の法則と呼び，定数 σ は，ステファン・ボルツマン定数と呼ぶ．

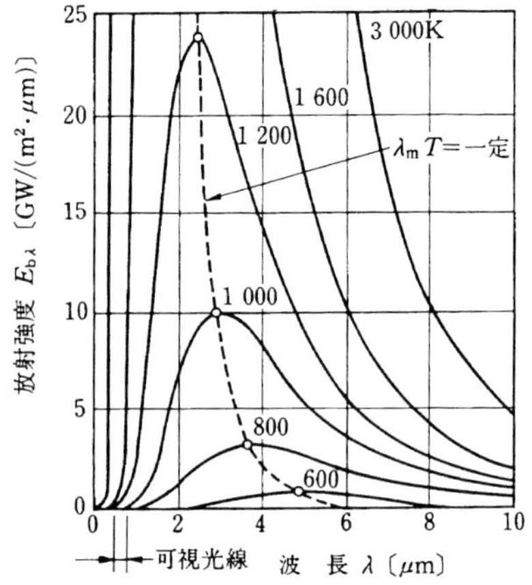

実在固体（灰色体）の表面より放射される放射エネルギの全量 E は，同一温度の黒体面より放射されるエネルギ E_b よりも必ず小さい値となる．いま，その比を放射率 (emissivity) ε と名付ける．

$$\varepsilon = E/E_b = E/(\sigma T^4) \tag{2.71}$$

単色の場合も単色放射率を ε_λ とすると，

$$\varepsilon_\lambda = E_\lambda/E_{b\lambda} \tag{2.72}$$

図 2.31 黒体放射のスペクトル分布

となる．両者とも物質の種類・表面温度・表面性状により変化する値である．表 2.7 に，いくつかの固体表面における ε の値を示した．一定温度の黒体面から放射する放射線が同一温度にある実存固体表面に入射するとき，その表面の示す吸収率 α は，常にその温度に対する放射率 ε に等しい．

$$\varepsilon = \alpha \tag{2.73}$$

となる．これをキルヒホフ (Kirchhoff) の法則という．

ランバート (Lambert) の法則は，放射の方向性に関する法則で，黒体の表面からの法線方向の放射の強さ I_{bn} に対して，φ 方向の放射の強さ $I_{b\varphi}$ は，$I_{b\varphi} = I_{bn} \cos\varphi$ となることを示す．単位面積当りの全放射能 E_b との関係は，

$$E_b = \pi I_{bn} \tag{2.74}$$

となる．なお一般に放射の強さ I は，図 2.32 において物体表面単位面積・時間当り 0 点からの放射熱量のうち，0 を頂点とする微小立体角 $d\omega$ を通過するものを dE とすると，

$$I = \frac{dE}{d\omega} \tag{2.75}$$

となる．

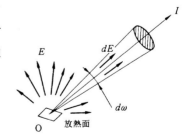

図 2.32 放射強度計算のモデル

2.5 放射伝熱 **73**

表 2.7 種々の物質の放射率

物　質	温　度〔℃〕	放射率 ε	物　質	温　度〔℃〕	放射率 ε
鋼			白　金		
研　摩　面	100	0.066	研　摩　面	227〜627	0.054〜0.104
鋼板平滑面	900〜1,040	0.55〜0.60	フィラメント	27〜1,227	0.036〜0.192
鋼板圧延後	21	0.66	白金黒	—	0.97
600℃で酸化した面	198〜600	0.79	（白金ブラック）		
鋳　鉄			れんが		
普通研摩面	200	0.21	赤い粗れんが	21	0.93
溶融状態	1,300〜1,400	0.29	耐火れんが	590〜1,000	0.80〜0.90
600℃で酸化した面	198〜600	0.64〜0.78	塗　料		
ステンレス(8Ni-18Cr)			粗い鉄面上の白エナメル	23	0.91
銀色に光る粗金	215〜490	0.44〜0.36	鉄面上の黒ラッカ	24	0.88
526℃に24時間加熱後	215〜526	0.62〜0.73	赤い鉛ペンキ	100	0.93
アルミニウム			オイルペイント	100	0.92〜0.96
高度研摩面	227〜580	0.039〜0.057	アルミペイント(26% Al)	100	0.3
普通研摩面	23	0.040	研摩鉄板上の油(0.02mm)	38	0.22
粗　　　面	26	0.055	研摩鉄板上の油(0.2mm)	38	0.81
酸　化　面	200	0.11	コンクリート	20	0.88
屋　　　根	38	0.216	大理石(白)	38	0.95
銅			ガ　ラ　ス	90	0.98
注意して研摩した電気銅	80	0.018	アスベスト紙	38〜370	0.93〜0.945
普通研摩面	100	0.052	石こう・粗い石灰	10〜88	0.91
600℃で酸化した面	200〜600	0.57	ルーフィング	21	0.91
厚い酸化層	2.5	0.78	紙	19	0.93
金・銀			木　　　材	70	0.91
金の高度研摩面	227〜628	0.018〜0.035	水	0〜100	0.95〜0.963
銀の研摩面	38〜628	0.020〜0.032	氷	0	0.966

注)　温度範囲の左右端はそれぞれ放射率の左右端に対応する.

2.5.2　熱放射による伝熱

物体表面間の放射エネルギの交換は，その表面の放射率（吸収率）・透過率・反射率に依存するばかりでなく，その幾何学的配置にも依存し，さらに物体間に存在する媒質の存在にも左右される．

(a)　二つの黒体面間の放射伝熱

いま図 2.33 に示す黒体面 A_1 と A_2 の微小面要素 dA_1 と dA_2 間の放射エネルギ交換量 dQ は，ランバートの法則およびスティファン・ボルツマンの法則より，次のようになる．

$$dQ = \sigma(T_1^4 - T_2^4)\frac{\cos\phi_1\cos\phi_2}{\pi l^2}dA_1dA_2 \quad (2.76)$$

さらに，有限な面積 A_1 より，有限な面積 A_2 への放射エネルギ交換量 Q は，

$$Q = \sigma(T_1^4 - T_2^4)F_{1,2}A_1 \quad (2.77)$$

となる．ただし，

$$F_{1,2} = \frac{1}{A_1}\int_{A_1}\int_{A_2}\frac{\cos\phi_1\cos\phi_2}{\pi l^2}dA_2dA_1 \quad (2.78)$$

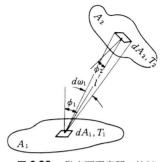

図 **2.33** 微小面要素間の放射エネルギ交換

ここで $F_{1,2}$ は，伝熱面の幾何学的配置のみにより定まるもので，形態係数 (geometrical factor) と呼ばれている．$F_{1,2}$ は，面 A_1 から面 A_2 を見たときの形態係数であり，逆に面 A_2 より面 A_1 を見たときの形態係数は $F_{2,1}$ となり，$F_{1,2}A_1 = F_{2,1}A_2$ の関係があり，この関係は相反定理 (reciprocity law) と呼ばれている．また，図 2.34 に示されるように，n 個の面により空間が囲まれている場合の形態係数は，その定義より，

$$F_{11} + F_{12} + F_{13} + F_{14} + \cdots\cdots + F_{1n} = \sum_j F_{ij} = 1$$
$$(j = 1, 2, 3, \cdots\cdots, n) \quad (2.79)$$

となる．ここで，平面あるいは凸面の場合は $F_{11} = 0$ となる．形態係数は式 (2.79) により求めればよい．簡

図 **2.34** 多くの面が空間を囲む場合のモデル

単な幾何学的配置に対しての形態係数が，図 2.35，2.37 および 2.38 に示されている．図 2.35 は同形の相対する平行 2 面間の形態係数 F を示しており，①円板，②正方形，③2 : 1 の長方形，④細長い長方形について示されている．図 2.37 は直交する有限な長方形面 A_1 および A_2 間の形態係数 F_{12} を寸法比をパラメータとして示したものである．図 2.38 は平行する有限な長方形面 A_1 および A_2 間の形態係数 F_{12} を寸法比をパラメータとして示したものである．さらに，図 2.36 に示すように，面 1 と面 2 において反射面 R(反射面とは面に入射した放射エネルギを全部反射する面をいうが，断熱壁面も反射面として扱うことができる) が存在する場合の修正形態係数 $\overline{F}_{12}$ は，次のようになる．

$$\overline{F}_{12} = F_{12} + F_{1R}\frac{F_{R2}}{F_{R1} + F_{R2}} \quad (2.80)$$

ここで，F_{12}, F_{1R}, F_{R2}, F_{R1} は，左端の添字の面から見ての右端の添字の面に対する形態係数である．

2.5 放射伝熱　75

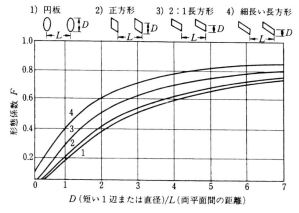

図 2.35　相対する同形 2 面間の形態係数 F

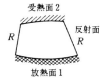

図 2.36　灰色体面および反射面のある場合

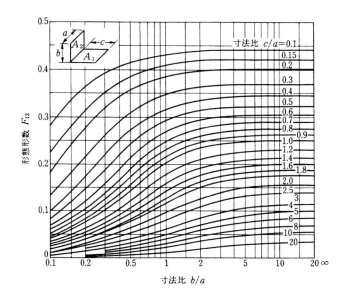

図 2.37　直交する有限長方形面間の形態係数 F_{12}

(b)　**非黒体面（灰色体）間の放射伝熱**

前述の図 2.38 に示すような固体壁面間の放射伝熱において，各壁面が黒体でない場合には，面 1，面 2 間の放射伝熱は，これらの面に接している他の面における放射の吸収および反射によって影響を受ける．面 1 および面 2 間の放射伝熱量 Q は次のように表せる．

$$Q_{12} = \sigma(T_1^4 - T_2^4) A_1 f_{12}$$

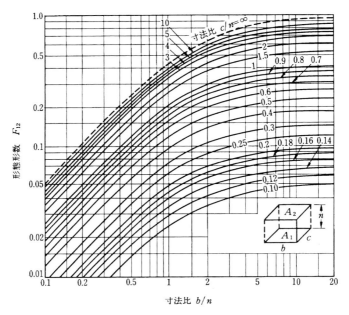

図 2.38　平行する有限長方形面間の形態係数 F_{12}

$$= \sigma(T_1^4 - T_2^4)A_2 f_{21} \tag{2.81}$$

ここで，f_{12} は面1および面2の放射率 ε_1，ε_2 ならびに反射面での反射を考慮した総括吸収係数で，次のように表せる．

$$f_{12} = \frac{1}{\overline{F}_{12} + \left(\dfrac{1}{\varepsilon_1} - 1\right) + \dfrac{A_1}{A_2}\left(\dfrac{1}{\varepsilon_2} - 1\right)} \tag{2.82}$$

簡単な放射面の配置例として，無限に大きい平行平板では $A_1/A_2 = 1$ とすることができ，$\overline{F}_{12} = 1$ となることより，

$$f_{12} = \frac{1}{\dfrac{1}{\varepsilon_1} + \dfrac{1}{\varepsilon_2} - 1} \tag{2.83}$$

となる．この場合の面1より面2への放射伝熱量は，

$$Q = f_{12}\sigma(T_1^4 - T_2^4)A_1 \tag{2.84}$$

となる．また，同心の円筒（図2.39）あるいは球殻，そして面1が面2により完全に囲まれて面1が完全に凸，面2が完全に凹である場合も反射面がなく，$\overline{F}_{12} = 1$ であるので

$$f_{12} = \cfrac{1}{\cfrac{1}{\varepsilon_1} + \cfrac{A_1}{A_2}\left(\cfrac{1}{\varepsilon_2} - 1\right)} \quad (2.85)$$

となる.

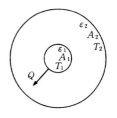

図 2.39 同心円筒2面間の場合

例題 5 無限に対向する平行平板の一方の温度 $T_1=200°C$, 放射率 $\varepsilon_1=0.5$ とし対向する平板の温度 $T_2=100°C$, 放射率 $\varepsilon_2=0.4$ とした場合の単位面積当りの放射伝熱量 $Q[W/m^2]$ を計算せよ.

解答 無限に広い平行平板では形態係数 $F_{12}=1$ となることより式 (2.83) より総括吸収係数 f_{12} は次のようになる.

$$f_{12} = 1/(1/\varepsilon_1 + 1/\varepsilon_2 - 1) = 1/(1/0.5 + 1/0.4 - 1) = 1/3.5$$

したがって, 単位面積当り放射伝熱量 q は式 (2.84) より $q=Q/A_1$ として,

$$q = f_{12}\sigma(T_1^4 - T_2^4) = 1/3.5 \times 5.67 \times 10^{-8} \times (473^4 - 373^4)$$
$$= 497 W/m^2$$

となる.

2.6 沸騰および凝縮熱伝達

2.6.1 沸騰伝熱

(a) 沸騰現象

沸騰を分類すると, (i)液体の温度が飽和温度に等しいか, わずかに高い場合を飽和沸騰 (saturated boiling) と呼び, (ii)液体の温度が飽和温度以下の場合をサブクール沸騰 (subcooled boiling)(または表面沸騰) と呼ぶ. また, 液体の循環の方法によって, (i)静止液中の沸騰をプール沸騰 (pool boiling)(または自然対流沸騰) と呼び, (ii)流れる液体中での沸騰を強制対流沸騰 (forced convection boiling) と呼ぶ. 沸騰熱伝達は, 流速 u, 圧力 P, サブクール温度差 (=飽和温度 T_s - 液体温度 T_∞), 蒸気含有率, 伝熱面粗さ重力などの影響を受ける. 図 2.40 は, それら諸因子の影響が増大する

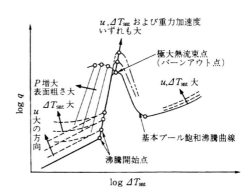

図 2.40 沸騰熱伝達に及ぼす各因子の効果

78 2 伝 熱

と, 矢印の方向に沸騰曲線が移動することを示している.

(b) プール滞騰熱伝達

一般に, 沸騰による熱伝達に関して提案される実験式のうち滑らかな金属面に対する実験式は次のようになる.

(i) 核沸騰熱伝達の式 核沸騰では, 熱流束 q と壁面の過熱度 ΔT_{sat} (=伝熱面温度-流体飽和温度) の間には次の関係がある.

$$q \propto (\Delta T_{sat})^n \qquad (2.86)$$

ここで, n は 2.5〜4 の範囲が用いられる. 一般には次式が提案されている.

○ Rohsenow の実験式[13]

$$c_l \Delta T_{sat} / [h_{fg} \cdot Pr_l^{1.7}] =$$
$$C_{sf} \left[\frac{q}{\mu_l h_{fg}} \sqrt{\frac{\sigma}{g(\rho_l - \rho_v)}} \right]^{0.33} \qquad (2.87)$$

ここで, c_l: 飽和液体の比熱, ΔT_{sat}: 過熱度, h_{fg}: 蒸発潜熱, Pr_l: 液体のプラントル数, q: 熱流束, μ_l: 液体の粘性係数, σ: 表面張力, g: 重力加速度, ρ_l, ρ_v: 飽和水および蒸気の密度, C_{sf}: 実験定数 (表2.8).

表 2.8 液体と固体面の組合せによる実験定数 C_{sf}

液体-固体面の組合せ	C_{sf}
水-銅	0.013
水-白金	0.013
水-黄銅	0.0060
水-エメリ仕上げした銅	0.0128
水-新鮮かつ粗なステンレス銅	0.0070
水-エッチングしたステンレス鋼	0.0133
水-機械仕上げしたステンレス銅	0.0132
nブチルアルコール-銅	0.00305
イソプロピルアルコール-銅	0.00225
nペンタン-クロム	0.015
ベンゼン-クロム	0.010
エチルアルコール-クロム	0.027
nペタン-エメリ仕上げした銅	0.0154
四塩化炭素エメリ仕上げした銅	0.0070

○ Kutateladze の実験式[14]

$$\frac{\alpha}{\lambda_l} \sqrt{\frac{\sigma}{g(\rho_l - \rho_v)}} = 7.0 \times 10^{-4} Pr_l^{0.35} \times \left[\frac{q}{h_{fg} \cdot \rho_v \nu_l} \sqrt{\frac{\sigma}{g(\rho_l - \rho_v)}} \right]^{0.7}$$
$$\times \left[\frac{P}{\sigma} \sqrt{\frac{\sigma}{g(\rho_l - \rho_v)}} \right]^{0.7} \qquad (2.88)$$

ここで, α: 熱伝達率, λ_l: 液体の熱伝導率, P: 圧力, ν_l: 動粘性係数.

○西川・藤田の式[15] (層流域)

$$\alpha = 243 \left[f_s^2 f_p^2 \frac{1}{M^2 P} \frac{c_l \lambda_l^2 \rho_l^2 g}{\sigma h_{fg} \rho_v} \right] \Delta T_{sat}^2 \qquad (2.89)$$

ここで, $M = 900 \text{m}^{-1}$, $P = 1.976 \text{W}$, f_p: 圧力と大気圧の比, f_s: 起泡度 (表面の性状による発生気泡数の変化補正パラメータ, 通常 $f_s = 1$).

式 (2.89) より伝熱面よりの熱流束は $q = \alpha \Delta T_{sat}$ より求めることができる.

(ii) 膜沸騰熱伝達の式

○ Bromly の半理論式[18] (飽和液水平円管の外面)

2.6 沸騰および凝縮熱伝達 **79**

$$\alpha = \alpha_c \left(\frac{\alpha_c}{\alpha} \right)^{1/3} + \alpha_r \tag{2.90}$$

$$\alpha_c = 0.62 \left[\frac{\lambda_v{}^3 \rho_v (h_{fg} + 0.34 c_v \Delta T_{sat})(\rho_l - \rho_v)}{d \mu_v \Delta T_{sat}} \right]^{1/4} \tag{2.91}$$

ここで，λ_v：蒸気の熱伝導率，d：管外径，c_v：蒸気の比熱，α_r：放射による熱伝達率，α_c：対流による熱伝達率

○ Hsu-Westwater の実験式[17]（垂直管の場合）

$$\alpha = 0.002 \left[\frac{4G}{\pi d \mu_v g} \right]^{0.60} \left[\frac{\mu_v{}^2 g}{\lambda_v{}^3 \rho_v (\rho_l - \rho_v)} \right]^{-1/3} \tag{2.92}$$

ここで，G：管内重量流量．

(c) 強制対流沸騰熱伝達

Clark-Rohsenow は，この場合の熱流束 q を同一条件で，沸騰が起こらないとしたときの強制対流熱流束 q_c と前述のプール沸騰の式 (2.87)〜(2.88) により算出される沸騰熱流束 q_b の和となる簡便な算出方法を提案[13]している．

$$q = q_c + q_b \tag{2.93}$$

ただし，q_c は，次式の強制対流熱伝達の無次元数（ヌセルト数）Nu より得られる値を使えばよい．

$$Nu = 0.019 Re^{0.8} Pr^{1/3} \tag{2.94}$$

例題 6 内表面温度 200℃ の垂直円管（管内径 $d = 2\,\mathrm{cm}$）内を重量速度 $G = 100$ kg/h，にて水が膜沸騰しながら上昇する．この場合の熱伝達率 $\alpha[\mathrm{W/m^2K}]$ を求めよ．

解答 水蒸気側の物性値は 100℃ と 200℃ の算術平均の物性値を用いる．
  熱伝導率 $\lambda_v = 0.0285\,\mathrm{W/mK}$，比重量 $\rho_v = 0.515\,\mathrm{kg/m^3}$
  粘性係数 $\mu_v = 4.17 \times 10^{-10}\,\mathrm{kgh/m^2}$，100℃ の水の比重量 $\rho_l = 958\,\mathrm{kg/m^3}$
  重力加速度 $g = 1.27 \times 10^8\,\mathrm{m/h^2}$

式 (2.92) より熱伝達率 α は次のようになる．
$$\alpha = 0.002(4G/\pi d \mu_v g)^{0.60}(\mu_v{}^2 g/\lambda_v{}^3 \rho_v (\rho_l - \rho_v))^{-1/3}$$
$$= 0.002(4 \times 100/\pi \times 0.02 \times 4.17 \times 10^{-10} \times 1.27 \times 10^8)^{0.6} \times [((4.17 \times 10^{-10})^2 \times 1.27 \times 10^8)/((0.0285)^3 \times 0.515 \times (958 - 0.515))]^{-1/3} = 386\,\mathrm{W/(m^2K)}$$

2.6.2 凝 縮 伝 熱

飽和温度より低い固体面に蒸気が接触すれば凝縮し，凝縮熱を固体面に伝達する．形成された凝縮液が濡れやすい冷却面に接触する場合，凝縮液は冷却面上を膜状に広がり，重力やその他の外力により，面上を流れ落ちる（図 2.41(a)）．このような凝

縮を膜状凝縮 (film condensation) と呼ぶ. 一方, 濡れにくい性質の冷却面の場合には, 凝縮液は滴状に付着し, ある程度滴径が大きくなると伝熱面を落下し, 新しい冷却面を露出する (図 2.41 (b)). このような凝縮を滴状凝縮 (dropwise condensation) といい, 滴状凝縮の方が膜状凝縮より数倍から十数倍の高い熱伝達率をもつ. 滴状凝縮を起こすように, 伝熱面に脂肪酸類, シリコン油を付着させたり, またテフロン被膜を伝熱面に設ける方法もあるが, 長期間にわたって安定的に滴状状態を維持するのは一般に困難である.

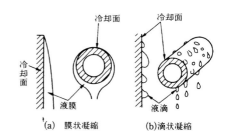

図 2.41 凝縮形態

(a) 膜状凝縮

図 2.42 に示されるように, 水平面より θ 傾いた長さ l の冷却面上の膜状凝縮では, 上部より下部へ向かうに従って液膜厚さは厚くなり, 熱伝達率が低下する. この液膜の流れが層流の場合には, 次の関係で局所熱伝達率 α_x および平均熱伝達率 α_m を表すことができる.

$$\alpha_x = \lambda_l/\delta_x = 0.707 \left(\frac{h_{fg}\lambda_l^3\rho_l^2\sin\theta}{\mu_l x \Delta T_s} \right)^{1/4} \tag{2.95}$$

$$\alpha_m = 0.943 \left(\frac{h_{fg}\cdot\lambda_l^3\rho_l^2\sin\theta}{\mu_l l \Delta T_s} \right)^{1/4} \tag{2.96}$$

ここで, δ_x: x の位置での液膜厚さ $\left(\frac{4\mu_l\lambda_l\Delta T_s x}{h_{fg}\rho_l^2\sin\theta}\right)^{1/4}$, h_{fg}: 凝縮の潜熱, μ_l: 液体の粘性係数, λ_l: 液体の熱伝導率, ρ_l: 液体の密度, ΔT_s: 蒸気の飽和温度と冷却面温度の差.

板の長さが限界の長さ l_c を越えると, 液の流れは乱流となる. 乱流への遷移点に対する限界の長さ l_c は次の実験式[18]で与えられる.

$$l_c = 2680\, h_{fg}g^{3/4}\mu_l^{5/3}/(\Delta T \lambda_l \rho_l^{2/3}) \tag{2.97}$$

この遷移点以上では乱流となり, この限界値を液膜厚さ δ_x を代表長さにとったレイノルズ数で表すと, $Re_{\delta x} = u_m\delta_x/\nu = 400〜450$ となる. 乱流領域における膜状凝縮の平均熱伝達率 α_m は次の実験式[19]で表すことができる.

$$\alpha_m = 0.003(l\Delta T_s)^{1/2}\left(\frac{\lambda_l^3\rho_l^2}{h_{fg}g^2\mu_l^3}\right)^{1/2} \tag{2.98}$$

図 2.43 に示されるように, n 本の水平円管が上下に一列に並ぶ場合の膜状凝縮によ

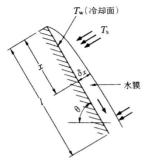
図 2.42 膜状凝縮熱伝達のモデル

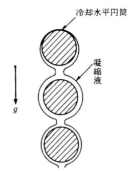
図 2.43 水平管列での凝縮熱伝達

る平均熱伝達率 α_m は次式で与えられる．

$$\alpha_m = 0.725 \left(\frac{h_{fg} \rho_l^2 \lambda_l^3}{n \mu_l d \Delta T_s} \right)^{1/4} \tag{2.99}$$

ここで，d：管外径，n：管の本数である．

(b) 滴 状 凝 縮

一般に水の滴状凝縮の場合，その温度差 $\Delta T_s = 5°C$ くらいで，平均熱伝達率 α_m は約 $0.1 \mathrm{MW/m^2 K}$，$\Delta T_s = 1°C$ 内外で $\alpha_m = (0.2 \sim 0.3) \mathrm{MW/(m^2 \cdot K)}$ である．

2.7 熱交換器における熱伝達

低温流体を加熱または高温流体を冷却するための機器を熱交換器 (heat exchanger) という．一般に熱交換器は，管や板で通路を仕切って熱媒体を流し，管や板を介して熱交換が行われる．

図 2.44 (a)～(c) は代表的な流動方式とその温度分布を示したものである．

図 2.44 (a) は 2 流体が同じ方向に流れる並流型，図 2.44 (b) は 2 流体が平行に反対方向に流れる向流型，そして図 2.44 (c) は 2 流体が直交して流れる直交型である．この 3 基本型において，同一条件下で比較すると，その効率（温度）は並流→直交流→向流の順で良くなる．

2.7.1 交 換 熱 量

いま，熱交換器の基本的交換熱量として，隔壁の厚さ l，熱伝導率 λ，隔壁の両面の熱伝達率を α_1, α_2，隔壁の外部の流体間の温度差を ΔT（一般には，後述の対数平均温度差を用いる）とすれば，単位時間に隔壁を通じて通過する熱量は式で表される．

82   2 伝　　　熱

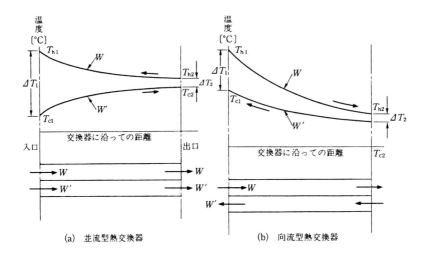

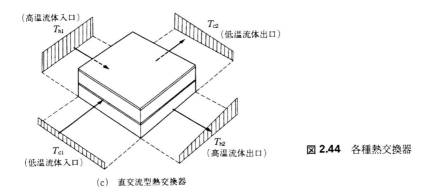

(c) 直交流型熱交換器

図 2.44　各種熱交換器

$$Q = KA\Delta T \tag{2.100}$$

ただし，K：熱通過率，A：伝熱面積（円管；外表面積）で，板，円管の場合それぞれ次式で表される．

$$K = 1 / \left(\frac{1}{\alpha_1} + \frac{l}{\lambda} + \frac{1}{\alpha_2} \right) \quad \text{（隔壁が板の場合）}$$

$$K = 1 / \left\{ \frac{d_0}{\alpha_1 d_i} + \frac{d_0}{2\lambda} I_n(d_0/d_i) + \frac{1}{\alpha_2} \right\} \quad \text{（隔壁が円管の場合，d_i 管内直径，d_0 管外直径）}$$

参考までに，代表的な熱交換器の平均熱通過率の値を表 2.9 に示す．正しく熱交換量を求めるには次の計算式により求めるとよい．

2.7 熱交換器における熱伝達

表 2.9 熱交換器の熱通過率の概略値

熱交換器の型	熱通過率 K [W/(m²K)] 自然対流	熱通過率 K [W/(m²K)] 強制対流	流体	装置例
液 と 液	140～337	849～1698	水	液・液，熱交換器
〃	28～57	114～279	油	—
液 と ガ ス	6～17	12～58	水	温水放熱器
液と沸騰中の液	114～337	279～849	水	ブライン冷却器
〃	28～116	140～337	油	—
ガ ス と 液	6～17	12～58	—	空気冷却器・節炭器
ガ ス と ガ ス	3～12	12～34	—	水蒸気過熱器
ガスと沸騰中の液	6～17	12～58	—	ボイラ
凝縮中の蒸気と液	279～1140	849～4536	水蒸気と水	液加熱器，コンデンサ
〃	58～170	116～337	水蒸気と油	—
〃	233～454	337～849	有機剤蒸気と水	
凝縮中の蒸気と液	—	81～1698	水蒸気と混合ガス	
凝縮中の蒸気とガス	6～12	12～58		空気中の水蒸気管，空気加熱器
凝縮中の蒸気と沸騰中の液	233～465	—	—	スケールを生ずる蒸発器
〃	1698～4536	—	水蒸気と水	
〃	279～849	—	水蒸気と油	
凝縮中の蒸気と沸騰中の液	—	279～2326	水蒸気と有機剤液	

$$K = 1 \bigg/ \left\{ \frac{1}{\alpha_1}\left(\frac{A_2}{A_1}\right) + \sum_{i=1}^{n} \frac{l_i}{\lambda_i}\left(\frac{A_2}{A_{wi}}\right) + \frac{1}{\alpha_2} \right\} \qquad (2.101)$$

ただし，A_1, A_2：高温流体および低温流体側の伝熱面積，l_i：伝熱面各層の厚さ，A_{wi}：伝熱面各層の平均表面積，α_1, α_2：高温および低温側の熱伝達率．

[フィン付き伝熱管の場合]

基準伝熱面をフィン側（面積 A_0）とすると，

$$K = 1 \bigg/ \left\{ \frac{1}{\alpha_0'} + \frac{A_0}{\alpha_i A_i} \right\} \qquad (2.102)$$

ただし，

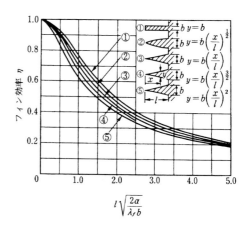

図 2.45 種々のフィン効率

84　2　伝　　熱

$$\frac{1}{\alpha_0'} = \frac{1}{\alpha} + \frac{1}{\alpha}\left(\frac{1-\eta}{\eta + A_{p0}/A_f}\right) + \sum_{i=1}^{\eta}\frac{l_i}{\lambda_i}\left(\frac{A_0}{A_{wi}}\right)$$

α, α_i：フィン側および管内側流体の平均熱伝達率，$A_0(=A_{p0}+A_f)$：フィン側の全伝熱面積，A_i：管内側の伝熱面積，A_f：フィンの表面積，A_{p0}：フィン間の管表面積，η：フィン効率.

　なお，フィン効率 η は，フィンの形状により，図 2.45 より求められる.さらに，凝縮のように相変化を伴う流体の場合その交換熱量 Q' は，前述の式 (2.100) に潜熱の項を加える必要がある.

$$Q' = Q + GL \tag{2.103}$$

ただし，G：質量流量，L：潜熱量.

2.7.2　汚れ係数

　実際の熱交換器では，流体中の不純物や汚れのため，伝熱面にスケールが付着する場合が多い.このスケールの存在は，付加的な熱抵抗となり，熱交換器の性能を低下させる原因となる.この熱抵抗を汚れ係数 (fouling factor) と呼ぶ.この抵抗を R_f とすると，前述の円管の場合の熱通過率 K は次のようになる.

$$K = 1\Big/\left\{\frac{d_0}{\alpha_1 d_i} + \frac{R_{f1}d_0}{d_i} + \frac{d_0}{2\lambda}I_n\frac{d_0}{d_i} + R_{f2} + \frac{1}{\alpha_2}\right\} \tag{2.104}$$

代表的な汚れ係数を表 2.10 に示す.

2.7.3　対数平均温度差

　熱交換器では，高温流体と低温流体との出入口の温度差は異なる.したがって，熱交換量の計算には高温流体と低温流体との各点の温度差の平均を求め，全体の熱交換量を算定することになる.前掲の図 2.44 (a),(b)において対数平均温度差 ΔT_m は次のようになる.

$$\Delta T_m = \frac{\Delta T_1 - \Delta T_2}{I_n\left(\dfrac{\Delta T_1}{\Delta T_2}\right)} \tag{2.105}$$

ただし，$\Delta T_1/\Delta T_2$ の値が 2 以下のときに，

表 2.10　汚れ係数

流　体　名	汚 れ 係 数〔(m²・K)/W〕
水　道　水（50℃以下 / 50℃以上）	0.00015 / 0.0003
冷水塔からの水（処理後 / 未処理）50℃以下	0.00015 / 0.0005
ボイラ給水処理済（50℃以上）	0.00015
海　水（50℃以下 / 50℃以上）	0.0001 / 0.00015
油を含まない蒸気	0.0001
油 を 含 む 蒸 気	0.00015
油を含む冷媒蒸気	0.0003
圧　縮　空　気	0.0003
天　然　ガ　ス	0.00015
冷　　媒（液）	0.00015
有 機 熱 媒 体	0.00015
液化ガス，ガソリン	0.00015
軽　　　　　油	0.0003
重　　　　　油	0.0005

対数平均温度差の代りに算術平均温度差 $\Delta T_m \left(= \dfrac{\Delta T_1 + \Delta T_2}{2} \right)$ を用いてもその誤差は小さい．直交流型の熱交換器の平均温度差は，流体の温度分布が三次元的となり複雑となることより，向流における対数平均温度差に温度補正係数 F を用いて補正する方法が採用されている．したがって，その平均温度差は，

$$\Delta T_m = F (\Delta T_m)_l \tag{2.106}$$

ただし，$(\Delta T_m)_l$：向流の場合の対数平均温度差．

F の値は，図 2.46 および図 2.47 より算出される．これらの図中，P および R は次のように定義される．

$$P = (T_{c2} - T_{c1})/(T_{h1} - T_{c1}), \quad R = (T_{h1} - T_{h2})/(T_{c2} - T_{c1}) = W_c/W_h$$

ただし，T_{h1}, T_{h2}：高温側流体の入口，出口温度，T_{c1}, T_{c2}：低温側流体の入口，出口温度，$W_c = (Gc_p)_c$, $W_h = (Gc_p)_h$：流体の水量，G：流体の流量，c_p：流体の比熱．

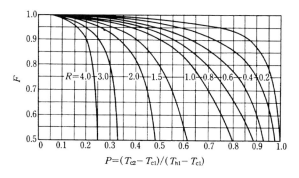

図 2.46 単流路型直交熱交換器の補正係数 F（両流体混合せず）

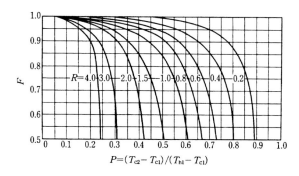

図 2.47 単流路型直交熱交換器の補正係数 F（流体混合）

86 2 伝　熱

演 習 問 題

[2.1] 厚さ 30 cm のコンクリート（$\lambda=1.1\,\mathrm{W/mK}$）の壁に，厚さ 10 cm のポリスチレンフォーム保温材（$\lambda=0.034\,\mathrm{W/mK}$）を張った．コンクリート外側の温度を 5°C とし，保温材の内側を 20°C とすると，この壁を通じて流れる熱流束 $q\,[\mathrm{W/m^2}]$ はいくらになるか．また，コンクリートと保温材の境目の温度はいくらになるか．ただし，コンクリートと保温材との間には，接触熱抵抗はないものとする．　　　　　　（答　$q=4.67\,\mathrm{W/m^2}$，6.27°C）

[2.2] 外径 $d=100\,\mathrm{mm}$，厚さ 5 mm の鉄管（$\lambda=54\,\mathrm{W/mK}$）を厚さ 30 mm のグラスウール保温筒（$\lambda=0.03\,\mathrm{W/mK}$）で保温し，さらにその上を厚さ 5 mm の塩化ビニル管（$\lambda=0.15\,\mathrm{W/mK}$）で被覆した．鉄管の内面温度を 100°C，塩化ビニル管の外表面温度を 20°C とした場合，単位長さ当りの熱損失はいくらになるか．また管の長さを 100 m とすると，その表面からの熱損失はいくらか．　　　　　　　　　　（答　31.3 W/m，3.13 kW）

[2.3] 建物の壁が厚さ 5 cm のコンクリート（$\lambda=1.5\,\mathrm{W/mK}$）に，厚さ 10 cm のグラスウール保温材（$\lambda=0.04\,\mathrm{W/mK}$）でおおって保温されている．保温材の内側の室温を 25°C とし，コンクリートの外側の外気温度を 0°C とした場合の，建物の壁よりの単位面積当りの熱損失量はいくらか．ただし，室内側の保温材と空気間の平均熱伝達率 $\alpha=10\,\mathrm{W/m^2K}$ とし，外気側のコンクリート壁と空気の平均熱伝達率 $\alpha=30\,\mathrm{W/m^2K}$ とする．

（答　9.37 W/m²）

[2.4] 20°C の空気が長さ 0.5 m，幅 0.2 m の平板に沿って 1 m/s の速度で流れている．平板が 60°C に全面にわたって加熱されている場合，平板の前縁からの距離が $x=10\,\mathrm{cm}$ および 30 cm の位置における平板よりの放熱量，そして平板全体よりの放熱量を求めよ．ただし，膜温度 $T_f=40$°C における空気の動粘性係数 $\nu=1.75\times10^{-6}\,\mathrm{m^2/s}$，$\lambda=0.0275\,\mathrm{W/mK}$，$Pr=0.7$ とする．　　　（答　$\alpha_{10}=19.4\,\mathrm{W/m^2K}$，$\alpha_{30}=11.2\,\mathrm{W/m^2K}$，平板片面より 69.3 W）

[2.5] 高さ 10 cm，幅 5 cm の薄い平板の表面温度が 60°C 一定に保たれ，温度 40°C の水中に垂直に置かれている．この平板片面の自然対流による伝達熱量を求めよ．ただし，代表温度 50°C における水の物性値は，$\nu=0.564\times10^{-6}\,\mathrm{m^2/s}$，$\beta=0.45\times10^{-3}\,1/$°C，$\lambda=0.61\,\mathrm{W/mK}$，$Pr=3.64$ とする．　　　　　　　　　　　　　　　（答　64.1 W）

[2.6] 2 辺が 0.5 m と 1.0 m の 2 枚の平板（放射率 $\varepsilon=0.5$）が，0.5 m 間隔で平行に置かれている．1 枚は 500°C，他の 1 枚は 300°C に保たれている場合の両者の形態係数および放射交換熱量を求めよ．　　　　　　　　　（答　形態係数 $F=0.29$，2.05 kW）

[2.7] 水平面と 30° の傾きをもった 20 cm×20 cm の正方形平板が，大気圧状態の水蒸気にさらされている．平板表面温度を $T_w=98$°C 一定とした場合の凝縮熱量 $Q\,[\mathrm{W}]$ を求めよ．ただし液膜の流れは層流とする．　　　　　　　　　　　（答　$Q=9.2\,\mathrm{W}$）

[2.8] 向流型二重管式熱交換器で，毎時 3 000 kg の水を 30°C より 50°C まで油でもって暖めたい．油入口温度を 100°C，出口温度を 60°C とした場合の熱交換器の伝熱面積を求め

よ．ただし，水の比熱を $4.18\,kJ/kg°C$，熱通過率を $200\,W/m^2K$ とする． （答 $8.9\,m^2$）

参 考 文 献

1) Schmidt, E. : Festschrift Zum Siebzigten Geburtstag August Foepples (1924), p. 179, Springer, Berline.

2) Heisler, M.P. : *Trans. ASME*, 69 (1947), p. 227.

3) Colburn, A. P. : *Trans. Am. Inst. Chem., Eng.*, 29(1935), p. 174.

4) Dittus, F. W. and Boelter, L. M. K. : *Univ Calif. Rubls. Eng.*, 2(1930), p. 443.

5) Sieder, E. N. and Tate, G. E. : *Ind. Eng. Chem.*, 28(1936), p. 1429.

6) Schmidt. E. and Wenner. K. : *Forschung*, 12(1941), p. 65.

7) MacAdams, W. H. : Heat Transmission, 3rd ed. (1954), p. 259.

8) Fishenden, M. and Saunclers, O.A. : Introduction to Heat Transfer (1950), p. 132, Oxford Press.

9) Gebhart, B. : Heat Transfer, Chap 8 (1970), MacGraw-Hill, New York.

10) Vliet, G. C. : *Trans. ASME J. Heat Transfer*, 91(1969), p. 517.

11) Yuge, T. : *Trans. ASME, J. Heat Transfer,* 82(1960), p. 214.

12) Hottel, H. C. : Heat Transmission, 3rd ed. (1954), McGraw-Hill, New York.

13) Rohsenow, W.M. : Development in Heat Transfer (1964), The M. I. T. Press Cambridge, Mass.

14) Kutatelatze, S. S. : Heat Transfer in Condensation and Boiling, AEC-Translation, 3770 (1952), U. S. AEC Tech. In New York.

15) 西川・藤田：日本機械学会論文集，41-347(1975)，p. 2141.

16) Bromley, L. A. : *Chem. Eng. Prog.*, 45(1950), p. 221.

17) Hsu, Y. Y. and Westwater, J. W. : *AIChE J.*, 4 (1958), p. 59.

18) Grigull, U. : *Forsch. hngenieurwes*, 13-2 (1942), p. 49.

19) 藤井　哲・小田鴿介：日本機械学会論文集 B，52-474 (1986), p. 822.

3

———————— 冷凍機および冷凍システム

3.1 冷凍機の概要

　低温度分野への冷凍機の発展はめざましく，冷凍食品を例にとれば昭和 20 年頃凍結温度が −20℃ 前後であったものが，現在では −40℃ に達しており，いっそう低温度領域へと向かっている．また，冷凍機の大容量化が進み，往復式圧縮機 (reciprocating compressor) ではシリンダ数が増し，かつ回転数の高い多気筒圧縮機が発達してきている．また，ビルディングなどの空調機器として冷凍能力の大きいターボ冷凍機 (turbo compressor) が使用され，さらに省エネルギの観点から吸収冷凍機 (absorption compressor) が採用される傾向にある．

　フッ素系冷媒が開発されてから，冷媒による電動機の巻線絶縁劣化問題が解消され，密閉形圧縮機が使用できるようになった．さらに過酷な温度条件で作動する弁の材料，各部シールの材料や構造，圧縮機容量調整装置などの進歩により，単段圧縮でもかなりの低温度運転が可能になってきている．しかしこの場合には凝縮器と圧縮機出口における圧力比は高くなり，このため圧縮機の体積効率 (volumetric efficiency) は低くなる．このような往復式圧縮機の特有な欠点を克服するために，圧力比の大きな場合でも性能の下がらないロータリ式圧縮機 (rotary compressor) およびスクリュー式圧縮機 (screw compressor) が開発され使用されるようになっている．

　現在使用されている冷凍機の種類を原理と作動から分類すると次のようになる．

```
                        ┌ 往復式……往復式冷凍機
               ┌ 圧縮式 ┤
               │        │          ┌ ロータリ式冷凍機
(a)  蒸気圧縮式冷凍法 ┤       └ 回転式…┤
               │                    └ スクリュー式冷凍機
               └ 速度式　遠心式……ターボ冷凍機
(b)  吸収冷凍法       吸収式………………吸収冷凍機
(c)  電子冷凍法       ペルチエ式…………電子冷凍機
```

（d）　蒸気噴射圧力降下冷凍法……………………蒸気噴射冷凍機

（e）　空気圧縮式冷凍法……………………………空気圧縮冷凍機

(a)　**蒸気圧縮冷凍法** (vapour compression refrigeration)

これは最も広く使用されているもので，低圧下で冷媒を蒸発させて吸熱作用を行わせ，この冷媒蒸気を圧縮して高温で液化させることにより冷凍作用をさせる．

(b)　**吸収冷凍法** (absorption refrigeration)

冷媒蒸気を吸収剤に吸収させ，この溶液をポンプで発生器に送って加熱し，高温高圧冷媒蒸気を発生させ，これを冷却して冷媒液とし冷凍作用をさせる．

(c)　**電子冷凍法** (thermo-electric refrigeration)

2種の異なる金属を接合して電流を流すとペルチエ効果により温度差が生じ，一方の接点は低温，他の接点は高温になる．この低温接点を利用して冷凍作用をさせる．

(d)　**蒸気噴射冷凍法** (steam-jet refrigeration)

水またはブラインを入れた密閉容器を真空ポンプまたはエジェクタを用いて高速度で噴出させ高真空にして，低圧下で蒸発させると残りの水またはブラインが低温になる．これにより冷凍作用をさせる．

(e)　**空気圧縮冷凍法** (air compression refrigeration)

断熱圧縮した高圧高温空気を冷却し断熱膨張させると，きわめて低温の空気が得られる．この低温空気により冷凍作用をさせる．この方式を利用したものが航空機内の冷暖房用に使用されている．

3.2　圧 縮 式 冷 凍 機

3.2.1　圧縮式冷凍機の理論

(a)　**単段圧縮冷凍サイクル**

（i）理論冷凍サイクル　　圧縮式冷凍機のなかで最も普通に使用されているのが単段圧縮である．これは図3.1に示すように，蒸発器・圧縮機・凝縮器および膨張弁の四つの要素からなっている．蒸発器で低温蒸発，外部吸熱作用により気化した冷媒ガスは，圧縮機に入り機械的な圧縮仕事を得て高圧・高温となる．これを凝縮器内に導き，水または空気により冷却されて凝縮液化する．これを膨張弁を通じて低圧低温の液体として蒸発器に送られて冷凍サイクル (refrigeration cycle) が完了する．冷凍サイクル中の冷媒の状態変化の一例を p-h 線図上に表すと図3.2のよ

90 3 冷凍機および冷凍システム

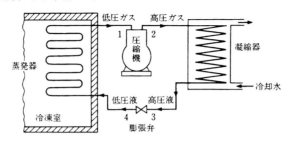

図 3.1 圧縮式冷凍装置

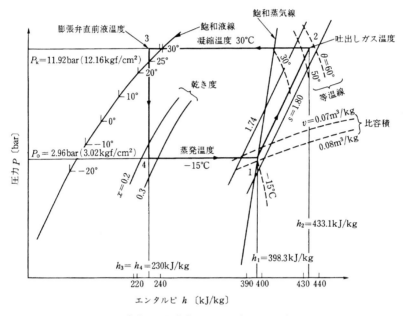

図 3.2 基準冷凍サイクル（フロン 22）

うになる．

(ii) **基準冷凍サイクル** 冷凍機の冷凍能力は，蒸発温度・凝縮温度・過冷却度および過熱度によって異なる．したがって，冷凍能力の比較は一定の温度条件で行うことが必要である．基準冷凍サイクルの温度条件は表 3.1 のように定められている．たとえば，基準サイクルをフロン 22 の p-h 線図上に描けば図 3.2 のようになる．

(iii) **温度条件と冷凍機の性能との関係** 冷凍能力および圧縮機の所要動力は，運転時の温度条件により変化し，成績係数 ε に影響を及ぼす．

1) 蒸発温度による影響： 凝縮温度および過冷却度が一定のままで蒸発温度が低下すると圧力比が大きくなり，体積効率 η_V と冷凍効果 q_0 がともに低下し冷

凍能力が下がり，成績係数 ε は減少する．

2) **凝縮温度による影響**： 蒸発温度および過冷却度が一定で，凝縮温度が上昇した場合に所要動力が増大するため成績係数 ε は減少する．

3) **過熱度および過冷却度による影響**： 過熱度および過冷却度が大きくなった場合には，冷凍効果が大きくなり，線図上の成績係数は増大する．このためリキッドライン (liquid line) とサクションライン (suction line) の間に熱交換器を設けて，冷媒液を過冷却にすると同時に冷媒蒸気の過熱度を増すことが行われている．

表 3.1 基準冷凍サイクルの温度条件〔℃〕

	日本制	米国制
蒸 発 温 度	−15	−15
凝 縮 温 度	30	30
過 冷 却 度	5	5
吸入蒸気過熱度	0	5

(b) 圧縮機の特性

(i) ピストン押しのけ量 (piston displacement)　圧縮機の理論ピストン押しのけ量 V_{th} は

$$V_{th} = \frac{\pi}{4} D^2 L Z n \quad \text{〔m}^3/\text{min〕} \tag{3.1}$$

ここで，D：シリンダ直径〔m〕，L：ピストン行程〔m〕，Z：シリンダ数，n：回転数〔rpm〕である．

実際に吸入される冷媒蒸気量は，クリアランス，弁の開度，流動抵抗のため理論ピストン押しのけ量より小さくなる．実際にシリンダ内に吸入される冷媒蒸気量を V_r とすれば，理論押しのけ量 V_{th} との比を体積効率(volumetric efficiency) η_v と定義し，圧縮機の性能を表す一つの指標としている．

$$\eta_v = \frac{V_r}{V_{th}} \tag{3.2}$$

体積効率は，図 3.3 に示すように吐出圧力と吸入圧力の比，すなわち圧力比 (pressure ratio) が大きくなるにつれて減少する．

(ii) 圧縮機の所要動力　圧縮機においては冷媒ガスとシリンダ壁間の熱交換，また管や弁の流動抵抗などのため，吸入圧力は蒸発器内の蒸発圧力よりもいくぶん低く，反対に吐出圧力は凝縮圧力よりも高くなる．理論断熱圧縮動力と実際の指圧線図より求めた圧縮動力の比を圧縮効率 (compression efficiency) η_s という．また実際の圧縮機では，ピストンやクランク軸受けにおける摩擦など機械的な抗力に打ち勝って動かなければならない．したがって，圧縮機の実駆動力は図示動力よりも大きくなる．この比を機械効率 (mechanical efficiency) η_m という．圧縮効率 η_s は体積効率と同様に圧力比により変化し，この比が大きくなると減少する．これに対

して，機械効率 η_m は圧縮機の回転数によって変化し，高速回転になるほど低下する傾向にある．図 3.4 (a), (b)に圧力比に対する圧縮効率および機械効率を示す．

圧縮機の所要仕事を $w[kJ/kg]$ とすれば，このときの圧縮機の所要動力 W は

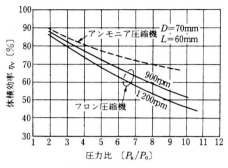

図 3.3 圧縮機の体積効率

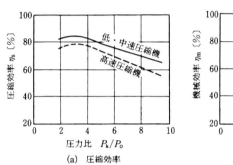

図 3.4 圧縮効率および機械効率

$$W = \frac{1}{\eta_s \eta_m} w \dot{m}_r = \frac{h_2 - h_1}{\eta_s \eta_m} \frac{V_{th} \eta_v}{60 v_1} \quad [kW] \tag{3.3}$$

となる．ここで，$\dot{m}_r$ は冷媒の質量流量（循環量）[kg/s]，v_1 は吸入ガスの比容積 $[m^3/kg]$，$w = h_2 - h_1$ である．

例題 1 シリンダ直径 10 cm，ピストン行程 7.5 cm，回転数 450 rpm の単気筒冷凍機の圧縮効率 0.85，機械効率 0.9，体積効率 0.85 であるとき，冷媒循環量 1 kg/s 当りに要する圧縮機所要動力はいくらか．ただし，$h_2 - h_1 = 30 \, kJ/kg$, $v_1 = 0.2 \, m^3/kg$ とする．

解答 理論ピストン押しのけ量は，式 (3.1) より，$V_{th} = (\pi/4)(0.1)^2 \times 0.075 \times 1 \times 450 = 0.265 \, m^3/min$．ゆえに，$W = (30/0.85/0.9)(0.265 \times 0.85/60/0.2) = 0.736 \, kW$ となり，冷媒 1 kg 当り 0.736 kW である．

(c) 多段圧縮冷凍サイクル

低温度を得るためには，蒸発圧力を低くすることが必要である．しかし，蒸発圧力を下げると圧力比が著しく増大して，体積効率が減少し，冷凍能力が低下するだ

けでなく，圧縮効率もまた減少して所要動力が増大する．この結果，成績係数が著しく小さくなる．また，圧縮機からの吐出ガス温度が高くなり，圧縮機の潤滑油が劣化するなどの悪影響がでる．これを防ぐため，圧縮を2段または3段に分けて行う．このようなサイクルを多段圧縮冷凍サイクル (multistage refrigeration cycle) という．図3.5に2段圧縮1段膨張方式の冷凍装置の略図と冷凍サイクルを示す．高圧側圧縮機からの吐出ガスは，凝縮器で液化され，中間冷却器を経て過冷却され，蒸発用膨張弁に送られる．また冷却液の一部は，中間冷却器用膨張弁に送られ，中間圧力まで膨張する．蒸発器で蒸発した冷媒は低圧側圧縮機に吸入され，中間圧力まで過熱圧縮される．この過熱蒸気は中間冷却器において，低温液冷媒と混合しながら冷却され高圧側圧縮機に吸入される．2圧縮機では，動力を節約するために高低圧側の圧力比がほぼ等しくなるように中間圧力を $P_m=(P_k P_0)^{1/2}$ にすることが多い（記号：図3.5参照）．

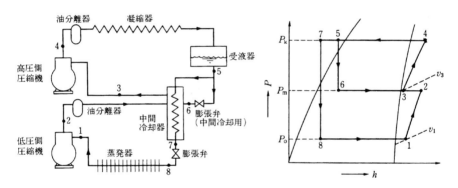

図3.5 2段圧縮1段膨張式冷凍装置

(d) 多元冷凍サイクル (cascade refrigeration cycle)

超低温を得るには，種類の異なる冷媒を使用し，低温側と高温側の冷凍サイクルを独立させる方法がある．これを多元冷凍サイクルという．低温度が $-120°C$ ぐらいまでは二つの冷凍サイクルを組み合わせた二次冷凍サイクルを用い，$-180°C$ ぐらいまでの低温を得るためには三つの冷凍サイクルを組み合わせた三元冷凍サイクルが用いられている．図3.6に二元冷凍装置の略図と二元冷凍サイクルを示す．この場合には，高温側冷凍装置の蒸発器と低温側の凝縮器とで熱交換し，低温側の冷媒ガスを凝縮している．

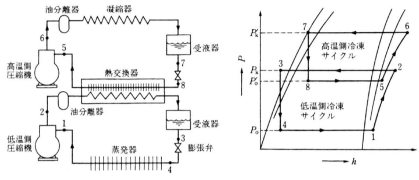

図 3.6　二元冷凍装置

3.2.2　圧　縮　機

(a)　往復式圧縮機

往復式圧縮機 (reciprocating compressor) は，ピストンの往復運動により冷媒ガスを圧縮するものである．その種類は圧縮機の構造などにより，表 3.2 のように分類されている．なお，横形圧縮機 (horizontal compressor) は，水平シリンダ内のピストン両面で冷媒ガスを圧縮する構造であり，機械が大型である割には冷凍能力も小さく，現在ではほとんど使用されていない．

表 3.2　往復式圧縮機の種類

シリンダ位置	圧縮行程	シリンダ配列	駆動方式
横形圧縮機	複動式	横向形	開放形
立形圧縮機	単動式	直立形 V 形	開放形 密閉形
高速多気筒 圧　縮　機	単動式	V 形 W 形 VV 形	開放形 密閉形

(i)　開放形圧縮機　　開放形圧縮機 (open type compressor) は，往復式圧縮機の代表的なものである．駆動用電動機が圧縮機本体に設置されて，ベルトにより駆動されているのが普通である．外部から駆動するためにクランク軸がクランク室外を貫通しており，この部分からの冷媒の漏洩を防止するために軸封装置 (shaft seal) が取り付けられている．

圧縮機の構造は比較的簡単でシリンダが直線上に並び，弁座板とシリンダヘッドが一体になっている．回転数は 300～800 rpm と比較的遅く，冷凍工業用のものではシリンダが大きいので，吸入弁，吐出弁の作動が確実に行われる．この圧縮機の用途は，比較的簡単な冷凍装置に使用され，耐久性，再生性（分解修理が容易），低負荷運転での使用範囲が広いこと，回転数の変更が可能などの特徴がある．

(ii)　密閉形圧縮機　　密閉形圧縮機 (hermetic compressor) は，図 3.7 に示すように圧縮機と電動機とが一つのケーシング内に完全に密閉されているため，冷媒の

漏れがなく軸封装置を必要とせず，構造も簡単で小型軽量化ができ，振動・騒音も少なく量産に適している．回転数は3 000 rpmと高速のため弁部の流動抵抗が増加し，吸入効率が低下したり，弁の疲れ強度が減少するのが欠点である．

(iii) 半密閉形圧縮機　半密閉形圧縮機 (semi - hermetic compressor) は，圧縮機のクラ

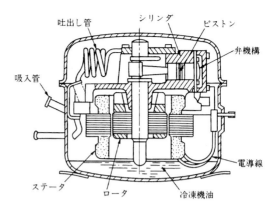

図 **3.7**　密閉形圧縮機の構造

ンク室内に電動機のステータおよびロータが密封されており，クランク軸の延長軸上にロータが取り付けられたものである．吸入蒸気は電動機の後方から吸入されるので，低温冷媒ガスにより電動機が冷却される利点がある．ただし，軽負荷低温度運転時には，圧力比が高くなり吐出ガス温度の上昇による潤滑油，冷媒の劣化，電動機の冷却不足，吐出ガスの過熱度が著しく高くなるなど，対策が必要である．なお，1機種の冷凍機にフロン12，22，502などの冷媒を封入し +5℃〜−40℃ までの蒸発温度範囲を高温用・中温用あるいは低温用とに使い分ける形式のものがある．これを3冷媒共用半密閉冷凍機という．

(iv) 高速多気筒圧縮機　高速多気筒圧縮機 (high speed multi-cylinder compressor) は，気筒をV形，W形あるいはVV形などに配列してピストンの往復による振動を減少するように考慮し，2 000 rpmまでの高速運転が可能になっている．この圧縮機には，容量制御装置（アンローダ機構）があって停止中に吸入弁が押し上げられ吸入作動が行われることはない．運転中の容量制御は，アンローダ機構によって負荷の減少があるとシリンダを遊ばせるようになっており，動力を著しく節約できる利点がある．

(b)　**回転式圧縮機**

(i) ロータリ圧縮機 (rotary compressor)　現在使用されているロータリ圧縮機は，シングルベーン形とスライディングベーン形に分類される．

シングルベーン形 (single vane type) は，ローリングピストン形 (rolling piston type) とも呼ばれ，図3.8(a)のように一対の回転型ピストン（ローラ）と仕切り板（ベーン）および円筒シリンダで構成されている．シャフトの軸に対してローラが

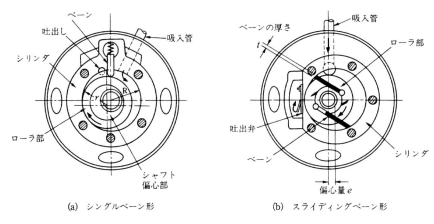

(a) シングルベーン形　　(b) スライディングベーン形

図 3.8 ロータリ圧縮機

偏心回転し，シリンダ内の容積変化によりガスを圧縮する．ローラの回転により吸入および圧縮行程を同時に行うので，吸入弁を必要としない．

スライディングベーン形 (sliding vane type) は，図 3.8(b) のようにシャフトと一体化したローラ部に二つのベーンを設け，シリンダ内径の中心はシャフト軸に対して偏心している．ローラの回転によりベーン先端部は，シリンダ内壁面に接触し摺動するので容積変化を生じ圧縮作用を行う．ベーンが二つの場合には，シャフトの1回転により2回の吸入および圧縮行程が行われる．

ロータリ圧縮機の理論押しのけ量 V_{th} は，シングルベーン形の場合

$$V_{th} = \pi(R^2 - r^2)Ln \quad [\text{m}^3/\text{min}] \tag{3.4}$$

ここで，R：シリンダ半径〔m〕，r：ローラ半径〔m〕，L：シリンダ長さ〔m〕，n：回転数〔rpm〕である．

スライディングベーン形の場合は

$$V_{th} = NL\left\{eR\sin\left(\frac{\pi}{N}+\alpha\right) + R^2\left(\frac{\pi}{N}+\alpha\right) - r^2\left(\frac{\pi}{N}-tl\right)\right\}n \tag{3.5}$$

なお，2ベーンの場合には，近似的に次のようになる．

$$V_{th} = 2L\left\{2e(r+e) + \frac{\pi}{2}(R^2-r^2) - et\right\}n \quad [\text{m}^3/\text{min}] \tag{3.6}$$

ここで，N：ベーンの数，t：ベーンの厚さ〔m〕，e：偏心量〔m〕，l：最大吸込み時のベーン飛び出し長さ〔m〕，$\sin\alpha = \frac{e}{R}\sin\left(\frac{\pi}{N}\right)$ である．

ロータリ圧縮機の特徴は，ケース内圧力が凝縮器と等圧であり，圧縮機構部への

給油が容易なことである．また，クリアランスの体積効率への影響も少なく，往復式に比べて1/30程度である．これは吐出弁での流路抵抗が小さいからである．ロータリ圧縮機の体積効率は往復式圧縮機に比べて高い（図3.9）のはこの理由による．しかし，シリンダ内面とローラ外径面とが平行でないために，吐出時に圧縮面積が減少して圧力が上昇し，過圧縮になりやすい．過圧縮があると圧縮仕事の増加，軸受け負荷の増大，ガス漏れおよび潤滑不良の原因になる．この形の圧縮機は，ケースが低圧側にある往復式より冷媒の過熱が起こりやすく，さらに防音対策から密閉形とするために，放熱はほとんど行われない．このため中間冷却方式，インジェクション冷却方式などによる過熱防止手段が採用[5]されている．

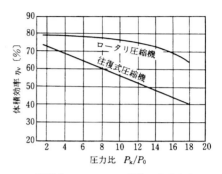

図3.9 ロータリ圧縮機の体積効率

(ii) スクリュー圧縮機 (screw compressor)　この圧縮機は，互いに噛み合った一対の雄雌ロータの歯溝内にガスを閉じ込め圧縮するもので，ロータの歯形は圧縮機の性能を左右する最も重要なものである．スクリュー圧縮機に使用される歯形は図3.10に示したように雄ロータ4枚，雌ロータ6枚の(a)対称歯形，(b)非対称歯形がある．非対称歯形は非常に優れた特性をもっており広く採用されている．この歯形はガス圧力によって生じる軸トルクがかからないこと，圧縮ガスの漏れが最小限にできること，さらにロータ摩耗の点でも優れている．また，近年歯形の解析，加工技術の向上により，吐出圧力が高く，高圧力比のところでも安定した性能が得られる改良形歯形の開発が行われ，現在各種の異形歯形が出現している．

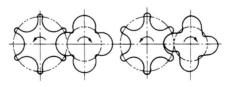

(a) 対称歯形　　(b) 非対称歯形

図3.10 スクリュー圧縮機の歯形形状

スクリュー圧縮機の理論押しのけ量は

$$V_{th} = C_p C_{th} D^2 L n = C D^2 L n \quad [\text{m}^3/\text{min}] \tag{3.7}$$

ここで，D：ロータ直径 [m]，L：ロータ長さ [m]，C_p：ロータ歯形による係数，

C_{th}：歯形の巻角による係数，C：歯形係数＝$C_p C_{th}$，n：ロータ回転数〔rpm〕である．

現在広く使用されているスクリュー圧縮機では，対称歯形の場合 $C=0.476$ で，非対称歯形の場合 $C=0.486$[6] である．

図3.11に凝縮温度と圧力比に対する体積効率の変化を示す．スクリュー圧縮機は体積効率の変化が小さく，往復式圧縮機に比べて体積効率が高い．

スクリュー圧縮機内部のガス漏れは，潤滑油の粘度によって影響される割合が大きい．特に油冷却器を使用しない場合には，吐出ガス温度に近い高温となるため，高温時に潤滑性やシール特性が低下しないような粘度特性が要求される．スクリュー圧縮機は液バックに強く，乾き度0.9～0.95程度の湿りガスを吸入して運転を続けることができる．このため蒸発器を小型化・高性能化することができ，ユニットとしての能力が高められる．

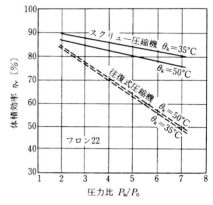

図 3.11　スクリュー圧縮機の体積効率

3.2.3　凝縮器

圧縮機により高温高圧になった過熱冷媒ガスを冷却して，液化冷媒とする装置が凝縮器（condenser）である．凝縮器内で冷媒ガスが放出する熱量は，冷凍能力と所要動力の和で，水または空気を利用して外部に放出する．したがって，凝縮器は十分な熱交換ができる伝熱面積が必要である．

凝縮器の冷却に用いる流体の種類，伝熱形式によって大別すると次のようになる．

水冷式凝縮器 { 横形シェルアンドチューブ凝縮器
　　　　　　　立形シェルアンドチューブ凝縮器
　　　　　　　二重管凝縮器
　　　　　　　シェルアンドコイル凝縮器

空冷式凝縮器 { 自然対流式凝縮器
　　　　　　　強制対流式凝縮器

蒸発式凝縮器

(a)　凝縮器の理論

凝縮器における凝縮負荷 Q_k は，冷凍負荷と所要動力または冷媒の流量と凝縮器

出入口のエンタルピ差から求められる.

$$Q_k = Q_0 + W = \dot{m}_r(h_2 - h_3) \quad [\text{kW}] \tag{3.8}$$

ここで,Q_0,W:冷凍負荷,所要動力〔kW〕,h_2,h_3:凝縮器入口および出口のエンタルピ〔kJ/kg〕,$\dot{m}_r$:冷媒流量〔kg/s〕.

また,冷媒と冷却水または冷却空気との間の伝熱量および冷却水側の吸収熱量からも求められる.

$$Q_k = KA\Delta\theta_m = c_w\dot{m}_w(\theta_{w2} - \theta_{w1}) \quad [\text{kW}] \tag{3.9}$$

ここで,K:熱通過率〔W/m²K〕,$\dot{m}_w$:冷却水の流量〔kg/s〕,A:伝熱面積〔m²〕,$\Delta\theta_m$:対数平均温度差〔K〕,$\theta_{w2} - \theta_{w1}$:凝縮器出入口の水温差〔K〕,$c_w$:水の比熱〔kJ/kg・K〕.

水冷式凝縮器での $\Delta\theta_m$ は,一般にフロン冷媒で $\Delta\theta_m = 7 \sim 8^\circ\text{C}$,アンモニア冷媒で $\Delta\theta_m = 5^\circ\text{C}$ ぐらいになるように冷却水量を調節する.これは,$\Delta\theta_m$ が大きくなると圧縮機での吐出しガス温度が高くなり,潤滑油を劣化させるなどの影響があるからである.なお,冷凍装置の場合,温度差があまり大きくならないので算術平均温度差を用いても誤差は小さい.Kの値は,凝縮器の形式,冷媒の種類,冷却水の流量,温度差,伝熱面の材料などによって異なる.また,伝熱面にさびや水あかなどが堆積すると伝熱抵抗が増し,Kが低下する.これを熱流に対する数量で表したものが汚れ係数(fouling factor)で,$1/\alpha_f$ は,鋳鉄裸管に対して 0.0001～0.0002,鋼管に対しては 0.0002～0.0003 とすればよい.

例題 2 冷凍負荷 3 kW,圧縮機動力 0.75 kW の冷凍機において,凝縮器の平均温度差を 5℃,凝縮器伝熱面の熱通過率 $K = 750\,\text{W/m}^2\text{K}$,汚れ係数 0.0001 とすると,伝熱面積はどのくらいになるか.

解答 汚れた場合の熱通過率 K_f は

$$1/K_f = 1/K + 1/\alpha_f = 1/750 + 0.0001 = 0.00143\,\text{m}^2\text{K/W}$$
$$\therefore \quad K_f = 698\,\text{W/m}^2\text{K}$$

式 (3.9) より

$$A = Q_k/K_f/\Delta\theta_m = 3.75/(0.698 \times 5) = 1.07\,\text{m}^2$$

(b) **水冷式凝縮器** (water cooled type condenser)

(i) **横形シェルアンドチューブ凝縮器**　この凝縮器は,図 3.12 に示すように横形円筒の両端に多数の冷却管を取り付け,その内側に冷却水を流し,管外の冷媒ガスを液化する.冷却水は,仕切り板によって数回折返し通過する.フロン冷媒の場合には,アンモニアに比べ凝縮時の熱伝達が 1/3 程度も低いので,冷却管の冷媒ガ

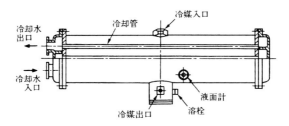

図 3.12 横形シェルアンドチューブ凝縮器

ス側に背の低いフィンを付けたローフィンチューブ (low-fin tube) またはハイフィンチューブ (high-fin tube) を用い伝熱量を高めている (図 3.13). ハイフィンチューブは, フィンの高さを増し表面積を大きくするために管とは別のフィン材を管に密着させたものである. この凝縮器は, 比較的小容積で熱交換面積を大きくできるため, ユニット化が容易で広く使用されている. しかし, 冷却管の掃除が困難で腐食しやすいのが欠点である.

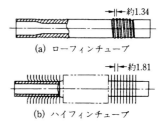

図 3.13 フィン付き冷却管

(ⅱ) 二重管凝縮器　二重管の内管を冷却水が流れ, 内管と外管との間を冷媒が流れる. 冷媒ガスは上部より流入し, 冷却水は下部から入り上部から流出する. フロン用としては外管が鋼管で内管に銅の裸管またはフィン付管が使用される.

(ⅲ) シェルアンドコイル凝縮器　鋼板製の胴の内部に冷却水が通るらせん状の管を納めた簡単な構造のものである. 管にはフィン付管が多く用いられる. この凝縮器は, シェルアンドチューブに比べて価格が安いが冷却管の掃除が困難である. 現在, 小型フロン冷凍機, アンモニア冷凍機に使用され, 小容量で低圧力の冷媒の凝縮器に用いられている.

(c)　**空冷式凝縮器** (air-cooled type condenser)

この凝縮器は, 鋼管内に冷媒ガスを通し, 外面を空気で冷却して凝縮させるもので, 自然対流式と強制対流式がある. 空気は水に比べて著しく伝熱不良であるから, 冷却空気側の伝熱面積を12～20倍も大きくするため, フィンあるいは針金を取り付けている. ただし, 水冷式凝縮器に比べて大型となり, 凝縮温度が高くなるため, 圧縮機の所要動力が大きく, 冷凍能力が減少する. また, 凝縮圧力も大気温度に対応して変化する欠点がある.

(d)　**蒸発式凝縮器** (evaporation type condenser)

この凝縮器は，冷却水の蒸発潜熱を利用するものである．図3.14のように内部に冷媒ガスを通す裸管の外面に水を散布し，その部分に乾いた空気を2～4m/sの速度で送り，水と空気の顕熱および水の蒸発潜熱によって冷却し，冷媒ガスを凝縮する．蒸発式凝縮器は水の蒸発潜熱を利用するから，空気中の湿度が高いと蒸発しにくくなり，凝縮温度も高くなる．このため，できるだけ乾いた空気を送ることが必要で，蒸発し

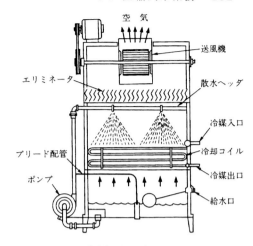

図 3.14　蒸発式凝縮器

なかった散水は下部の冷却水槽に溜り，ポンプによって再び散布される．排出空気とともに飛散する水を少なくするために，エリミネータ（eliminator）によって水滴を分離している．このために冷却水の消費量は，水冷式凝縮器に比べ非常に少なく1/80～1/100程度である．

3.2.4　蒸　発　器

　蒸発器（evaporator）は，冷媒液を蒸発させ外部から蒸発潜熱を奪うことによって，直接冷凍物や冷蔵庫内空気を冷却するものである．

　蒸発器は凝縮器と同様に熱交換器で，用途によって多数の形式がある．蒸発器の形式は，蒸発器内部への冷媒液の供給方式によって，乾式（dry expansion system）と満液式（flooded system）とに分類される．乾式蒸発器は，図3.15(a)に示すように膨張弁から冷媒を直接蒸発器の入口に供給し，出口で乾き蒸気または過熱蒸気とするものである．満液式蒸発器は，図3.15(b)のように膨張弁から供給された冷媒をアキュムレータ（accumulator）内で液から蒸気を分離して圧縮機に戻し，冷媒液だけを蒸発器に導くものである．しかし,満液式蒸発器には多量の冷媒液が必要で，潤滑油を溶解する性質のフロン冷媒のときには蒸発器内に油が溜るので，そのため特別の対策が必要になる．

　現在，使用されている蒸発器の種類は次のようである．

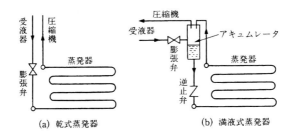

図 3.15 蒸発器の形式

$$乾式蒸発器 \begin{cases} シェルアンドチューブ冷却器 \\ コイル式蒸発器 \\ フィンコイル蒸発器 \\ プレート状蒸発器 \end{cases}$$

$$満液式蒸発器 \begin{cases} 満液式シェルアンドチューブ蒸発器（冷却器）\\ ヘリングボーン式蒸発器 \\ ボーデロ式蒸発器 \end{cases}$$

(a) **蒸発器の理論**

蒸発器での冷凍能力 Q_0 は

$$Q_0 = \dot{m}_r(h_1 - h_4) \quad [\text{kW}] \tag{3.10}$$

となる．また，蒸発器での伝熱量およびブラインの冷却熱量からも求められる．

$$Q_0 = KA\Delta\theta_m = c_b \dot{m}_b(\theta_{b2} - \theta_{b1}) \tag{3.11}$$

ここで，c_b：ブラインの比熱 [kJ/kgK]，$\dot{m}_b$：ブラインの流量 [kg/s]，θ_{b2}：冷却後のブライン温度 [℃]，θ_{b1}：冷却前のブライン温度 [℃] である．

冷凍能力の単位は，第1章で述べたごとく冷凍トンと呼ばれる特別の単位が広く使用されている．0℃の清水1トンを24時間で0℃の氷にする冷凍能力は1冷凍トン (ton of refrigeration) である．

蒸発器における熱通過率 K は，空気冷却の場合に水冷凝縮器に比べて非常に小さく，$K = 6 \sim 35 \text{W/m}^2\text{K}$ 程度である．特に蒸発器の表面に霜が付着すると霜の熱伝導率が小さい（$\lambda_f = 0.07 \sim 0.7 \text{W/mK}$）ために，$K$ が著しく低下する．霜の熱伝導率 λ_f は，霜の密度 ρ_f によって異なり，次の式で示される．

$$\lambda_f = 2.32\left(\frac{\rho_f}{1\,000} + 0.1\right)^2 - 0.023 \quad [\text{W/mK}] \tag{3.12}$$

なお，蒸発管内径が小さく，管が長く，かつ冷凍負荷が大きい場合には，蒸発管

内における冷媒の圧力損失が大きくなり，蒸発温度は蒸発器出口に近づくにつれて低下する．

(b) 乾式蒸発器

(i) シェルアンドチューブ冷却器 (shell-and-tube cooler)　この構造は，横形水冷式凝縮器と同様に円筒内に多数のU形の冷却管を設け，冷却管内に冷媒を通して管外の被冷却流体（水またはブライン）を冷却する．冷却管は銅管で，内部にひれの付いたインナフィンチューブ (inner finned tube) が用いられている（図3.16）．そらせ板 (baffle plate) は管に直角の方向に冷却水の流れを変えるためのものである．また，並列に置かれた多数の冷却管のそれぞれに等しく冷媒を流すには，適当な冷媒速度が必要であり，大型になると分配器 (distributor) が必要になる．乾式の場合は，水の速度を増しても熱通過率 $K=700～1400$ W/m²K 程度にとどまり，あまり大きくならない．これは冷媒液のなかに熱伝達率の低いガスが混在するためである．

図3.16　インナフィンチューブの断面

(ii) コイル式蒸発器 (coil type evaporator)　コイル式蒸発器は，裸管をコイル状またはヘヤピン (hairpin) 状にして，一方の端から冷媒液を送り他の端から冷媒ガスとして取り出すようにしたものである．構造が簡単で，除霜など容易に行えるので低温での着霜が多い場合に適している．しかし表面積が小さく，コイルを長くしなければならないなどの欠点があり，現在あまり使用されていない．蒸発温度と庫内温度との差があるほどコイル表面の対流が増加するので，K の概略値は表3.3のようになる．

表3.3　コイル式蒸発器の熱通過率概略値

温度差 $\Delta\theta_m$ [℃]	熱通過率 K [W/m²K]
3～8	8
8～11	12
11以上	15

(iii) フィンコイル式蒸発器 (finned coil type evaporator)　この蒸発器は，表面積を大きくして伝熱量を増加させるために，コイル表面に円形または板（プレート）状のアルミニウムフィンを取り付けたものである．コイル式蒸発器に比して冷却効果がよいので，冷却管の長さを短くできる．しかし，蒸発器に霜が付着すると空気の流れが悪くなり性能が低下する．強制対流にすることによって熱通過率を大きくできるが，着霜によりフィン効果が低下するので自動的に除霜する装置が必要である．フィンによる表面積の増加比は，おおよそ6～20倍である．

(iv) プレート状蒸発器 (plate type evaporator)　これは2枚のアルミ板を圧

接して成形したものである．プレート状蒸発器の熱伝達率は，11〜14 W/m²K（霜のない場合）の値を用いるのが普通である．なお，被冷却物を直接のせる場合には，上記の値の20％くらい大きくなる．

(c) 満液式蒸発器

(i) シェルアンドチューブ冷却器　この冷却器は，図3.17のように凝縮器と膨張弁との間に熱交換器としてサクションヘッダを取り付け，低温冷媒ガスによって冷媒液を過冷却にするとともに圧縮機へ冷媒液が流入しないようにしたものである．管内に被冷却液が通り，管外には液冷媒がある．熱通過率は良好であるが，冷却管内で水が凍結した場合に破損することと冷媒液を多量に必要とするのが欠点である．熱通過率は，温度差・流速によって異なり図3.18のようになる．なお，管内の水の凍結を防止するために，調整弁によって蒸発圧力を制御することが必要にな

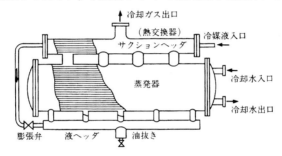

図 **3.17**　満液式シェルアンドチューブ冷却器

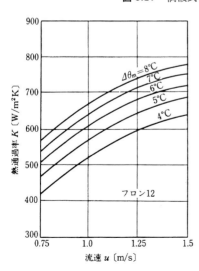

図 **3.18**　満液式冷却器の熱通過率

る．

(ii) ヘリングボーン式蒸発器 (herring-bone type evaporator)　この蒸発器は，アキュムレータに連結される液ヘッダとガスヘッダとの間にくの字形をした多数の曲管を取り付けた構造になっており，液の循環がよく，液とガスとの分離が良く伝熱が非常に良好である．

(iii) ボーデロー式蒸発器 (Bodelot-type evaporator)　この蒸発器は，管内に冷媒を流し，上部に設けた樋から水または被冷却液を水平管の外面に流下して冷却するものである．蒸発器は乾式にも使用され，空調用の冷

却水やミルク・油・クリームなどを 0℃ 近くまで冷却するのに適している.

3.2.5 制御装置および付属装置

冷凍装置の冷凍負荷は常に一定でなく,冷凍目的,冷凍量,扉の開閉,冷凍温度などによって異なる.したがって,負荷に対応できる十分な冷凍能力が要求される.特に冷媒循環量によって蒸発温度が変動するので,冷媒流量の制御をする機器が必要である.冷媒流量の制御は,圧縮機ではアンローダによる容量制御,また蒸発器では圧力調整弁による蒸発圧力の調整,膨張弁または液面制御器などによって行われている.その他,付属装置としては軸封装置,潤滑装置,除霜装置などがある.

(a) 膨 張 弁

膨張弁 (expansion valve) は,受液器から送られる高圧冷媒液を絞り作用によって低圧まで膨張させ,蒸発器の負荷に応じて冷媒流量を調整する弁である.現在,用いられている膨張弁は次のとおりである.

$$
自動膨張弁
\begin{cases}
温度自動膨張弁 \\
定圧自動膨張弁
\end{cases}
$$

$$
フロート膨張弁
\begin{cases}
高圧用フロート膨張弁 \\
低圧用フロート膨張弁
\end{cases}
$$

手動膨張弁

(i) 温度自動膨張弁　　温度自動膨張弁 (thermostatic expansion valve) は,蒸発器に適正な冷媒液を供給し,蒸発器出口で冷媒ガスの過熱度 (degree of superheat) が一定になるように,ダイヤフラムまたはベローズの伸縮運動によって弁の開閉を行い,蒸発器の性能が発揮できるよう,冷媒の供給量を制御するものである.

(ii) 定圧自動膨張弁　　定圧自動膨張弁 (constant pressure expansion valve) は,蒸発器内の圧力を常に一定になるようにベローズあるいはダイヤフラムに冷媒の蒸発圧力を加え,蒸発圧力が上昇したときにベローズが押し上げられて,これに連結した弁 (ニードル弁) を閉じる.また,蒸発圧力が降下したときには,ベローズが下がって弁が開くようになっている.この膨張弁は蒸発器の圧力を一定に保つように作動するので,冷凍負荷が変動すると圧縮機吸入ガスが著しい過熱ガスとなったり,湿りガスになったりする欠点がある.

(iii) フロート膨張弁　　フロート膨張弁 (float expantion valve) は,蒸発器液面の上下動をフロートに伝え,その動きによって弁を開閉し冷媒の流れを調節する.フロート膨張弁は自動膨張弁に比べて作動時間の遅れが少ないのが特徴である.

106 3 冷凍機および冷凍システム

(b) 容量調節装置

冷凍負荷が減少して圧縮機の能力が過大になったときでも，通常の運転状態のままで自動的に冷媒吐出し量を調節するのが容量調節装置 (capacity regulating device) である．圧縮機の容量制御[7]には，アンローディング法，開閉時期可変法，バイパス法，回転数制御法などいくつかの方法が採用されている．

(c) 軸 封 装 置

開放形圧縮機のクランク軸貫通部分から冷媒ガスが外部に漏えいしないようにするためのものが軸封装置 (shaft seal) である．軸封装置を大別すれば，グランドパッキン式と滑り環式のものが主に用いられている．

(d) 潤 滑 装 置

圧縮機の潤滑は，軸受やシリンダとピストン間の摩擦を小さくし，圧縮機の機械効率 η_m をできるだけ高く保つことが必要である．潤滑が十分でなければ，駆動動力が大きくなるだけでなく焼付きを起こすことがある．潤滑方式には，はねかけ方式と油ポンプによる強制給油方式とがある．

(e) 除 霜 装 置

蒸発器の表面温度が 0℃ 以下になると空気中の水分が凝縮付着して霜となる．霜の厚さが増すと伝熱作用が阻害される．蒸発器の表面に付着した霜を除去する操作を除霜 (defrost) といい，この方法には，温水（散水式）法，温風（電熱式）法，ホットガス（高圧ガス式）法などがある．

(i) 温水法 (hot water defrosting)　この方法は温水 (10～25℃) を蒸発器の上部より散水して，5 分前後の比較的短い時間で完全に霜を取り除くことができる．

(ii) 温風法 (hot air defrosting)　蒸発器への冷媒供給を停止すると同時に蒸発器内の冷媒を他に移し，電熱コイルによって温風を作り，これを直接霜に吹き付けて除去する．この方法はタイムスイッチなどにより容易に自動化できる．融水の再凍結を防ぐために，ドレンパンや排水管にも電熱器を取り付け，排水管の端部にトラップを設けて外気の侵入を防止する．

(iii) ホットガス法 (hot gas defrosting)　圧縮機の吐出しガスを直接蒸発器に導き，その凝縮熱を利用して蒸発器に付着した霜を溶かす方法である．除霜の操作は，膨張弁前のストップ弁によって液ラインを閉じ，圧縮後の吐出し側の弁を閉じる．次にホットガス系統の弁を開けて圧縮機を始動させ，蒸発器に直接ホットガスを送る．この弁は，圧縮機に多量の液が戻らぬよう，ゆっくりと開かなければなら

ない.

(f) 補助機器

(i) 油分離器　圧縮器から吐出された冷媒ガスには，圧縮中に混入した潤滑油微粒子が含まれている．これが凝縮器や蒸発器に送られると伝熱内面に付着し伝熱作用を阻害する．このため混入した油を凝縮器に入る前に取り除くことが必要で，この装置が油分離器 (oil separator) である．油分離器は圧縮機と凝縮器の間に置かれ，吐出しガス中に含まれる油粒を重力，運動方向，速度の変化を利用して分離する．一般にバッフル式と金網式が用いられている．

(ii) 液分離器　圧縮機に冷媒液が直接戻ると湿り圧縮となり，液ハンマを起こしたり，シリンダヘッドを破壊したり，あるいは吐出し弁を破損することがある．したがって，冷媒液が圧縮機に戻らないようにするために圧縮機と蒸発器の間に液分離器 (accumulator) を設け，液を分離させている．

(iii) ドライヤ　フロン冷凍装置では，冷媒系統内に水分が存在すると膨張弁などに凍結して作動を妨げたり，金属の腐食など悪影響を及ぼす．このために水分が低圧側にいかないよう受液器の液出口に乾燥器 (drier) を設ける．

3.3 吸収式冷凍機

3.3.1 吸収式冷凍機の概要

(a) 吸収式冷凍機の作動原理

水を入れたタンクの中にアンモニアを供給すると，常温ではアンモニアは極めて水に溶けやすいので，アンモニアは水に吸収され，水中のアンモニア濃度は次第に高くなる．溶解に際して熱を放出するから，溶液の温度も高くなる．次にアンモニアガスの供給を止めて容器を密閉し，外部より過熱すると溶液からアンモニアガスが放出される．これはアンモニアの水に対する溶解度が温度の上昇とともに下がるからである．容器内の圧力は，ガスの放出によって高くなるから，これを外部でとり出して冷却すると，高圧のアンモニア液が得られることになる．得られたアンモニア液を蒸発させることによって冷凍作用をさせることができる．冷凍作用を終わった後のアンモニアガスは再び水に吸収させ，上述の過程を繰り返す．このようなサイクルによって作動する冷凍機が吸収冷凍機 (absorption refrigerator) である．いいかえると，吸収冷凍機では，冷媒ガスを圧縮するのに機械的エネルギの代りに熱エネルギを用いることになる．

図3.19はこれらの過程を連続的に行うシステムを示したものである．蒸発器で蒸発した冷媒ガスは冷却水で冷却されている吸収器 (absorber) 中の吸収溶液に吸収される．冷媒ガスを吸収して濃度の高くなった吸収溶液は，液ポンプによって加圧され発生器 (generator) に送られる．ここでは蒸気あるいは電気ヒータなどの熱源

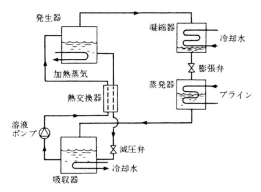

図 3.19 吸収式冷凍機の概要

により溶液が加熱され，溶液中に溶けていた冷媒ガスが分離される．このようにして得られた高温高圧の冷媒ガスを凝縮器の中で冷却し凝縮液とする．凝縮液はさらに膨張弁を経て蒸発器に送られ，ここで周囲より吸熱し冷凍作用を行うことになる．一方，発生器内で冷媒ガスを放出し終わって薄くなった溶液は，熱交換器および減圧弁を通って吸収器に戻される．

(b) **吸収サイクル**

吸収冷凍機は，図3.20に示すように，二つの等圧線と二つの等濃度線よりなる吸収サイクル[8] 1→2→3→4→1 を構成する．この図において，1→2は発生器内での加熱による温度上昇，3→4は吸収器内での冷却による温度降下を示している．また，等濃度線 ξ_1 および ξ_2 は，それぞれ吸収器入口および発生器出口における溶液の濃度である．吸収サイクルにおけるそれぞれの過程を説明すると次のようになる．

1→2：発生器内での冷媒ガス放出による溶液の濃縮

2→8：吸収器からの低温溶液との熱交換による発生器からの溶液の温度降下

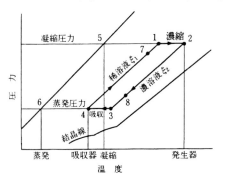

図 3.20 吸収サイクル

8→3：吸収器内での外部冷却による温度降下

3→4：吸収器内での冷媒ガス吸収による溶液の稀釈

4→7：発生器からの戻り溶液との熱交換による温度上昇

7→1：発生器内における沸点に達するまでの外部からの加熱

なお，図3.20において点5は凝縮器

における凝縮中の冷媒，点6は蒸発器における蒸発中の冷媒の状態（温度・圧力）を示している．

いまここで，理想的な吸収冷凍サイクルを考える．図3.21において，発生器では一定温度 T_g のもとで外部より熱量 Q_g を受け，1→2の変化をする．点2より断熱膨張して温度 T_e になり（点1'），外部より Q_e を得て点2'に至り，これから断熱圧縮過程により状態3'に達する．点3'から熱量 Q_c と Q_g を放出して点4に至り，断熱圧縮によってはじめの状態1に戻るものとする．このサイクルは二つのカルノーサイクル，すなわち 1-2-3-4-1 と 1'-2'-3'-3-1' に分けて考えることができる．この場合，前者は高温度 T_g の熱源から受熱し温度 T_a の熱源に放熱するカルノー機関で，後者は外部より仕事の供給を得て温度 T_e の低熱源より熱を汲み上げ温度 T_c の熱源へ放熱するカルノー冷凍サイクルと考えられる．このとき冷凍サイクルは熱機関から得られる仕事によって駆動されるものとすると，外部仕事の供給を受けずに熱エネルギのみによって冷凍作用を行うことになるから，このサイクルは理想的吸収冷凍サイクルと考えられる．吸収冷凍機では，放熱 Q_a および Q_c はいずれも共通の熱源に対して行われるから，$T_a = T_c$ である．また，サイクル全体としては外部から仕事の供給を受けていないので，二つのカルノーサイクルの仕事は互いに等しくなければならない．したがって

$$Q_g \frac{T_g - T_a}{T_g} = Q_c \frac{T_c - T_e}{T_c}$$

よって，理想的吸収冷凍サイクルの成績係数 ε_{ath} を冷凍熱量 Q_e と加熱量 Q_g との比と定義すると，次の関係が得られる．

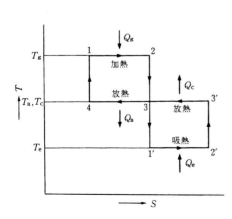

図 3.21 理想的吸収冷凍サイクル

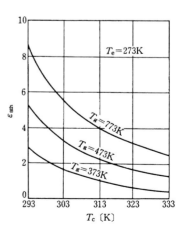

図 3.22 理想的吸収サイクルの成績係数

110　3　冷凍機および冷凍システム

$$\varepsilon_{ath} = \frac{Q_e}{Q_g} = \frac{T_e}{T_g} \frac{(T_g - T_c)}{(T_c - T_e)} \tag{3.13}$$

図 3.22 は，理想的吸収サイクルの成績係数の T_g および T_c による変化を示したものである．

例題 3　高熱源（温度 200℃）より 1.5 kW の熱を得て，低熱源（温度 0℃）へ放熱するカルノーサイクルによって駆動されるカルノー冷凍機が，-20℃ より熱を汲み上げ 0℃ へ放出しているとき，カルノー機関出力，成績係数，冷凍能力はいくらか．

解答　カルノー機関出力は，

$$Q_g(T_g - T_a)/T_g = 1.5 \times (473 - 273)/473$$
$$= 0.634\,\text{kW}$$

成績係数は式（3.13）より

$$\varepsilon_{ath} = 253 \times (473 - 273)/\{473 \times (273 - 253)\}$$
$$= 5.35$$

冷凍効果は

$$Q_e = Q_g \varepsilon_{ath} = 1.5 \times 5.35 = 8.02\,\text{kW}$$

3.3.2　冷媒と吸収剤の特性

(a)　概　要

これまで吸収冷凍機に最も広く使用されている冷媒と吸収剤の組合せは，（水 + LiBr）と（NH_3 + 水）である．しかしながら，水 + LiBr では沸点の高い水が冷媒作用をするため凝縮時の比容積が大きく空気による冷却が困難で，0℃ 以下の低温に使用できないこと，また，NH_3 + 水では冷媒となる NH_3 が有毒で可燃性であること，冷媒と吸収剤の沸点の差が小さいため，精留器・分離器が必要になるなどの欠点がある．

これらの欠点を補うために，アルコール類・フロン類を冷媒とする吸収剤との組合せに関する研究[9]が盛んに行われている．

アルコール類を冷媒とするものには化学的に安定性なメタノール，エタノールが用いられ，その吸収剤には LiBr，$ZnBr_2$，LiBr + $ZnBr_2$ などが用いられている．

フロンを冷媒とするものには，フロン 22，フロン 134 などが用いられ，その吸収剤には E-181（tetraethylene glycol dimethyl ether），N. N-Dimethylformamid(D. M. F)，Isobutylacetet(I. B. A)，Dibutylphthalete(D. B. P) などが用いられている．

(b)　リチウムブロマイド水溶液の性質

3.3 吸収式冷凍機

リチウムブロマイド (lithium bromide) は，アルカリおよびハロゲン族であるから食塩と類似した性質をもっており，安定な物質で，大気中で変質することもなく，分解も揮発もなく，また毒性もない．主な性質は表3.4の通りである．図3.23にLiBr 溶解度曲線を示す．溶解度とは，100 g の飽和溶液中に含まれる LiBr 無水物の質量を%で表示したものである．この溶液は水の分子を溶液中に容易に吸収する性質があり，吸収能力が極めて大きいので吸収剤として適している．金属に対する腐食性は食塩水あるいは塩化カルシウム水溶液などに比べて小さいが，使用時には0.15～0.3%の腐食抑制剤を添加するのが普通である．

腐食抑制剤（Li_2CrO_4, Li_2MoO_4, As_2O_3）は，溶液温度80°C以上での腐食を抑制する効果がある．

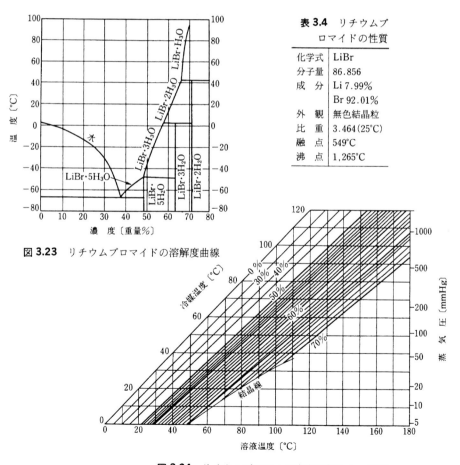

図 3.23 リチウムブロマイドの溶解度曲線

表 3.4 リチウムブロマイドの性質

化学式	LiBr
分子量	86.856
成　分	Li 7.99%
	Br 92.01%
外　観	無色結晶粒
比　重	3.464 (25°C)
融　点	549°C
沸　点	1,265°C

図 3.24 リチウムブロマイド溶液の Dühring 線図

LiBr水溶液が吸収剤として使用される理由は，その水蒸気圧が小さいからである．水溶液の濃度，温度および水蒸気圧 P の関係を示すものが Dühring 線図である．図3.24はLiBr水溶液のDühring線図で，飽和蒸気温度に対応する圧力目盛が右側にある．この線図によって溶液の蒸発潜熱を求めることができる．

いま，溶液の蒸気圧，絶対温度および蒸発潜熱を P, T, r とし，水に対しては添字wを付すと，次の関係式が得られる．

$$\frac{dP}{PdT}=\frac{r}{RT^2},$$

$$\frac{dP_w}{P_w dT_w}=\frac{r_w}{RT_w^2}$$

近似的に $dP/P=dP_w/P_w$ が成立するものとすれば，次の関係式が得られる．

$$r=r_w\frac{T^2}{T_w^2}=\frac{dT_w}{dT} \quad (3.14)$$

ここで dT_w/dT は Dühring 線図の傾きとして求められるので，上式より溶液の蒸発潜熱を計算することができる．

また水+LiBr溶液のエンタルピ濃度 (h-ξ) 線図を用いると蒸発潜熱など熱量を簡単に求めることができる．h-ξ 線図は，研究者により多数発表されている．図3.

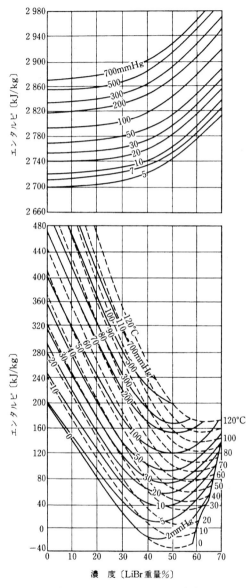

図 **3.25** リチウムブロマイド溶液

3.3 吸収式冷凍機

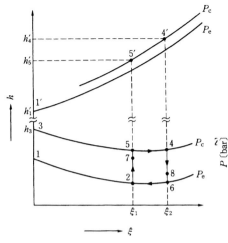

図3.26 h-ξ線図上の吸収サイクル

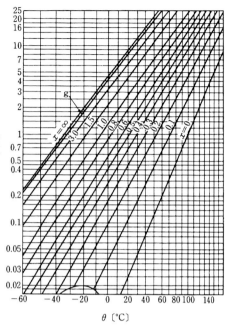

図3.27 アンモニア水溶液の温度と圧力の関係 $\left(\log P - \dfrac{1}{\theta} 線図\right)$

25に枷場-植村の線図[10]を示す。

この線図は縦軸にエンタルピ h，横軸に濃度 ξ をとって飽和溶液の等温線，等圧線および飽和溶液から発生する蒸気の等圧線を引いたもので，凝縮器の放熱 q_c，蒸発器の冷却効果 q_e が求められる。

図3.26において P_c, P_e は，凝縮圧力および蒸発圧力である。なお発生器から凝縮器に入る蒸気のエンタルピ $h_3{}'$（たとえば h_3 は液の，$h_3{}'$ は蒸気のエンタルピ）は

$$h_3{}' = (h_4{}' + h_5{}')/2$$

となる。ただし，一般には $h_3{}' \fallingdotseq h_4{}'$ とみなすことができる。

蒸発器での冷凍効果：

$$q_e = h_1{}' - h_3 \tag{3.15}$$

凝縮器での放熱：

$$q_c = h_4{}' - h_3 \tag{3.16}$$

(c) アンモニア水溶液の性質

横軸に絶対温度の逆数，縦軸に圧力の対数をとると吸収剤の温度と圧力の関係は図3.27に示すようにほぼ直線となる。この線図を $\log P$-$1/T$ 線図といい，吸収サイクルを求めるのに使用する。ここで，x は水に対する NH_4 の質量比であり，$x = 0$ は水，$x = \infty$ は NH_4 を意味する。

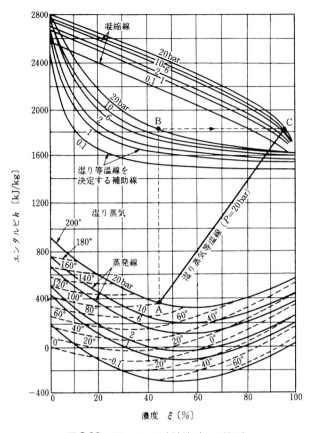

図 3.28 アンモニア水溶液 (h-ξ 線図)

図 3.28 はアンモニア水溶液の h-ξ 線図である．NH₄-水の吸収冷却機の蒸発温度は $-45°C$ が限度とされているが，アンモニアの凝固点は $-77.7°C$ と低く，通常の使用範囲では凝固の心配はない．

(d) **フロン系冷媒と吸収剤の性質**

フロン系冷媒を使用し，種々の吸収剤との組合せが研究されており，フロン 21, 22, 31, 133a, 134 などがよく用いられる．また，フロン系冷媒でないがメチルクロライド（CH_2Cl_2）も含めた検討がなされている．

表 3.5 E-181 の物理的性質

化学式	—	$CH_3O(CH_2CH_2O)_3$ $CH_2CH_2OCH_3$
分子量	g/mol	222.3
比重量(20°C)	g/cm³	1.014
沸点(760mmHg)	°C	275.3
圧力(20°C)	bar	1.33×10^{-5}
圧力(150°C)	bar	1.87×10^{-2}
凝固点	°C	-28
比　熱	J/gK	1.788
粘　度	Pas	4.05×10^{-3}

吸収剤には，E-181(tetraethylene glycol dimethyl ether)，D.M.F，I.B.A などがある．表 3.5 に吸収剤として最も優れている E-181 の物理的性質を示す．太陽熱や低温廃熱を利用した冷暖房システムに対して，水-LiBr 系では空冷化に問題があり，必ずしも適しているとはいえない．このためアルコール系の冷媒として CH_3OH，C_2H_5OH を用い，LiI を吸収剤とする研究[11]が行われている．

3.3.3 吸収冷凍機の熱収支

吸収冷凍機の各部において出入りする熱量バランスは

$$Q_g + Q_e + W_p = Q_c + Q_a \tag{3.17}$$

となる．ここで Q_g：発生器において溶液に加えられる熱量，Q_e：蒸発器において吸収熱量（冷凍作用），W_p：溶液ポンプの仕事量，Q_c：凝縮器における冷却水への放出熱量，Q_a：吸収器における冷却水への放出熱量である．

式 (3.17) におけるポンプ仕事 W_p は，他の熱量に比して無視できることが多い．しかし，蒸発器と発生器における溶液濃度の差が小さい場合には，溶液の質量流量を大きくしなければならないので，このようなときには W_p を無視することはできない．

図 3.29 に吸収冷凍機の略図を示す．

(a) **発生器での加熱量 Q_g**

発生器における熱収支を考えると，発生器に流入する熱量 Q_g' は，発生器から流出する熱量 Q_g'' とすれば

$$Q_g' = Q_g + aMh_7,$$
$$Q_g'' = (a-1)Mh_4 + Mh_4'$$

となる．ここで M：冷媒循環量（質量流量）[kg/s]，a：溶液循環比（発生器で 1 kg のガスを発生させるために要する稀溶液量）[kg/s] である．

定常状態では，$Q_g' = Q_g''$ であるから

$$Q_g + aMh_7 = (a-1)Mh_4 + Mh_4'$$

となり，したがって

$$Q_g = M\{(a-1)h_4 + h_4' - ah_7\} \tag{3.18}$$

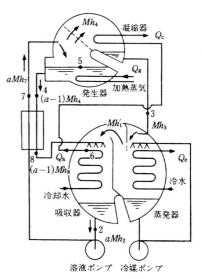

図 3.29 吸収式冷凍機

116 3 冷凍機および冷凍システム

稀溶液 $a[\mathrm{kg}]$ を発生器に送ると，ガス 1 kg が発生するので，発生器を出る濃溶液は $(a-1)\mathrm{kg}$ になる．また，稀溶液中の LiBr 量と濃溶液中の LiBr 量は等しいから，それぞれの溶液濃度を ξ_1，ξ_2 とすれば，次のようになる．

$$a\xi_1=(a-1)\xi_2 \qquad \therefore \quad a=\frac{\xi_2}{\xi_2-\xi_1} \tag{3.19}$$

(b) 蒸発器での冷凍能力 Q_e

蒸発器に流入する熱量 $Q_\mathrm{e}{}'$，流出する熱量 $Q_\mathrm{e}{}''$ とすれば

$$Q_\mathrm{e}{}'=Mh_3+Q_\mathrm{e}, \qquad Q_\mathrm{e}{}''=Mh_1{}'$$

したがって

$$Mh_3+Q_\mathrm{e}=Mh_1{}' \quad \therefore \quad Q_\mathrm{e}=M(h_1{}'-h_3) \tag{3.20}$$

ただし，$h_1{}'$：蒸発圧力に相当する飽和蒸気のエンタルピである．

(c) 凝縮器での放出熱量 Q_c

凝縮器において冷却水に放出する熱量 Q_c は，凝縮器へ出入りする熱量バランスから

$$Q_\mathrm{c}+Mh_3=Mh_4{}' \quad \therefore \quad Q_\mathrm{c}=M(h_4{}'-h_3) \tag{3.21}$$

(d) 吸収器での放出熱量 Q_a

吸収器に流入する熱量は，$(a-1)Mh_8+Mh_1{}'$ で，吸収器から流出する熱量は $Q_\mathrm{a}+aMh_2$ であるから

$$(a-1)Mh_8+Mh_1{}'=Q_\mathrm{a}+aMh_2 \quad \therefore \quad Q_\mathrm{a}=M\{h_1{}'+(a-1)h_8-ah_2\} \tag{3.22}$$

(e) 吸収冷凍機の成績係数 ε_a

吸収冷凍機の性能評価に成績係数 ε_a が用いられる．

$$\varepsilon_\mathrm{a}=\frac{Q_\mathrm{e}}{Q_\mathrm{g}+W_\mathrm{p}} \fallingdotseq \frac{Q_\mathrm{e}}{Q_\mathrm{g}} \tag{3.23}$$

式 (3.23) の ε_a は，冷凍機の成績係数 ε とは基本的に意味が異なる．したがって吸収式冷凍機の場合には，大容量のものでも $\varepsilon_\mathrm{a}=0.7$ 程度である．

3.4 ターボ冷凍機

3.4.1 ターボ冷凍機の概要

ターボ冷凍機は，高速度で回転する羽根車による遠心力を利用して冷媒ガスを圧縮するもので，冷凍サイクルは蒸気圧縮サイクルである．ターボ冷凍機では，圧縮

機・蒸発器および凝縮器を一つのユニットにまとめるのが一般的である．図3.30にターボ圧縮機の適用範囲を示す．冷媒ガスの流量がきわめて大きくなると往復式圧縮機では処理しきれなくなる．この限界は主に圧力比により異なるが，使用冷媒によっても異なる．

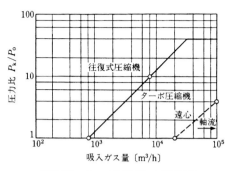

図 3.30 ターボ圧縮機の適用範囲

冷媒には高い成績係数を実現することのできるフロン11が用いられることが多い．しかし，蒸発温度が－15〜－40℃の場合には，フロン114，フロン12，フロン22などの冷媒が用いられている．圧縮機の効率は，羽根車の形状によって影響され，羽根車出口幅が狭くなると低下する．羽根車の段数は，冷水用のものでは通常一段である．低温用のものでは多段羽根車を用いるが，その場合には，複数段のエコノマイザサイクルの使用によって，温度の異なる2種類以上の冷却液を得ることができる．

ターボ圧縮機を往復式圧縮機と比較すると次のような特徴がある．①大容量のものができ，しかも容量制御範囲が広い．②容量の割に外形寸法が小さく軽量である．③振動が少なく，摩耗部分がきわめて少ない．④多段圧縮が容易で，したがって多段蒸発しやすい．⑤冷媒ガスに混入する潤滑剤が少ない．⑥凝縮器に異常高圧発生のおそれなく，圧力破壊の心配がない．

3.4.2 ターボ冷凍機の冷凍サイクル

ターボ冷凍機の羽根車1段当りの温度差は約40℃である．したがって，空調用の場合は単段であるが，低温用の場合には2段以上になる．ターボ冷凍機では羽根車数だけ吸入口を設けることが可能で，しかも成績係数の上昇を目的としたエコノマイザを置くことができる．また，エコノマイザ中にチューブを通してこれを蒸発器として使用すれば，蒸発温度の異なる蒸発器が得られる．

(a) 1段エコノマイザ冷凍サイクル

蒸発温度が－20℃くらいを必要とする場合に使用されるサイクルである．図3.31はエコノマイザを有する冷凍機の概要図である．凝縮器で凝縮した冷媒はフロート弁を経て，エコノマイザに入る．エコノマイザは羽根車の2段目の吸入口と連結されており，中間圧力P_mに保たれている．エコノマイザで一部冷媒$\dot{m}_e$は蒸発

し，残りの冷媒 $\dot{m}_0$ は凝縮温度から中間温度に相当する飽和温度まで冷却される．冷媒液 $\dot{m}_0$ は蒸発器に送られブラインを冷却する．蒸発した冷媒ガスは1段目の羽根車に吸入され，2段目の羽根車でエコノマイザからのフレッシュガスと一緒になり圧縮され，凝縮器に吐き出される．

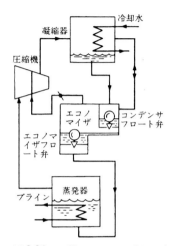

図 **3.31** 1段エコノマイザターボ冷凍機

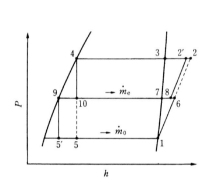

図 **3.32** 1段エコノマイザ冷凍サイクル

この場合の冷凍サイクルを P-h 線図に示すと図3.32のようになる．図から明らかなように，エコノマイザのない場合に比べて冷凍効果は (h_1-h_5) から $(h_1-h_{5'})$ に増大する．この結果，圧縮機の吸入量が減少し1段目羽根車の動力消費が少なくなる．エコノマイザの効果は，凝縮温度と蒸発温度との差が大きいほど，また飽和液線の傾きが小さい冷媒ほど大きくなる．

エコノマイザでの分離冷媒ガス量 $\dot{m}_0$〔kg/s〕，蒸発器に送られる冷媒液量 $\dot{m}_0$〔kg/s〕とすると，次の関係が成立する．

$$\frac{\dot{m}_e}{\dot{m}_0}=\frac{h_5-h_{5'}}{h_7-h_5}$$

また，1, 2段目羽根車に必要な動力 W_1, W_2〔kW〕は

$$W_1=\dot{m}_0(h_6-h_1), \quad W_2=(\dot{m}_e+\dot{m}_0)(h_{2'}-h_8)$$

となり

$$W_1+W_2=(\dot{m}_0+\dot{m}_e)\left\{\left(\frac{\dot{m}_0}{\dot{m}_0+\dot{m}_e}\right)(h_6-h_1)+(h_{2'}-h_8)\right\} \tag{3.24}$$

これらの関係から $\dot{m}_0/(\dot{m}_0+\dot{m}_e)$ を求め，上式に代入すると

3.4 ターボ冷凍機　**119**

$$W_1 + W_2 = (\dot{m}_e + \dot{m}_0)\left\{\left(\frac{h_7 - h_5}{h_7 - h_5'}\right)(h_6 - h_1) + (h_2' - h_8)\right\} \tag{3.25}$$

ここで，$\dot{m}_e + \dot{m}_0$ はエコノマイザの有無に関係がなく，また $(h_2' - h_8)$ は $(h_2 - h_6)$ にほぼ等しいとみなせる．ゆえにエコノマイザがない場合の動力は

$$W = (\dot{m}_e + \dot{m}_0)(h_2 - h_1) \fallingdotseq (\dot{m}_e + \dot{m}_0)\{(h_6 - h_1) + (h_2' - h_8)\} \tag{3.26}$$

式 (3.25) と式 (3.26) を比較すると，エコノマイザによる所要動力の減少 ΔW を求めることができる．

$$\Delta W = (\dot{m}_e + \dot{m}_0)\left(\frac{h_5 - h_5'}{h_7 - h_5'}\right)(h_6 - h_1) \tag{3.27}$$

例題 4 1段エコノマイザを有する冷凍サイクルにおいて，冷媒循環量の5％をエコノマイザを経て圧縮機へ戻すものとすると，エコノマイザのない場合に比べてどれだけの動力軽減があるか．ただし，図 3.32 において，$h_2 - h_1 = 40\,\mathrm{kJ/kg}$ とし，圧縮線は直線で中間圧力 P_m は高圧および低圧の幾何平均であるとする．

解答 $\dot{m}_e/\dot{m}_0 = 5/95 = 0.0526$ であり，式 (3.27) において $h_6 - h_1 = 0.5 \times (h_2 - h_1) = 20\,\mathrm{kJ/kg}$ であるから，$\Delta W = 1 \times 0.0526 \times 20 = 1.05\,\mathrm{kW}$（冷媒1kg当り）となる．

(b) **2段エコノマイザ冷凍サイクル**

低温の蒸発温度が必要な場合には，2段以上の羽根車段数が必要になる．この場合に2段以上のエコノマイザを設けて成績係数の向上をはかる．

一般に $-7\,^\circ\mathrm{C}$ までは2段，$-23\,^\circ\mathrm{C}$ までは3段，$-45\,^\circ\mathrm{C}$ までは4段羽根車が用いられている．

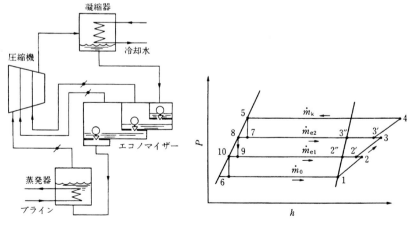

図 3.33 2段エコノマイザターボ冷凍機　　**図 3.34** 2段エコノマイザ冷凍サイクル

120　3　冷凍機および冷凍システム

エコノマイザは，羽根車段数より一つだけ減じた段数が使用できる．図3.33にシステムの概略を示す．図3.34は，このサイクル線図である．このサイクルの成績係数 ε_{th} は，

$$\varepsilon_{th}=\frac{Q_0}{W}=\frac{h_1-h_6}{(h_2-h_1)+(1+x_1)(h_3-h_2')+(1+x_1)(1+x_2)(h_4-h_3')} \quad (3.28)$$

となる．

(c)　密閉エコノマイザ冷凍サイクル

蒸発器が離れた場所または高い場所にあるときは，冷媒液の途中での配管などによる圧力損失のため，冷媒圧力がその温度に対する飽和圧力以下に低下するとフラッシュガスを生じ，液の輸送が不可能になる．これを防止するためには液を過冷却する必要がある．

(d)　冷凍サイクルの改善

ターボの冷凍サイクルを省エネルギの点から見直すと，次のような事項についての改善が考えられる．①高伝熱管の採用と構造の改善によって凝縮温度の低下および蒸発温度の上昇，②エコノマイザサイクルおよび過冷却サイクルの採用，③部分負荷時の運転効率の上昇，④圧縮機およびシステム効率の上昇，⑤適正冷媒の選定と新しい冷媒の開発．

3.4.3　ターボ冷凍機の構造

(a)　ターボ圧縮機

圧縮機の容量によって密閉式と開放式とがあり，密閉式では電動機が冷媒ガスの中で回転しているために軸封装置が不要である．しかし開放式圧縮機では，駆動軸がケーシングを貫通するので，ガス漏出と空気漏入を防止するための装置が必要になる．

軸封装置には，フロン113, 11などのように室温で大気圧以下の飽和圧力を示す低圧冷媒用と，フロン114, 12，アンモニアなどのように室温で大気圧以上の飽和圧力をもつ高圧冷媒用とがある．

ターボ圧縮の性能は，蒸発温度と回転数が一定であればガス圧縮機と変りない．図3.35は，冷凍容量の変化割合に対する圧力比，圧縮効率ならびに所要動力の変化割合を示したものである．

ターボ圧縮機内の圧縮は，ガスの比重量が圧力と温度により変化することを無視すれば，渦巻ポンプにおける水の加圧と同一作用である．ターボ圧縮機では，単位

質量の冷媒を圧力 P_1 から P_2 まで圧縮するのに要する仕事 H をヘッドといい，圧縮が断熱圧縮であるとすると

$$H = \frac{k}{k-1} P_1 v_1 \left\{ \left(\frac{P_2}{P_1}\right)^{\frac{k-1}{k}} - 1 \right\} \quad (3.29)$$

となる．ただし k は比熱比である．上式に完全ガスの状態式 $Pv=RT$ と $mR=8314$ 〔J/(kmol·K)〕（ただし m は分子量）を適用すると

$$H = \frac{k}{k-1} \frac{8314 T_1}{m} \left\{ \left(\frac{P_2}{P_1}\right)^{\frac{k-1}{k}} - 1 \right\}$$

となり，分子量 m の大きい，比熱比 k の小さい冷媒ほど所要ヘッド H が小さくなることがわかる．

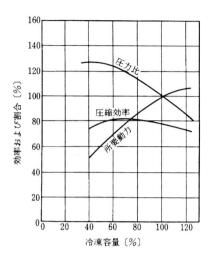

図 3.35　ターボ圧縮機の性能

例題 5　圧力比 2 のターボ圧縮機において，20°C の空気（分子量 28.96，比熱比 1.4）と同じ温度のアンモニア（分子量 17.03，比熱比 1.313）を圧縮したときのヘッドの差を求めよ．

解答　空気の場合
$$H(\text{air}) = 1.4/(1.4-1) \times 8.314/28.96 \times \{2^{(1.4-1)/1.4} - 1\} \times 293 = 64.5\,\text{m}$$
アンモニアの場合
$$H(\text{NH}_4) = 1.313/(1.313-1) \times 8.314/17.03 \times \{2^{(1.313-1)/1.313} - 1\} \times 293$$
$$= 107.8\,\text{m}$$

その差は 43.3 m となる．

(b) 蒸発器および凝縮器

ターボ冷凍機ではガス流量が大きいから，蒸発器は凝縮器の下部に置かれている．冷水用や蒸発温度 -30°C までの低温用の蒸発器は，満液式が使用されている．形式は蒸発器・凝縮器とも横形シェルチューブ式で，銅製ローフィンチューブまたは高伝熱管が用いられている．圧縮機に吸収される冷媒ガス中に液滴があると，所要動力が増大するばかりでなく，羽根車に腐食を起こす．このためエリミネータを蒸発器の上部に設けるか，またはエリミネータの代りに十分な空間を設けて流速を遅くし，液滴を分離している．凝縮器には，凝縮液による液膜をできるだけ薄くするために水切れをよくした構造のもの，または水側の熱伝達を大きくするため内壁に

122 3 冷凍機および冷凍システム

らせん状の小さい突起を設けたものなどがある.

過冷却器は凝縮器中に組み込まれ,エコノマイザは蒸発器中に組み込まれるのが普通である.

(c) **容 量 制 御**

冷凍負荷に対応して容量を制御しないと,冷媒温度が所定値からはずれる.一般に,ターボ冷凍機では冷媒出口温度を一定に保つ制御方式がとられている.

容量制御の方法[12)]には次のようなものがある.①吸込みダンパ制御,②サクションベーン制御,③回転速度制御,④ディフューザ制御,⑤バイパス制御.

演 習 問 題

[**3.1**] フロン 12 を冷媒とする単段蒸気圧縮サイクルを行う冷凍システムにおいて 15 冷凍トンの冷凍を行っている.蒸発温度 −10℃ および凝縮温度 25℃ として,以下を計算せよ. 1) 冷媒 1 kg 当りの冷凍効果,2) 1 時間当りの冷媒循環質量,3) 圧縮機所用動力,4) 成績係数,5) 放熱量. (答 1)126kJ/kg,2)1507kg/h,3)8.04kW,4)6.56,5)60.78kW)

[**3.2**] シリンダ径 64 mm,ストローク 55 mm,4気筒,回転数 900 rpm のフロン 12 多気筒圧縮機が,基準冷凍サイクルで運転されている.この冷凍機の 1) 冷凍能力および 2) 所要動力を求めよ.ただし,このときの $\eta=0.72$,$\eta_5=0.74$,$\eta_m=0.9$ とする.

(答 1)9.97kW,2)3.25kW)

[**3.3**] −10℃ と 20℃ の間で作動するカルノー冷凍機とフロン 12 を用いた基準冷凍サイクルの蒸気圧縮冷凍機の成績係数を比較せよ. (答 8.8,4.6)

[**3.4**] 蒸発温度 −40℃,凝縮温度 30℃ で 35 冷凍トンの能力で,中間冷却器をもつフロン 22 冷凍システムにおいて,中間圧力は蒸発および凝縮圧力の幾何平均になっているとする.低圧圧縮機は蒸発圧力から中間圧力まで,高圧圧縮機は中間圧力から凝縮圧力まで圧縮するものとし,圧縮はじめはいずれもそれぞれの圧力における飽和蒸気であると仮定する.このシステムの駆動に要する動力を求めよ. (答 44.35kW)

[**3.5**] 冷凍負荷 4 kW,圧縮機動力 1.5 kW の冷凍機において,冷却水温度上昇を5℃,凝縮器での平均温度差を7℃,凝縮器伝熱面の熱通過率 $K=785$ W/m²K,汚れ係数 0.0002 とすると,凝縮器の伝熱面積はどのくらいになるか.また,冷却水流量はどのくらいか.

(答 1.16m²,0.263kg/s)

[**3.6**] 高熱源(温度 300℃)より 2.5 kW の熱を得て,低熱源(温度 20℃)へ放熱するカルノーサイクルによって駆動されるカルノー冷凍機が,−20℃ より熱を汲み上げ 0℃ へ放出しているとき,カルノー機関出力,成績係数,冷凍能力はいくらか.

(答 1.22kW,12.65,15.43kW)

参 考 文 献

1) 藤岡　宏：フロン冷凍機の理論と実際 (1984)，海文堂．

2) 山田治夫：冷凍および空気調和 (1971)，養賢堂．

3) 長岡順吉：改訂　冷凍工学 (1967)，産業図書．

4) 坂爪伸二：冷凍機械設備 (1984)，山海堂．

5) 山本隆夫，小津政雄：冷凍，**50**-578 (1975)，pp. 960-965．

6) 日本冷凍協会編：冷凍空調便覧 第 4 版基礎編，日本冷凍協会 (1981)，p. 326．

7) 樋口金次郎：冷凍，**56**-644 (1981)，pp. 459-465．

8) 高田秋一：吸収冷凍機，日本冷凍協会 (1982)，p. 11．

9) たとえば，枷場重男，植村　正：冷凍，**44**-502 (1969)，p. 720；Eiseman，B. J.：
   ASHRAE, J., **1** (1959)，pp. 45-50．

10) 枷場重男，植村　正：冷凍，**36**-405 (1961)，p. 630．

11) 伊与木，越山，植村：冷凍，**57**-662 (1982)，pp. 1183-1189．

12) 高田秋一：ターボ冷凍機，日本冷凍協会 (1976)，p. 217．

4

——————————— 冷凍の進歩と応用

この章ではまず特殊な冷凍方法を概観し，ついで従来方式による冷凍法の進歩を展望する．また，われわれの生活に最も係り深い食品に対する冷凍技術の応用に焦点をあてて記述する．

4.1 熱電冷凍

4.1.1 原　理

3章で述べた冷凍機は機械的あるいは化学的原理に基づく冷凍機といえる．熱電冷凍機は熱電気物理にその基礎を置くものである．熱電対を用いて温度の測定が行われていることはよく知られているが，この原理はゼーベック効果 (Seebeck effect) を利用している．これは異種金属を両端で接合し，二つの接合点をそれぞれ異なる温度にすると熱起電力が生ずる現象で，1821年ゼーベック (Seebeck) が見出している．一方，1834年ペルチェ (Peltier) はゼーベック効果と逆の対応をするペルチェ効果 (Peltier effect) を見出した．これは異種金属を接合しこの回路に電流を流すと一端は発熱，他端は吸熱作用が生ずる現象で，熱電冷凍機はこのペルチェ効果を利用したものである．

一般に金属は電気をよく通すものほど熱も伝わりやすい（表4.1）．金属中の熱の移動は電子の運動によることを考えれば，このような性質は理解できる．ビーデマン・フランツ (Wiedeman-Franz) の法則によれば電気抵抗率 r と熱伝導率 λ との間には次のような関係がある．

$$r\lambda = \text{const.} \tag{4.1}$$

右辺の定数は金属の種類，温度によって異なる値となる．また，ペルチェ効果による吸熱量 Q は回路を流れる電流 I と熱電能（1℃当りの熱起電力）α_e に比例する．一般

表 4.1 電気抵抗率 r と熱伝導率 λ （0℃）

	r 〔Ωcm〕	λ〔W/cmK〕
Ag	1.51×10^{-6}	4.18
Cu	1.56×10^{-6}	3.85
Al	2.45×10^{-6}	2.38
Fe	8.9×10^{-6}	0.76
Bi	10.7×10^{-6}	0.085

金属の α_e は $50\,\mu\mathrm{V/K}$ 程度である．ペルチェ効果を利用して冷凍装置を作ろうとすると普通の金属ではきわめて困難である．すなわち，r が小さくないとジュール熱の発生により損失熱量が大きくなること，λ が大きいと発熱側から吸熱側への伝導熱量が大きくなり真の吸熱量が減少する．そのため長い間ペルチェ効果を利用した冷凍装置は実際面で取り上げられることはなかったが，第2次世界大戦後，半導体の研究が活発に進められるに及びにわかに脚光を浴びるようになった．

半導体の性質の一例を表 4.2 に示してある．一般金属の場合に比較して λ が小さいため発熱側から吸熱側への伝導熱量を小さくすることが可能であることがわかる．一方，r はかなり大きいので，真の吸収熱量は減少する．しかし，熱電能 α_e が著しく大きいという特性があるため実用化されるようになった．

表 4.2 半導体材料の特性値[2]

半導体材料	型	$r\,[\Omega\mathrm{cm}]$	$\lambda\,[\mathrm{W/cmK}]$	$\alpha_e\,[\mu\mathrm{V/K}]$
75% Bi$_2$Te$_3$-25% Bi$_2$Se$_2$	n	1.03×10^{-3}	0.0133	166
30% Bi$_2$Te$_3$-70% Sb$_2$Te$_3$	p	0.92×10^{-3}	0.0148	195
25% Bi$_2$Te$_3$-75% Sb$_2$Te$_3$	p	0.98×10^{-3}	0.0127	210
20% Bi$_2$Te$_3$-80% Sb$_2$Te$_3$	p	0.65×10^{-3}	0.0164	174

4.1.2 理論と特徴

図 4.1 に熱電冷凍の基本回路（基本熱電素子対）を示す．n 型，p 型半導体を素子対に組み込み，金属Aとの接合する部分で吸熱作用，金属Bとの接合部分で発熱作用を直流電圧を加えることによって行わせる．電流の方向を逆にすると吸熱部と発熱部が入れ替わる．吸熱部における実質の吸熱量 Q_l はペルチェ効果による吸熱量より小さく，素子対を流れる電流 I によりジュール熱が発生しこれによる損失と発熱部からフーリエの法則に基づく熱移動による損失があり，Q_l は次式のように表される．

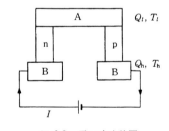

図 4.1 電子冷凍装置

$$Q_l = \pi_{\mathrm{pn}} I - \frac{1}{2} R_{\mathrm{pn}} I^2 - K_{\mathrm{pn}} \Delta T \tag{4.2}$$

ここで，π_{pn} はペルチェ係数といわれ，ケルビンの第一関係式より $\pi_{\mathrm{pn}} = (\alpha_p - \alpha_n) T_l$ と表される．T_l は吸熱端の温度である．式中右辺第2項の係数 1/2 はジュール熱の半分が吸熱部に流入すると仮定している．また，R_{pn}，K_{pn} はそれぞれ熱電子対の抵抗，熱コンダクタンスで以下のように示される．

126 4 冷凍の進歩と応用

$$R_{pn} = \frac{r_p l_p}{S_p} + \frac{r_n l_n}{S_n} \tag{4.3}$$

$$K_{pn} = \frac{\lambda_p S_p}{l_p} + \frac{\lambda_n S_n}{l_n} \tag{4.4}$$

ここで，r_p, r_n：半導体 p，n の電気抵抗率

α_p, α_n：　　〃　　熱起電能

l_p, l_n：　　〃　　長さ

S_p, S_n：　　〃　　断面積

λ_p, λ_n：　　〃　　熱伝導率

さらに，ΔT は発熱端の温度 T_h と吸熱端の温度 T_l との差である．式 (4.2) が熱電冷凍の基礎式で，これに基づき熱電冷凍の諸特性を以下述べてみる．吸熱量 Q_l を最大にする電流 I_0 は，素子の形状 S/l，ΔT が与えられているとき，$\partial Q_l / \partial I = 0$ から求められる．すなわち，

$$I_0 = \frac{(\alpha_p - \alpha_n)}{R_{pn}} T_l \tag{4.5}$$

したがって，電流が I_0 のときの最大値 $Q_{l\max}$ は次のようになる．

$$Q_{l\max} = I_0 \left\{ \frac{1}{2} (\alpha_p - \alpha_n) T_l - \frac{R_{pn} K_{pn}}{(\alpha_p - \alpha_n) T_l} \Delta T \right\} \tag{4.6}$$

$$= I_0 \left\{ \frac{1}{2} (\alpha_p - \alpha_n) T_l - \frac{\Delta T}{(\alpha_p - \alpha_n) T_l} \right.$$

$$\left. \times \left(r_p \lambda_p + \frac{r_n l_n}{S_n} \frac{\lambda_p S_p}{l_p} + \frac{r_p l_p}{S_p} \frac{\lambda_n S_n}{l_n} + r_n \lambda_n \right) \right\} \tag{4.7}$$

ここで，$(S_n/l_n)/(S_p/l_p) = t$ とおいて上式を整理すると

$$Q_{l\max} = I_0 \left\{ \frac{1}{2} (\alpha_p - \alpha_n) T_l - \frac{\Delta T}{(\alpha_p - \alpha_n) T_l} \left(r_p \lambda_p + r_n \lambda_p \frac{1}{t} + r_p \lambda_n t + r_n \lambda_n \right) \right\} \tag{4.8}$$

t は素子対の形状を表す無次元数であり，$Q_{l\max}$ が極大となる t は $\partial Q_{l\max} / \partial t = 0$ より求められる．すなわち，

$$t^2 = \frac{r_n \lambda_p}{r_p \lambda_n} \tag{4.9}$$

したがって，吸熱量が極大となる半導体の形状と物性値との間の関係は次式のように表される．

$$\frac{l_p S_n}{l_n S_p} = \sqrt{\frac{r_n \lambda_p}{r_p \lambda_n}} \tag{4.10}$$

素子の性能を温度，電流と無関係に表すため次式で定義される性能指数 (figure of

merit) Z

$$Z = \frac{(\alpha_p - \alpha_n)^2}{K_{pn} R_{pn}} \tag{4.11}$$

が使われる. 式 (4.10) で示される関係を用いると Z の最大値は

$$Z_{max} = \frac{(\alpha_p - \alpha_n)^2}{(\sqrt{r_p \lambda_p} + \sqrt{r_n \lambda_n})^2} \tag{4.12}$$

のようになる. また, 式 (4.10) なる関係があるとき, $Q_{l\,max}$ は極大値をとる. これを Q_s とすると

$$Q_s = I_0 \left\{ \frac{1}{2} (\alpha_p - \alpha_n) T_l - \frac{\Delta T}{(\alpha_p - \alpha_n) T_l} (\sqrt{r_p \lambda_p} + \sqrt{r_n \lambda_n})^2 \right\} \tag{4.13}$$

この式で, ΔT が小さいほど, また低温端の温度 T_l が大きいほど Q_s は増加することがわかる. これより低温領域における冷却性能にはあまり期待できないことを示している.

　冷凍装置を設計する場合, 吸熱量だけに注目する場合は以上の解析結果を念頭において行うべきであるが, 装置に加えるエネルギも当然考慮に入れなければならない. これまで述べてきた冷凍機では成績係数を性能評価の目安とした. いま, 熱電素子対に加えられている電圧を E とし, 起電力を考慮に入れると次のように表される.

$$E = (\alpha_p - \alpha_n)\Delta T + I R_{pn} \tag{4.14}$$

したがって, 電力 P は

$$P = (\alpha_p - \alpha_n)\Delta T I + I^2 R_{pn} \tag{4.15}$$

成績係数 ε を Q_l / P で定義すると,

$$\varepsilon = \frac{Q_l}{P} = \frac{(\alpha_p - \alpha_n) T_l I - (1/2) R_{pn} I^2 - K_{pn} \Delta T}{(\alpha_p - \alpha_n)\Delta T I + I^2 R_{pn}} \tag{4.16}$$

ε を最大にする電流 I_β は $\partial \varepsilon / \partial I = 0$ とおいて, 次式のように求められる.

$$I_\beta = \frac{(\alpha_p - \alpha_n)(T_h - T_l)}{(M-1) R_{pn}} \tag{4.17}$$

ここで, $M = \sqrt{1 + \dfrac{1}{2} Z(T_h + T_l)}$ $\qquad\qquad$ (4.18)

このときの極大 ε_{max} は次のようになる.

$$\varepsilon_{max} = \frac{T_l(M - T_h/T_l)}{\Delta T(M+1)} = \frac{T_l}{(T_h - T_l)} \frac{(M - T_h/T_l)}{(M+1)} \tag{4.19}$$

性能指数 Z が大きくなると ε_{max} は増加し, Z が ∞ の場合は逆カルノーサイクルにおける成績係数と同一の結果となることがわかる. 図 4.2 には ε_{max} と Z の関係を示

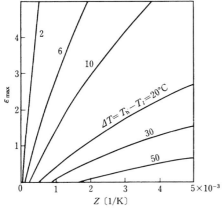
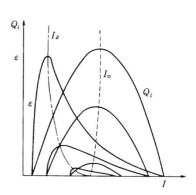

図 4.2 ε_{max} と Z の関係（$T_h=300$ K）　　図 4.3 熱電冷凍の特性曲線[1]

してある．パラメータに $\varDelta T$ をとっているが，$\varDelta T$ が大きいほど ε_{max} の減少傾向が顕著に現れていることがわかる．

熱電素子で注目すべき特性は，吸熱量 Q_l を極大にする電流 I_0 と成績係数 ε を極大にする電流 I_β が異なる点である．栗田[1]は図4.3のような特性曲線を示している．図から明らかなように，I_0 と I_β の傾向は相反し，ε が ε_{max} のときの Q_l は Q_{lmax} に比較してかなり小さく，図4.2に示してあるように温度差 $\varDelta T$ が大きいほど ε_{max} は減少する．このことは T_h を常温とした場合，低温の領域ほど Q_l は減少し，しかも ε_{max} も低下する特性があることを示している．また，Q_{lmax} のときの ε は最大でも50%を越えることはない[1]．いずれにせよ，熱電素子の性能係数 Z が熱電冷凍の性能を支配する大きな因子であることは明らかである．いま，$K_p=K_n=K$，$R_p=R_n=R$ であり，$\alpha_p-\alpha_n=\alpha_d$ とおくと Z は

$$Z=\frac{\alpha_d^2}{KR} \tag{4.20}$$

になる．Z 値は1955年頃 10^{-3}/K 程度であったが，1960年頃に約 3×10^{-3}/K ほどに急激に増加し，熱電冷凍に対して大きな期待を抱かせた．しかし，その後 Z 値の増加率は減少し，現在得られている高性能素子でも 3.5×10^{-3}/K 程度である．今日用いられている導体は表4.2に示してあるように，n型材料では Bi-Te-Se，p型材料では Bi-Sb-Te 系統のものであり，Z 値が 10×10^{-3}/K を越えることは困難であると推定されている．したがって，いまのところ熱電冷凍の応用範囲はおのずと限定されたものになる．

熱電冷凍の長所をあげると，(1)可動部分がない，(2)冷媒を必要としない，(3)冷凍容量の調整が容易である，(4)エレメントの個数を変えるだけで任意の能力の装置にできる，(5)局部的な冷凍に適している，(6)高精度の温度制御が可能でしかも応答時間が短いことなどがある．また，短所は，(1)成績係数が低い（$\varepsilon=0.1\sim0.4$），(2)低温領域における冷凍性能が従来のものより悪い，(3)直流電源を必要とする，(4)製作コストが高いことなどがあげられる．以上のような長所・短所があるためいまのところ小容量のものや，局部的に冷却を必要とする分野に使用されている．なお，この装置で電流の流れの方向を逆にすればヒートポンプとして使えるという利点もある．

例題 1 高熱源温度 $T_h=300\,\mathrm{K}$，低熱源温度 $T_l=273\,\mathrm{K}$ で性能指数 $Z=10^{-3}/\mathrm{K}$ であるとき，最大となる成績係数を求めよ．

解 答 式 (4.18) より

$$M=\sqrt{1+\frac{1}{2}Z(T_h+T_l)}$$
$$=\sqrt{1+\frac{1}{2}\times10^{-3}\times(300+273)}=1.13$$

式 (4.19) より

$$\varepsilon_{\max}=\frac{T_l}{(T_h-T_l)}\frac{(M-T_h/T_l)}{(M+1)}$$
$$=\frac{273}{(300-273)}\times\frac{1.13-300/273}{1.13+1}=0.148$$

4.2 極低温装置

4.2.1 概　　要

極低温は物理学的立場からすれば 0°K 付近を指すが，一般にはきわめて低い温度という程度で受けとられていて明確な定義はない．しかし，近時液化メタン (112 K)，液体窒素 (77 K)，液体水素 (20 K)，液体ヘリウム (4.2 K) などが多方面で利用されるようになり，工学的には大体 120 K 以下の温度領域と考えてよい．

極低温の利用の拡大は比較的最近のことで，食品工業，精密機械工業，先端技術産業，医療機器，各種耐寒試験装置などに及んでいる．また，LNG がエネルギ源として大量に使用されるようになり，その輸送，貯蔵技術に関する進展もなされてきている．さらに超電導現象や流体の粘性が消失する超流動現象を利用した電気機器の小型化，超電導磁気浮上，MHD・核融合装置などは近い将来応用される分野であろう．

通常, 極低温の発生はガスを膨張機で外部に仕事をさせつつ断熱的に膨張させると温度が低下することを利用する. また, ジュール・トムソン効果 (Joule-Thomson effect) によりガスの温度を低下させうることもよく知られている. 一般に, 極低温を得るにはこの両者を組み合わせたいわゆるクロウドサイクル (Claude cycle) が使用される.

4.2.2 極低温領域の熱力学

熱力学の第三法則によれば, いかなる方法を用いても絶対零度に到達することはできないが, 絶対零度に近い温度は得ることはできるようになってきている. 前述のように極低温を得るにはガスを膨張させる方法が一般にとられるが, ガスを理想気体として断熱膨張させたときの温度 T と圧力 P の関係は次式で与えられる.

$$\frac{T}{T_0} = \left(\frac{P}{P_0}\right)^{\frac{\kappa-1}{\kappa}} \tag{4.21}$$

ここで, 添字 0 は膨張前の状態を示し, κ は比熱比である. 仮に $P/P_0 = 1/40$, $\kappa = 1.4$ とすると $T/T_0 \fallingdotseq 0.35$ となり, $T_0 = 300\,\mathrm{K}$ とすると $T = 105\,\mathrm{K}$ なる温度が得られる.

次に, ジュール・トムソン効果について熱力的考察を加えてみる. いま, 図 4.4 のように絞りを通して断熱的に自由膨張させているとする. P_0, T_0 を一定にし, 等エンタルピ変化の状況を保って絞り後の圧力 P, 温度 T を変えると図 4.5 のようになる. 圧力の低下に伴って, 温度が低下するの

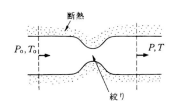

図 4.4 等エンタルピ変化

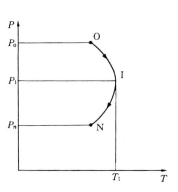

図 4.5 圧力の変化に伴う温度の変化

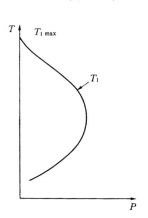

図 4.6 逆転曲線

は最大温度 T_i を示す点 I より低い温度からであり,絞りにより低温を得ようとする場合はこのことに留意する必要がある.点 I における温度 T_i を逆転温度 (inversion temperature) といっている.

絞り前の圧力,温度を変えて,等エンタルピ変化させ,逆転温度をプロットしてみると図 4.6 のような曲線が得られる.このような曲線を逆転曲線といい,圧力零における逆転温度を最大逆転温度 T_{imax} と呼んでいる.この曲線の左側では $(\partial T/\partial P)_h = \mu_j$ が常に正であり,圧力降下により温度が低下する.μ_j はジュール・トムソン係数でガスの種類,圧力,温度によって異なる.熱力学の一般関係式によれば,エンタルピ h は

$$dh = c_p dT - \left\{ T\left(\frac{\partial v}{\partial T}\right)_p - v \right\} dP \tag{4.22}$$

のごとく与えられる.

$dh = 0$ のとき,

$$\mu_j = \left(\frac{\partial T}{\partial P}\right)_h = \frac{1}{c_p}\left\{ T\left(\frac{\partial v}{\partial T}\right)_p - v \right\} \tag{4.23}$$

となる.逆転曲線上では $\mu_j = 0$ であるので,

$$T\left(\frac{\partial v}{\partial T}\right)_p - v = 0 \tag{4.24}$$

$$\frac{T^2}{P}\left\{\frac{\partial (Pv/T)}{\partial T}\right\}_p = 0 \tag{4.25}$$

の関係がある.

ここに,c_p は定圧比熱,v は比容積である.ガスの状態式とこれらの関係式から v を消去し,種々のガスの逆転曲線を示したものが,図 4.7 である.水素,ヘリウムの場合の最大逆転温度 T_{imax} はそれぞれ約 205 K,50 K である.

4.2.3 空気の液化

常温,常圧付近で容易に相変化するものを一般に蒸気といい液化しにくいものをガスと呼んでいる.ガスをいくら圧縮しても臨界温度以下でないと液化しないことはよく知られ

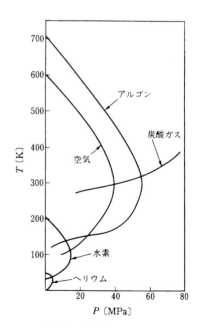

図 4.7 実在気体の逆転曲線[3]

表 4.3　臨界値と沸点

	臨界温度〔K〕	臨界圧力〔MPa〕	沸点〔K〕
酸　素　（O_2）	154.78	5.03	90.2
アルゴン（Ar）	150.68	4.86	87.26
空　気　（—）	132.5	3.77	77.8〜81.8
窒　素　（N_2）	125.98	3.40	77.35
水　素　（H_2）	33.24	1.30	20.4
ヘリウム（^{3}He）	3.33	0.11	3.19
（^{4}He）	5.22	0.22	4.21

ている．これら液化しにくいガスの臨界値を表4.3に示した．

　空気の液化法には多元冷媒カスケード式蒸気圧縮法，ジュール・トムソン効果を利用したリンデ法（ハンプソン法），ジュール・トムソン効果と断熱膨張を組み合わせたクロウド法があるが，ここでは最も広く用いているクロウド法について述べる．

　ガスを可逆断熱膨張させると絞りより効果的に温度を降下させることができる．すなわち，一般熱力学関係式から

$$\left(\frac{\partial T}{\partial P}\right)_s = \frac{T}{c_p}\left(\frac{\partial v}{\partial T}\right)_p \tag{4.26}$$

この関係と式 (4.23) と比較すると可逆断熱変化の場合が v/c_p だけ温度の低下率が大きいことがわかる．特に，低圧では v が大きいのでそれが顕著になる．クロウド (Claude) が 1902 年に考案したものであり，図4.8にこのサイクルの概要を示してある．リンデサイクルに膨張機を組み合わせ，圧縮空気の一部を膨張機に導き断熱膨張させ（系の外に仕事を取り出す），温度の低下した空気は分離器からの空気と合流し，第2熱交換器に入り膨張弁（J.T.弁）に向かう高圧ガスを冷却する．膨張機での断熱変化が可逆であれば，3→8への変化は等エントロピであるが，実際はエントロピが増加し効率の悪い膨張機の場合はむしろ等エンタルピ変化に近い場合もある（図4.9はこのサイクルに対応する T-s 線図で等エントロピ変化であれば 3→8' となる）．液化割合を ε_l とするとき，点線で示す系全体のエネルギバランスは，定常状態においては次式のように表される．

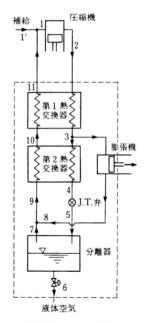

図 4.8　クロウド法

$$h_2 = \varepsilon_l h_6 + (1-\varepsilon_l)h_{11} + L_{ex} \quad (4.27)$$

ここに, L_{ex} は膨張機の仕事であって, 膨張機に流入するガスの質量割合を ξ とすると, $L_{ex} = \xi(h_3 - h_8)$ と表される. したがって, 液化割合 ε_l (この分だけ 1′ から補給される) は次のように示される.

$$\varepsilon_l = \frac{(h_{11}-h_2) + \xi(h_3-h_8)}{(h_{11}-h_6)} \quad (4.28)$$

ξ は高圧サイクルであるハイラント法では 0.7 ～0.8, 低圧サイクルであるカピッツア法では大部分のガスを膨張機に流している.

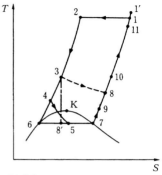

図 **4.9** クロウドサイクルの T-s 曲線

4.2.4 水素・ヘリウムの液化

原理的には空気の液化法と同様である. ただ, 水素の場合, 常温ではジュール・トムソン係数 μ_j が負であるため, 逆転温度まで予冷してやる必要がある. 予冷には一般に液体窒素が用いられる. 大型の装置にはクロウドサイクルが使用される場合が多い. ヘリウムは水素とともに最も液化しにくいガスである. ヘリウムの逆転温度は 50 K 以下であるので液体水素 (沸点 20.4 K) を用いれば最終的に液化可能となる. 液化サイクルは水素の場合とほぼ同一である.

ヘリウム液化機の大部分はクロウドサイクルが使用されているが, 小型液化機にはスターリング (Stirling), ギフォード・マクマホン (Gifford-McMahon), ソルベー (Solvay) サイクルなどがある[4]. しかし, これらの小型液化機で 10 K 以下の低温を得ることはいまのところ難しい.

これまで述べたヘリウムの液化サイクルでは 1 K 程度が限度である. これ以下の低温を得るためには, 稀釈冷凍法, ポメランチェック (Pomeranchuck) 冷却法, 断熱消磁法がある[4]. これまでの最低温度の記録は 5×10^{-7} K で断熱消磁法を用いて達成されている[5].

4.2.5 極低温機器

極低温システムは極低温発生装置と極低温機器で構成され, 発生装置については永野[6],[7]が最近の技術について述べている. ここでは極低温機器について述べる. これには超電動磁石や超電導電力機器があり, 前者は核融合, 磁気浮上列車, MHD 発電に利用され, 後者の場合は, たとえば超電導発電機や超電導送電用ケーブルが

134　4　冷凍の進歩と応用

ある．

　超 電 導 現 象 は 1911 年，オンネス
(Onnes) が水銀を冷却して発見したもの
である．当時，金属の電気抵抗は温度の上
昇とともに増加し，逆に温度を下げると減
少することは予想されていたことではあっ
たが，4.2 K 付近で水銀の抵抗が突然零に

表 4.4　超電導金属の転移温度

物　　質　　名		転移温度〔K〕
単体	アルミニウム (Al)	1.18
	水　　銀　　(Hg)	4.15
	鉛　　　　(Pb)	7.19
	ニ オ ブ　(Nb)	9.20
合金	Nb_3Sn	18.1
	V_3Ga	16.5

なることは全く予期しないことであった．超電導現象が現れる温度を転移温度とい
い金属によって異なり，銅，銀などはいくら温度を下げてもこの現象は現れない．表
4.4 に超電導体の転移温度を示す．ニオブ・スズ合金（Nb_3Sn）の転移温度が最も高
く 18.1 K である．そのため，Nb_3Sn は超電導磁石のコイル用導線として用いられて
いる．超電導磁石は最初に電流を流せば永久に電流は流れ磁場を与え続ける．ま
た，強力な磁場をつくるにもそれほど多くの電流を必要としない．ただ，冷凍機用
の動力を必要とするので冷凍装置の効率向上が重要な課題となる．たとえば，
MHD 発電実験用大型超電導磁石（被冷却重量 50 トン）は 2.9 kW の液化機を必要
としている[8]．なお，この超電導磁石のための低温発生装置はスクリュー形圧縮機，
空気軸受を用いたタービン膨張機[9]などからなり毎時 250 l のヘリウムを液化する．
また，超電導送電のような場合は電気抵抗が零であることから，送電損失を考慮す
る必要はなくなるが，送電線を冷却するため長さ 5〜10 km の送電を行う場合，10
〜20 kW の冷凍機を必要とする[10]．

> **例題 2**　逆カルノーサイクルで，20.4 K の水素から毎分 40 kJ の熱を奪うために
> は何 kW の動力を必要とするか．ただし，室温は 20℃ とする．

> **解　答**　$\dfrac{Q_l}{L_t} = \dfrac{1}{(T_h/T_l - 1)}$　より，
>
> $$\frac{(40/60)}{L_t} = \frac{1}{\left(\dfrac{273+20}{20.4}\right) - 1}$$
>
> $$\therefore\quad L_t = 8.9\,\text{kW}$$

4.3　冷凍システムの進歩

4.3.1　概　　要

　昭和 48 年 10 月の石油危機以来，主に省エネルギを中心とした冷凍システムの

様々の進歩がみられる．すなわち，システムの効率向上をめざした冷凍サイクルの見直しを始めとし，冷凍機器の進歩たとえば圧縮機の騒音，振動の低減対策とともに効率の向上にみるべきものがある．さらに，熱交換器の高性能化，不可逆変化である膨張過程の改善，部分負荷時における効率向上のための種々の方策がとられている．さらにまたエネルギの有効利用という立場から，産業部門での排熱を吸収冷凍機で回収することが行われ，加熱分野へも積極的に冷凍機を用いるようになってきている．

　一方，低温の利用，応用は使用目的に適した冷媒の開発をうながすとともに，食品の貯蔵，冷凍や空調機はもとより，食品加工業を始め，土木工業，化学工学，医学，農業などの分野にも急速に拡大しつつある．また，エネルギ問題の解決のため液化ガスの輸送，貯蔵や利用技術も着実に進歩し，絶対零度近傍で導体抵抗が零に近いことを利用しようとする前述の超電導技術がいま大きな関心が寄せられている．また，絶対零度よりかなり高い温度で超電導の特性を示す物質が最近相ついで見出され，これに伴って極低温技術も新たな進展を示すものと思われる．

4.3.2　冷凍サイクルの進歩

　逆カルノーサイクルにおける成績係数 ε_c を向上させるためには低熱源温度 T_l を大きくし，高熱源温度 T_h を小さくすればよく，特に前者の影響が大きい．

　実際の冷凍サイクルにおいては，作動冷媒の蒸発温度は冷凍対象温度を T_l とすればこれより低く，かつ凝縮温度は周囲環境温度を T_h とすればこれより高い．すなわち，熱力学第二法則から，蒸発，凝縮のいずれの過程においても温度差があり不可逆損失を生ずる．したがって，できるだけ温度差の少ない熱交換器が必要となることがわかる．さらに，冷媒の圧縮過程，膨張過程いずれも不可逆損失は免れず，これらの諸損失を少なくすることがサイクルの成績係数の向上につながる．

　従来から圧縮行程において圧縮比が大きい場合，圧縮効率（特に体積効率）が低下することを防止するため2〜3段圧縮，1〜3段膨張冷凍サイクルが試みられてきた．また最近，補助羽根を有する特殊な羽根車からなる単段ターボ冷凍機にもエコノマイザサイクル (economizer cycle) を利用したものが提案されている[11]．2段以上の羽根車をもつエコノマイザサイクルの場合と同様動力の減少をもたらし成績係数が大きくなる[12]．さらにまた補助冷凍ユニットを用いて積極的に過冷却を得ようとする試みがなされ，成績係数 ε は補助ユニットなしの場合に比較して16％程度向上している[13]．

136 　4　冷凍の進歩と応用

膨張過程は一般に等エンタルピ変化でありエントロピを増加させるため，εを低下させる一因となっている．この過程を可逆断熱膨張に置換できれば冷凍能力の増加と同時に外部に仕事を取り出すことができるが，いまのところそのような膨張機は実現されていない[14]．

しかしながら，これに代わるものとして最近ブースタエジェクタを用いるブースタ付冷凍サイクルが提案され，εが約7%向上できたとされている[15]．

また，システムに多数の蒸発器を設ける多段蒸発サイクルを用いる方法や，さらに，多段蒸発サイクルにエコノマイザサイクルを組み合わせる方式も考えられている[16]．

4.3.3　冷凍機器の進歩

(a) 圧　縮　機

低温を得る方法は前述のように蒸気圧縮式，吸収式，蒸気噴射式，ガスサイクル式，熱電冷凍方式など各種あるが，ここでは最も広く用いられている蒸気圧縮方式の圧縮機を取りあげ，その進歩・進展について簡単な展望を試みる．

往復式圧縮機には密閉形・半密閉形・開放形があり，密閉形は家庭用の冷蔵庫やルームエアコンなど小型冷凍機の圧縮機として用いられ最近では著しく小型化され，しかも保守が容易で信頼性の高いものとなってきている．

半密閉形式の往復式圧縮機の中で，1台の共用した凝縮器の上に数台の圧縮機を搭載し，負荷に応じた容量制御が可能ないわゆるマルチ圧縮機方式が考えられてきている．万一，1台の圧縮機が故障しても残りの圧縮機で冷却運転が可能となる．さらに，比較的小型の場合同一圧縮機で使用蒸気温度に合わせて任意の冷媒，たとえばR12，R22，R502を選択できる3冷媒共用を目的とし，種々の圧縮機を製作しなくともよい方式となっている．

開放形圧縮機のうち小型のものは次第に密閉形，半密閉形に移行しつつあり，また大型のものはスクリュー圧縮機にとって替りつつある．

回転式圧縮機はロータリ式，スクリュー式，スクロール式があるが，往復式と異なり，弁がないため低騒音・低振動でしかも故障が少なく最近の進歩には著しいものがある．これらの中でも性能向上顕著なスクリュー圧縮機の場合，吸入冷媒ガスは必ずしも過熱されている必要がないため（乾き度 $x = 0.9 \sim 0.95$），蒸発器を大幅に小型化できる可能性もある[17]．

圧縮機の容量制御は冷凍システムの省エネルギ化にきわめて重要な課題で，負荷

の変動に効率よく対処することを目的とし近時その進展は著しい．前述のように複数の圧縮機を使用する方法の他，小型ロータリ圧縮機に使われているシリンダガスバイパス法，極数変換モータ法，周波数変換法などがあり，詳細はたとえば文献[18]〜[20]を参照されたい．また，最近連続的に容量を変化できるローリングピストン形回転式圧縮機のベーンの動きを簡単な機構で制御する方式の開発も行われている[21]．

(b) 蒸　発　器

冷凍システムにおいて冷媒温度をできるだけ被冷却体温度に近づけることはシステムの効率向上やコンパクト化につながるため，蒸発器の技術的進展もみられる．伝熱促進用伝熱管の開発も顕著なものがあり，空気冷却器の場合はフィン付伝熱管に種々の工夫がなされデフロスト対策も進歩した．

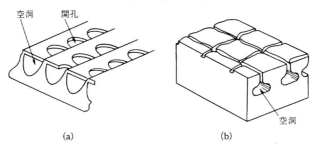

図 **4.10**　高性能沸騰伝熱面

満液式では伝熱管の外表面の熱伝達を促進するため図 4.10 に示すような表面を有する管が利用されるようになってきた．平滑管の場合の伝熱形態は自然対流もしくは核沸騰初期の段階であるが，伝熱管表面下に設けられた狭い開孔をもつ空洞が気泡核を安定して発生させる効果をもっている．同一の熱流束を冷媒に伝えるのに，平滑管に比較して 1/5〜1/10 の過熱度があればよいとされている[22],[23]．そのため，熱交換器の温度差を小さくでき，サイクル効率の向上が図られ，蒸発器の小型化が可能となる．また，多孔質層を表面にもつ伝熱管も優れた伝熱特性を示す[24]が，多孔質層は金属粒子を焼結，溶射，メッキして成形されている．伝熱促進例を図 4.11 に示す．ただし，冷凍機油の含有率が増えてくると多孔質層管の熱伝達は急激に悪化して，ローフィンチューブの場合より低下することがある[25]ので注意する必要がある．

空気冷却式においてはクロスフィンチューブ式が用いられ，フィン形状や管内壁面の伝熱性能の向上がみられる．また，加工技術も進歩し，特にフィンと伝熱管の間の接触熱抵抗の低減が進められてきた．一般に伝熱が促進されるフィン形状の場

合は流動抵抗が増加し、送風機動力も増加することになるが、伝熱促進がそれを補なって余りあるため高性能フィンが使われるようになってきている。また、円管内壁面には微細な溝をもつものが実用化されてきている。この溝は管軸に対して約7度の傾斜をもつように加工されているため、流動抵抗は平滑管とほとんど変らず、熱伝達率は1.5〜2.0倍ほど増加する。

冷蔵ユニットにおける空気冷却器への着霜は避けられないが、除霜時間の短縮、除霜に必要な熱量の低減、着霜量の低減が重要な課題となり、問題に応じたデフロスト対策がとられている現状である[26),27)]。

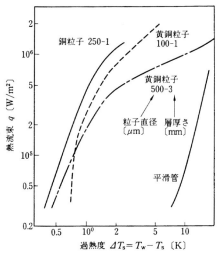

図 4.11 多孔質層をもつ伝熱管の特性例[24)]
(R113、大気圧、飽和)

(c) 凝 縮 器

凝縮器には、水冷式、蒸発式、空冷式があり、空冷式の伝熱管は空気側の熱伝達を促進するために蒸発器の場合と同様、フィンに対して種々の工夫がなされている[27)〜29)]。

満液式水冷凝縮の伝熱管には最近、微細多フィン管(商品名サーモエクセルC)[22)]が用いられるようになった。フィン高さは約1mm、ピッチは0.7mmほどで、フィンの先端はのこ歯状になっている。このため、液膜が発達せずいわば滴状凝縮のような状況となり、管外凝縮熱伝達は図4.12にその一例を示す(T_s:蒸気温度、T_w:表面温度)ように平滑管の約10倍、ローフィンチューブの2倍ほど凝縮熱伝達率が増加している。また、管内面にはスパイラルの溝を設け水側の伝熱促進を行っている。

なお、不凝縮ガスの存在は冷凍能力を著

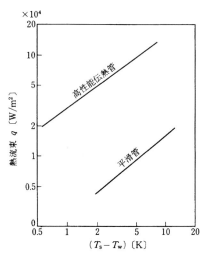

図 4.12 高性能伝熱管の凝縮伝熱特性例[22)]
(R22、大気圧、飽和)

しく低下させるが，抽気口の位置，管巣の配列を変え，冷媒を三つの領域に分けて冷却する三分割凝縮器で凝縮温度を効果的に低下させる方法がある[30]．

(d) 膨張行程

最近，蒸発器出入口にセットした温度センサにより温度を検出し，それを電気的信号に変換し，コンピュータで演算し，あらかじめ設定された過熱度と一致するように膨張弁が電気的に開閉される電子膨張弁が用いられるようになってきた．応答性がきわめて良好であることから，過熱度は小さく設定でき冷凍システムの効率向上に役立つところが大きい．またこの他，幅広い負荷範囲（100～10％）の制御ができること，温度を広範囲に適合可能であること，追従性がよいことなど，機械的自動膨張弁より優れた面をもっている．検出は温度のほか圧力でも可能である．電子式膨張弁の詳細については文献[31]～[34]を参照されると良い．

4.3.4 低温利用技術の拡大

低温の利用は食品の冷凍，冷蔵や製氷から始まり，身近なところでは空調がある．近年に至り，低温の利用はあらゆる分野に拡大し，インスタント食品の多くは低温

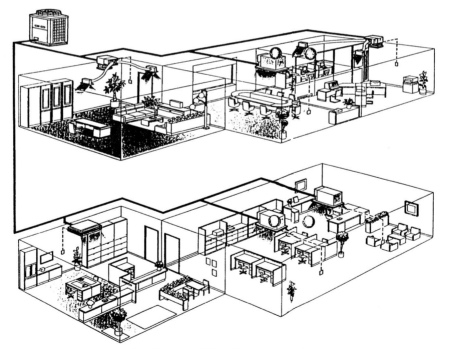

図 **4.13** ビル空調の例（マルチシステム）

加工により始めて可能となり，清涼飲料水のカーボネーション（水の中に炭酸ガスを溶解させる工程）のため冷却操作が行われている．また，ビールの製造では各種の工程で厳しい温度の管理が行われ，冷却の操作がきわめて多い．清酒造りは冬期間のものと昔は決まっていたが，ビールの製造と同様，冷凍装置で適性な温度環境を作れるようになり年中それが可能となった．さらにまた，アイスクリームで代表される乳製品工業では細菌の繁殖を抑えるため，冷却装置が多用され，かつ温度管理が品質の良否を左右する．食品加工のなかでも変った低温の利用法に果汁の濃縮，凍結粉砕がある．前者は果汁を凍結，解凍操作を施すことにより，果肉と水分の分離が容易となる性質を利用したもので，後者は凍結させることにより加工が容易になることを目的としたものである．

　ビルの空調には永年にわたり冷温水を用いるセントラル方式が採用されていたが，昭和50年代の終り頃に直膨ヒートポンプパッケージによる個別分散方式が開発された．

　これは図4.13に示すようにマルチシステムをビル空調に応用したもので，ビルの屋上などに設置する屋外ユニットと室内各所に分散設置する複数台の屋内ユニットと冷媒配管で接続したシステムでわが国で開発された独自の方式といえる．従来のセントラル方式にくらべて，送風機や水ポンプの駆動に要するエネルギが少なく，広いビル内の任意の場所だけの冷房暖房が可能で運転エネルギが少ないうえ，配管など水系統の腐食の心配がないなどの特長をもっている．

　このような複雑な機器構成からなるヒートポンプマルチシステムがオフィスビルのような大規模で，かつ種々の空調ニーズに適用できる制御が行えるのは，インバータ圧縮機による幅広い容量制御，長距離で複雑な分岐をもつ冷媒配管内の冷媒制御，電子膨張弁など精妙にコントロールする電子制御技術などに負うところが大きい．今後インテリジェントビルなどに多用されると思われる．

　また，医療の分野では液体窒素を用いた凍結手術装置が皮ふ科，泌尿器科，耳鼻科，婦人科，一般外科，脳外科などに用いられるようになってきている[35]．これは病的細胞を凍結させることにより壊死させようとするものである．また，低温麻酔や血液の冷凍保存，凍結精子による人工受精あるいは臓器保存など一般社会面で話題となる分野でも低温の利用は深いかかわりあいをもつようになってきている．

　一方，エネルギ問題解決のため液化ガス（たとえばLPG，LNG）が利用されるようになって久しいが，その貯蔵，輸送に関する技術的対応もかなり進歩してきている[36]~[38]．

4.4　食品の低温貯蔵　**141**

極低温の利用は未来産業のにない手の一つとして大きな期待を集めていることは前述のとおりである．

4.4　食品の低温貯蔵

4.4.1　概　　要

食物を貯蔵するという営みは人類が地球上に生を受けると同時に行われたに違いない．気候が温暖な地域で比較的長期にわたり常温で貯蔵できるものは穀類・豆類・いも類など限られた植物性食物ではあったが，このことが人類を生きのびさせた一つの要因であったものと考えられる．

一方，高タンパク質，脂肪源を供給する動物性食物を風味・品質を損うことなく長期間貯蔵することはできないことであった．これは外気から付着してくる微生物の繁殖によって変質しついには腐敗状態になるからである．しかし，たとえば缶詰，ビン詰，乾燥などによる貯蔵もないわけではない．ただ風味・品質が天然のものとかけはなれて食生活を大きく変えるまでには至らなかった．ところが，近年の低温技術の進歩は食生活を一変させた．すなわち，人類自らつくった低温を利用して，動物性食品はもとより品質保持時間の短い野菜類・果菜類・果実類などの植物性食品の貯蔵期間の大幅な延長を可能にした．また，低温保存のできる加工食品（たとえば，マヨネーズ，アイスクリーム，チーズなど）が食生活を豊かにしていることは否めない事実である．

食品の化学成分は水分，灰分，炭水化物，脂肪，タンパク質，ビタミンなどが主なもので，多くの食品は水分を 70〜80％程度もっている．この水分が品質の変化と密接な関係がある．食品中の水分は結合水と自由水があり，穀類・豆類などは結合水がほとんどで自由水は少ない．自由水は文字通り食品の中を自由に動ける水であるため微生物の繁殖と関係がある．一般に「生もの」といわれるものが変質しやすいのはこのためである．水は 0℃で凍結を開始することからこの温度付近以下であれば食品中の自由水の動きは抑制され品質保持が可能となるのである．食品の冷却・凍結・貯蔵のような低温操作は食品中の水分のあり方によって変ってくる．したがって，正しい食品の低温貯蔵のためには食品によって適切な低温処理を行う必要がある．

低温貯蔵は冷却冷蔵と凍結冷蔵に分類される．前者は温度の他に空気の湿度，成分，流速などの条件が品質保持に影響を与える．そこで，品質保持期間を長くする

142 4 冷凍の進歩と応用

ため人工的に環境を整えてやる貯蔵法（C. A. 冷蔵；Controlled Atmosphere Storage）も行われる場合もある．後者の場合は周囲の環境にそれほど影響されず初期の品質をできるだけ延ばすためには大体において温度が低いほどその目的は達せられるが，冷却装置，貯蔵庫，輸送設備との関連が問題として生じてくる．すなわち，貯蔵中の温度の変化と品質の良否は少なからぬ関係があり，貯蔵中の温度変化は避けなければならない．

4.4.2 食品の熱的物性値

食品の低温操作にはその比熱，熱伝導率，温度伝導率などの熱的物性値の他，食品の形状，質量，空隙率，含水率などの物理量が関係するが，ここでは熱的物性値を示す．

(a) 比 熱

食品は固相・液相・気相からなっているが，気相の占める質量割合は一般に少なく比熱は固相・液相が占める質量割合で定まる．さらに，液相は水分が大部分であるため食品の比熱は水分の含有率でほぼ定まる．

水が凍結して固体となると，その比熱は水の約半分（0°C で 2.03 kJ/(kgK)）となり，温度が低くなる

表 4.5 食品の比熱[39)]

食 品		含水率〔%〕	比熱〔kJ/(kgK)〕	
			凍結前	凍結後
食肉	脂肪大	50	2.5	1.47
	脂肪小	70〜76	3.18	1.72
魚肉	脂肪大	60	2.85	1.59
	脂肪小	75〜80	3.35	1.80
牛 乳		87	3.94	2.68
バター		10〜16	2.68	1.26
そ菜，果実		75〜90	3.35〜3.77	1.67〜2.09

ほど減少する．したがって，含有水の多い食品の場合の比熱は，凍結前と凍結後いずれも水の場合とほぼ同一の結果を示す．しかし，表 4.5 に示すように脂肪分の含有割合の大小により比熱は異なることがわかる．

(b) 熱伝導率

食品の熱伝導率の測定は対象物が均一でないこともありきわめて難しく資料が少ない．最近著しく生産量が増加の傾向を示している調理冷凍食品の場合は特に資料の蓄積が望まれている例である．

表 4.6 は凍結前の熱伝導率の一例を示したものである．比熱の場合と同様凍結後の熱伝導率（表 4.7）は温度によって変化している．水の熱伝導率は温度範囲が 0〜10°C で約 0.58 W/(mK) で，氷のそれは水の約 4 倍である．したがって，魚肉などでは温度が比較的高い範囲では水の熱伝導率に近く，低い温度の範囲では氷のそ

4.4 食品の低温貯蔵　143

表 4.6　食品の熱伝導率[39]

食	品	熱伝導率〔W/(mK)〕
牛肉	脂肪大	0.49
	脂肪小	0.49
食鳥肉		0.41
魚 肉		0.38
豚 肉		0.49

表 4.7　魚肉の温度による熱伝導率の変化[39]

温度範囲〔℃〕	熱伝導率〔W/(mK)〕
$-1 \sim -5$	0.70～1.16
$-5 \sim -10$	1.16～1.40
$-10 \sim -65$	1.40～1.69

れに近い値となる．

　水と氷の温度伝導率はそれぞれ約 1.39×10^{-7}, 1.11×10^{-6}〔m^2/s〕であることから，水分の多い食品を冷却，加温する場合完全に凍結した状態で行う方がはるかに迅速にできることがわかる．なお，水が凍ると体積は約9%程度膨張し，食品の凍結時に内圧を発生する原因となり，場合によっては身割れなど好ましくない状況を引き起こすことがある．

4.4.3 冷 却 速 度

(a) 冷 却 負 荷

　食品の冷却法には通風冷却・冷水冷却・真空冷却などがあるが，ここでは最も一般的な冷却法である通風冷却法について述べる．

　冷却装置の設計や利用には冷却材料の冷却速度の算定が必要である．冷却時間がわかれば，冷却熱負荷 Q が次式によって求められる．

$$Q = Gc(\theta_0 - \theta)/\tau \tag{4.29}$$

ここに，Q：熱負荷，G：冷却材料の質量，c：冷却材料の比熱，θ_0, θ：冷却材料の初温および終温，τ：冷却時間．

　冷却装置の設計においては，冷却室への侵入熱量（たとえば壁や換気など）と呼吸熱（植物性食品）を勘案する必要があり，式（4.29）で求めた結果の25～50%程度大きく見積る．

(b) 冷 却 速 度

　食品の冷却速度の見積りは難しく経験に頼らざるを得ない面がある．しかし，材料表面からの熱伝達，材料温度の時間的変化に関する研究は古くから続けられている課題で，徐々に冷却速度を正確に推定しうる状況になりつつある．

　ここでは，予冷冷却装置の設計と関連する農産物の冷却速度について述べることにする．

　(i) 単体の冷却速度　物体の温度が時間的に変化があっても内部と表面の温度

144　4　冷凍の進歩と応用

が一様であると考えた場合，次式が成立する．

$$\rho c V \frac{d\theta}{d\tau} = \alpha A(\theta - \theta_\infty) \tag{4.30}$$

ここに，ρ：密度，c：比熱，V：体積，α：熱伝達率，A：面積，θ：温度，θ_∞：周囲温度，τ：時間．

$\tau = 0$ で $\theta = \theta_0$ の初期条件で上式を積分すると，

$$\frac{\theta - \theta_\infty}{\theta_0 - \theta_\infty} = \exp\left(-\frac{\alpha A \tau}{\rho c V}\right) \tag{4.31}$$

$$\therefore \quad \tau = \frac{\rho c V}{\alpha A} \ln\left(\frac{\theta_0 - \theta_\infty}{\theta - \theta_\infty}\right) \tag{4.32}$$

(ii)　半冷却時間　　材料が単体で冷却されることはまれで，一般には集合体で冷却される．その場合の冷却速度を正確に求めることは難しい問題である．したがって，実際面では経験的に冷却速度を求める場合が多い．冷却速度を半冷却時間から推定することが行われる．半冷却時間とは材料と冷却流体の温度との差が，材料の初温と冷却流体温度の差の半分になる時間をいう．式 (4.31) で，左辺を 0.5 とおくと，式 (4.32) から，半冷却時間 $\tau_{0.5}$ は

$$\tau_{0.5} = 0.693 \frac{c \rho V}{\alpha A} \tag{4.33}$$

式 (4.32) と上式から $c\rho V / \alpha A$ を消去して

$$\frac{\tau}{\tau_{0.5}} = 1.44 \ln\left(\frac{\theta_0 - \theta_\infty}{\theta - \theta_\infty}\right) \tag{4.34}$$

が得られる．農産物の場合，形状が複雑でかつ物性値もその種類，冷却時の状況で

表 4.8　半冷却時間[40)]

材　料	容　器	冷却方法	半冷却時間〔h〕
ナ　シ	木箱上下積	4 側面（室内）	8.0
バレイショ	複両面段ボール 292×445×222 穴　ナシ 10.4%　穴	上下，両端面 断熱両側面に 1m/s の空冷	15.3 10.0
夏ミカン	460×315×280 15kg 入　上下 4 個	強制冷却 平行流（1.8m/s）	2.3
ブ　ド　ウ	13kg 箱入り 5 段	強制対流 $1.57 \times 10^{-3} \mathrm{m^3/(skg)}$	0.68
ミ　カ　ン	トロ箱　7 段 上下通風	$0.83 \times 10^{-3} \mathrm{m^3/(skg)}$	2.5〜3.3

表 4.9 果実の熱伝達率[40]

材　料	熱伝達率〔W/(m²K)〕	風速〔m/s〕
グレープフルーツ	55.5	3.56
オ　レ　ン　ジ	53.5	3.56
モ　　　　モ	9.7 40.8 72.7 100.0	自然対流 2.64 5.28 10.67

異なる．また，熱伝達率も集合体の場合均一とは考えにくい場合が多い．そのため，いまのところ $τ_{0.5}$ を経験的に求め，式 (4.34) より $τ$ を求めている．表 4.8 に半冷却時間の一例を示す[40]．

(iii) **熱伝達率**　食品の熱伝達率を正確に求めることは一般に困難であるが，冷却速度を予測するためには必要な物理量である．

単体の熱伝達率の測定例として表 4.9 に果実の結果を示してある．また，中馬らはリンゴ，卵，バレイショ，ミカン，ニンジンなどの熱伝達を測定している[41]．その一例を図 4.14 に示す．卵，ニンジンは流れの方向と長軸とを同一にして測定した結果である．任意の形状の物体に対しては楕円近似し次式で与えられる[42]．

$$Nu = cRe^m \tag{4.35}$$

ただし，$10^4 < Re < 5 \times 10^4$，$c = 0.32 - 0.22 GI$，$m = 0.44 + 0.23 GI$ である．GI は形状指数 (geometry index) といわれ次式で表される．

$$GI = \frac{1}{4} + \frac{3}{8}\frac{l_1^2}{l_2^2} + \frac{3}{8}\frac{l_1^2}{l_3^2} \tag{4.36}$$

ここで，l_1, l_2, l_3 はそれぞれ楕円体の最小軸半径，第 2 軸，第 3 軸の半径を示し，代表長さは l_1 で整理する（$Nu = α2l_1/λ$, $Re = U_∞2l_1/ν$）．しかしながら，流れに対してどのような姿勢で被測定物体を設置するかによって結果は大きく変ることが予測され[43),44]，さらに詳細な測定が望まれるところである．

また，堆積層の熱伝達は物体・堆積方法により複雑に変化し，単体の場合より

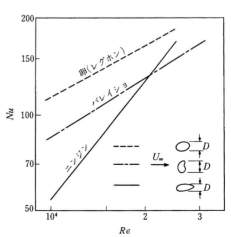

図 4.14　農産物の熱伝達率[41]

146　4　冷凍の進歩と応用

さらにその予測は難しいが，冷却装置の設計を行う場合などについては文献[45]などを参照されるとよい．

4.4.4　冷　却　装　置

ここで，冷却とは材料の初期温度から低下させる操作を意味し，予冷といって保冷（低温の状態を維持する操作）と区別する．冷却方法には種々あり，表4.10にその一例を示す[46]．表から明らかなように，魚介類を除けば大体空気冷却が最も利用度が高いことがわかる．空気冷却の特徴は冷却に際し食品の品質を低下させないこと，冷却装置が比較的簡単である点などであるが，冷却速度が一般に遅い（熱伝達率が小さいため）という欠点がある．

表4.10　予冷における冷却方法と適用範囲[46]

冷却方法	適用範囲						
	そ菜	果実	食肉	魚介	鶏卵	調理食品	加工食品
空　　気	A	A	A	C	A	A	A
冷　　水	B	A	C	B	C	C	D
塩　　水	C	C	C	B	C	C	D
破　　氷	B	D	C	A	C	C	D
真　　空	A	D	C	C	C	C	C
ドライアイス	B	B	C	C	D	D	D
液体窒素	B	B	C	D	D	B	B
金属板	C	C	C	C	C	C	C

A：利用度の高いもの，B：利用されるもの，C：不適当なもの，D：場合によっては利用できるが常法でないもの．

冷水冷却装置は主に果実，そ菜類に用いられ，真空冷却装置はそ菜（主としてレタス）の冷却装置として用いられている．真空冷却法は野菜から蒸発潜熱を奪うことによって冷却する方法で，冷却速度が速く，冷却むらが少ない．ただし，施設費が多くかかり保守管理が難しいことのほか保冷設備も別に必要である．この方式の詳細については文献[47],[48]を参照されると良い．

例題 3　初温 20℃ のバレイショを −1.5℃ の通風で冷却し，5℃ まで冷却したい．冷却時間を求めよ．ただし，バレイショ（単体）の質量，表面積，比熱はそれぞれ 0.07 kg，0.019 m²，2.51 kJ/(kgK) で熱伝達率は 11.6 W/(m²K) とする．

解答　式 (4.32) より

$$\tau = \left(\frac{\rho V c}{\alpha A}\right) \ln\left(\frac{\theta_0 - \theta_\infty}{\theta - \theta_\infty}\right)$$

$$= \frac{0.07 \times 2510}{11.6 \times 0.019} \ln \frac{20-(-1.5)}{5-(-1.5)} = 957\,\text{s} = 0.265\,\text{h}$$

例題 4 13 kg 箱入りのブドウ（5 段）を強制的に上方から空冷している．半冷却時間は 40 分であった．同じ装置で 20℃ のブドウを −1℃ の空気で 5℃ にするための所要時間を求めよ．

解答 式 (4.34) より

$$\tau = 1.44\,\tau_{0.5} \ln \frac{\theta_0-\theta_\infty}{\theta-\theta_\infty} = 1.44 \times (40 \times 60) \times \ln \frac{20-(-1)}{5-(-1)} = 4330\,\text{s} = 1.2\,\text{h}$$

4.5 食品凍結と製氷

4.5.1 概　　要

　前述のように食品の長期にわたる貯蔵方法に凍結貯蔵がある．1901 年シベリアの永久凍土の中から発見された約 2 万年前のマンモスの肉を探険隊が食したことはよく知られている．肉は新鮮であったとしても美味であったか否かは定かではない．それは凍土に閉じ込められたマンモスの状態や，その後の気候の変化に伴う凍土の温度変動などと深く関係をもっているためである．

　食品の凍結の目的は一般に 0℃ 以下（厳密には結氷点以下）の温度にし，食品中の自由水を凍結させることにより，食品の酵素による変質や微生物やカビによる変敗を防ぐことにある．凍結保存されるものは主に動物性食品でその保存期間は大体温度だけで左右され，多くの食品の場合品温が −18℃ 程度以下であれば，微生物の活動は停止し，したがって変敗はないとされている．しかし，冷凍された食品の風味，形状の良否に関係する因子はきわめて多く，しかも食品の種類にも依存する．一般的には，できるだけ新鮮な状態でしかも急速に凍結させることが肝要なこととされている．急速に品温を下げることは氷結晶の成長を妨げることである．食品中の自由水が結晶化するとその部分の圧力が高まり，未凍結部の細胞を圧迫し，解凍後ドリップが細胞から流出し風味をそこなう原因となる．そのため後述する最大氷結晶帯（−1〜−5℃）を短時間で完了するように必掛ける必要がある．ただし，食品の種類によっては氷結晶を食品内部であえて成長させ，元の風味と異なる食品にする場合がある．わが国では古来から食されている高野豆腐などがその例である．

　なお，過度の急速凍結たとえば液体窒素（−196℃）で冷却すると食品によっては割れが生じたり，解凍後の品性も必ずしも良好でない場合もあり，冷凍装置の設計を行う場合，冷凍食品の種類により冷却速度，凍結後の温度を決定する必要がある．

4.5.2 食品の凍結速度

(a) 水の凍結速度

食品の凍結および凍結速度について述べる前に，水の凍結現象を概括してみる．水の凍結現象は移動する境界面で発熱を伴いながら液相が固相に変る伝熱現象ととらえてよい．すなわち，固液界面で水が潜熱を放出し氷に変化する．水の凍結機構を図4.15により説明する．いま，温度 θ_∞ なる水がその凍結温度 θ_f 以下に保たれた θ_p なる冷却板に接して凍結し続けているものとする．この場合，凍結界面が進行するためには，境界面 $y=s(\tau)$ (τ：

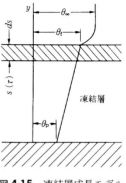

図 4.15 凍結層成長モデル

時間）において，凍結層側に熱伝導で移動する熱量 $\lambda_l(\partial\theta_l/\partial y)_{y=s}$ (λ_l：氷の熱導率，θ_s：凍結層の温度）は水側よりこの面に移動する熱量 q_c より常に大きいことが必要である．そして，この両者の差に相当するだけの潜熱量（凝固熱）を境界面の水側より奪い，凍結界面は進行することになる．すなわち，境界面では次式が成立する．

$$\rho_l L \frac{ds}{d\tau} = \lambda_l \left(\frac{\partial \theta_s}{\partial y} \right)_{y=s} - q_c \tag{4.37}$$

ただし，熱流は y 方向に一次元とし，ρ_l は氷の密度，L は潜熱量を表す．

凍結界面の成長過程を知るためには，固液相それぞれの熱伝導基礎式を初期条件，境界条件のほかに上式の関係を考慮して解かなければならない．ここで水側より境界面に入る熱量 q_c は $\alpha_w(\theta_\infty - \theta_f) = \lambda_w(\partial\theta_w/\partial y)_{y=s}$ (α_w：水側の熱伝達率，λ_w：水の熱伝導率，θ_w：水側の温度）として求められる．

ノイマン（Neumann）[49]は冷却面温度 $\theta_p=$ 一定，また水側は対流がない（熱伝導伝熱）とし，液相・固相とも半無限と考え，凍結の時間的成長厚さ s は K を定数として，$s=K\sqrt{\tau}$ であればよいとしている．ただし，K は

$$\frac{\lambda_l \theta_p}{\sqrt{a_l}\,\mathrm{erf}(K/2\sqrt{a_l})} e^{-\frac{K^2}{4a_l}} + \frac{\lambda_w \theta_\infty}{\sqrt{a_w}\,\mathrm{erfc}(K/2\sqrt{a_w})} e^{-\frac{K^2}{4a_w}}$$
$$= -\rho_l L K \frac{\sqrt{\pi}}{2} \tag{4.38}$$

を満足する値である．K を決定すると界面の移動速度が求まる．ただし，式中の a_w，a_l はそれぞれ水および氷の温度伝導率である．

一方，ロンドン（London）ら[50]は初めの温度が $\theta_\infty = \theta_f$ である水を，一定温度 θ_0 の雰囲気にて凍結させる場合を考え，凍結厚さの時間的変化について検討を加えた．

ただし，凍結層内温度分布は準定常とし，冷却面外の熱伝達率 α は一定としている．すなわち，円筒形凍結に対し，

$$\tau^* = \frac{r^{*2}}{2}\ln r^* + \left(\frac{1}{2R^*}+\frac{1}{4}\right)(1-r^{*2}) \tag{4.39}$$

球状凍結の場合は

$$\tau^* = \frac{1}{3}\left(\frac{1}{R^*}-1\right)(1-r^{*3}) + \frac{1}{2}(1-r^{*2}) \tag{4.40}$$

である．ただし，τ^*：円筒，球に対して $(-\theta_0\lambda_l/\rho_l L r_0^2)\tau$，$r^* = r/r_0$，$R^*$：円筒，球に対しては $\alpha r_0/\lambda_w$，r_0：冷却面の距離，r：凍結面の距離，τ：時間を示し，図 4.16 にこれらの計算例を示す．

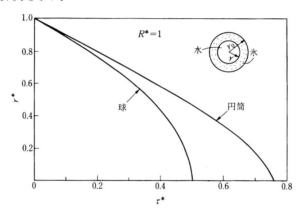

図 4.16 凍結層進行の計算例

次に，最も単純化されたモデルで界面の進行速度に関する検討を試みる．図 4.17 は水が相変化する温度 θ_f の状況で，板の温度がそれより低い温度 θ_p の界面が時間とともに移動している．時間 τ における凍結層の厚さは s であるとし，界面での熱移動は氷層を熱伝導のみとし，水側からの熱移動はないものとする．したがって，界面での熱のつり合いは次式で示される．

$$\rho_l L \frac{ds}{d\tau} = \lambda_l \frac{(\theta_f-\theta_p)}{s} \tag{4.41}$$

$\tau=0$ で $s=0$ と考えると，

$$s = \sqrt{\frac{2\lambda_l(\theta_f-\theta_p)}{\rho_l L}\tau} \tag{4.42}$$

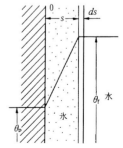

図 4.17 凍結層進行モデル

ここで注意を要することは，界面の移動速度が比較的遅

く，瞬間瞬間の界面位置に対する温度分布は界面が静止していると考えた時の定常温度分布とほぼ等しいと仮定していることである．氷の熱物性値を一定と考えると，界面の進行速度は冷却面の温度が低いほど速く，また $\sqrt{\tau}$ に比例することが理解される．

(b) 食品の凍結速度

図4.18は家庭用冷凍庫でトマトを冷却させた場合の品温の変化と時間の関係を示したものである．トマトはほぼ球（直径は7.2cm）で，その中心の温度を測定している．庫内温度は $-19°C$ で，トマトと庫内壁とは直接接触してはいない．初温から0°Cまでは比較的短時間で冷却されるがその後温度の低下はきわめて緩慢となり，その後急速に温度は降下する．温度変化が緩慢な領域はトマトの表面から中心方向に凍結が進行している領域で，表面で放出している熱量は相変化に使われ，温度低下に寄与しないためである．ト

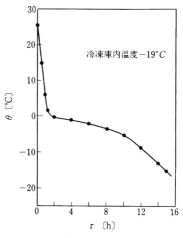

図4.18 トマトの冷凍曲線

マトの表面に近い位置ではもちろん温度の時間的変化は急激で，直径が小さい場合は温度の測定位置が中心でも温度変化の緩慢な時間は短い．

蒸溜水を同様の条件で冷却するとトマトの場合の温度変化の様相とはいくぶん異なる．すなわち，0°Cまでの挙動はほぼ同一であるが，それ以降トマトの場合は緩慢に温度が降下するのに対し，水の場合は0°Cのまま推移し，ある温度で急激に低下する．これはトマトの中の溶液は水とは異なり，塩類や糖類などが含まれているので凍結温度は0°Cよりいくぶん低くなる．凍結によって水分が析出すると残った溶液の濃度は増大するためますます凍結温度を低下させることによる．

一般の食品も図4.19に示したような結果となり，このような曲線を冷凍曲線 (refrigerating curve) と呼称する．食品にもよるが，$-1°C$ 付近（点B）で氷結晶が初生し，食品の表面から中心に向かって凍結界面が進行していき，点C（$-5°C$）付近で食品の大部分が凍結してしまう．B～C間の温度の領域を「最大氷結晶生成帯」(zone of maximum ice crystal formation) といい，前述のように急速冷凍を必要とする場合は，できるだけこの領域を短時間で通過するようにすべきである．凍結完了を規定する終温 θ_n は $-15°C$ がとられていて[51]，凍結開始温度 θ_f から θ_n に至

る時間を凍結時間 τ_f と定義する。$\theta_n = -15°C$ とした場合の凍結時間 τ_f の算定近似式を次に示す[51]。なお、この種の近似式は、たとえば文献[52]なども参照されたい。

$$\tau_f = \frac{\rho(105 + 0.42\theta_0)}{a\lambda(-1.0 - \theta_0)} r_0 \left(r_0 + \frac{b\lambda}{\alpha} \right) \tag{4.43}$$

ここで、ρ は食品の密度、λ は食品の熱伝導率でその一例を表 4.11 に示す。また、θ_0 は周囲温度、α は熱伝達率、r_0 は円柱、球状食品の場合は半径、定数 a , b はそれぞれ円柱状食品の場合は 2.03×10^{-3} , 3.0, 球状食品の場合は 3.65×10^{-3} , 3.7 である。

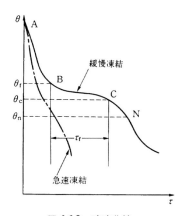

図 4.19　冷凍曲線

表 4.11　熱伝導率 [W/(mK)] の温度による変化[39]

温度 [°C]	牛肉(脂肪小)	牛肉(脂肪大)	豚　肉
30	0.49	0.49	0.49
0	0.48	0.48	0.48
-5	1.06	0.93	0.77
-10	1.35	1.20	0.99
-20	1.58	1.43	1.29
-30	1.66	1.53	1.45

4.5.3　凍結装置の負荷計算

先に求めた凍結時間に基づいて凍結負荷が計算されると後述の空調装置の場合と同様、凍結室への伝導で流入する熱量、換気の際に侵入する熱量、照明・動力の消費によって生ずる熱負荷を総和して凍結装置が設計される。凍結負荷 Q は次式で求められる。

$$Q = \frac{G}{\tau} \{ c_1(\theta_i - \theta_f) + L + c_2(\theta_f - \theta_n) \} \tag{4.44}$$

ここに、G：凍結量、τ：初温 θ_i から終温 θ_n までの凍結時間、c_1：凍結開始温度 θ_f までの比熱、c_2：完全凍結したときの比熱、L：凍結潜熱。

次に、凍結方式と凍結装置の種類について簡単に述べる。凍結方式は冷却の方式と凍結食品の搬送方式によって大別され、さらに表 4.12 のように区分される。また、凍結装置の種類は(i)管棚式、(ii)送風式(図 4.20)、(iii)液体浸漬式、(iv)

表 4.12　凍結方式の種類

冷却方式	空気式（自然対流式，強制対流式） 接触式（水平式，垂直式） ブライン式（浸漬式，スプレー式）
搬送方式	バッチ式（管棚式，ブライン浸漬式，接触式） トンネル式（コンベア式，流動式，液化ガス式）

注）バッチ式：1回ごとに一定量の原料を搬入し、一定時間後に製品として取り出す方式。

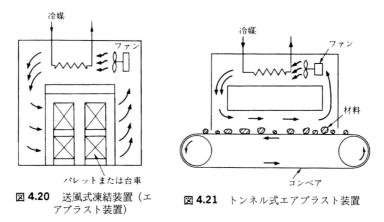

図4.20 送風式凍結装置（エアブラスト装置）　　図4.21 トンネル式エアブラスト装置

接触式，(v)連続式（図4.21）に分類される．各凍結装置の実際的なことは文献[53]などを参照されると良い．

4.5.4 製氷装置

現在われわれの家庭では冷凍冷蔵庫があるため製氷の必要性をそれほど感じないかもしれない．しかし，水産用，食品製造，牛乳流通，化学，医療やホテル・レストランなどのサービス業では氷の需要はきわめて大きい．わが国の氷の需要の大半（重量割合）は漁船用，魚介類の保管，流通用である．これらに対する氷は角氷によるものがほとんどで，用途に応じて小割にして使用される．

一方，自動製氷が水産用以外の分野で生産量を伸ばし，その形状もフレーク，プレート，チューブ，シェルなど多種にわたっている．製氷装置は角氷製造装置と自動製氷機に大別され，ここでは進展著しい後者について述べる．

この種の製氷機は多様であり，氷の形状で分類すると，フレーク型，プレート型，チューブ型，シェル型などがある．

フレーク型は円筒表面に清水を流し，一方の面から熱を奪い0.5〜3mm程度の厚さに結氷させ，これをカッターで掻き取りフレーク状の氷を作るものである．円筒が回転する場合とカッターが回転する場合（この場合は円筒の内側に氷結させる）がある．

プレート型は最も広く用いられている製氷機で，垂直におかれた冷却板の上部より水を流下させて結氷させるものである．フレーク型の場合と異なり，ある程度の氷の厚さが得られるまで清水はポンプで循環させる．氷は冷媒のホットガスか，温水（凝縮器循環水）で冷却板と分離し下方に落下し，砕氷機で15mm角ほどにされ

4.5 食品凍結と製氷 **153**

る．1サイクルは約30分程度である．

チューブ型は内径50mmほどの管の内部に上部より水を流下させチューブの外面より冷却し，同心円状に氷層を成長させ，所定の厚さになってからプレート型の場合と同様，チューブの外面を加熱し，チューブ内の氷を落下させ回転カッターで所定の長さに切断する．

シェル型も原理的にはプレート型やチューブ型と同じで，垂直におかれたチューブの外面に水を流下させ氷層を成長させ，管内部にホットガスを入れて脱氷し，それを砕氷機でシェル状の氷を得るものである．

以上のほか，小型の製氷機（製氷能力22〜45kg/日）も引き続いて開発されている[54]．この種の製氷機の問題点は脱氷をいかに効率よく行うかであり，最近ふく射熱で氷を融解させようとする試みがなされている[55]．

例題 5 薄いビニールのチューブに水を入れて冷蔵庫内で凍結させている．チューブでの直径は3cm，庫内温度は−20℃で，熱伝達率は5.8W/(m^2K) とする．水および氷の物性値は次の通りとして中心まで完全に凍結するまでの時間を求めよ．$\lambda_w=0.58$ W/(mK)，$\rho_i=920$ kg/m^3，$L=335$ kJ/kg，$\lambda_i=2.2$ W/(mK) とする．

解答 式 (4.39) を用い，$r^*=0$ とすると，

$$\tau^*=\frac{1}{2R^*}+\frac{1}{4}$$

したがって，

$$\frac{-\theta_0\lambda_i\tau}{\rho_i L r_0^2}=\frac{1}{2(ar_0/\lambda_w)}+\frac{1}{4}$$

$$\tau=0.5\left(\frac{\lambda_w}{ar_0}+0.5\right)\left(\frac{\rho_i L r_0^2}{-\theta_0\lambda_i}\right)$$

$$=0.5\left(\frac{0.58}{5.8\times0.015}+0.5\right)\left(\frac{920\times335\times10^3\times0.015^2}{20\times2.2}\right)=5580\,\text{s}=1.55\,\text{h}$$

例題 6 マグロを温度 $\theta_0=-40$℃ の静止空気中で凍結させている．マグロは直径25cmの円柱とみなし，熱伝達率 $\alpha=5.8$ W/(m^2K)，質量 $\rho=750$ kg/m^3，$\lambda=1.5$ W/(mK) であるとき，中心部の温度が −15℃ となる時間 τ_f を求めよ．また，水の場合と比較してみよ．

解答 式 (4.43) より

$$\tau_f=\frac{\rho(105+0.42\theta_0)}{a\lambda(-1.0-\theta_0)}r_0\left(r_0+\frac{3.0\lambda}{a}\right)$$

$$=\frac{750(105+0.42\times(-40))}{2.03\times10^{-3}\times1.5\times(-1.0+40)}\times0.125+\left(0.125+\frac{3\times1.5}{5.8}\right)=6.27\times10^4\,\text{s}$$

$$=17.4\text{h}$$

水の場合，終温を −15℃ とすると結氷割合 ξ は $1-\theta_f/\theta_n$ と近似される[56]．したが

154　4　冷凍の進歩と応用

って，$\xi = 1 - (-1/-15) \fallingdotseq 0.93$ となり，式 (4.39) における $r^* = 0.07$ と仮定できる．

$$\tau^* = \frac{r^{*2}}{2} \ln r^* + \left(\frac{1}{2R^*} + \frac{1}{4}\right)(1 - r^{*2})$$

$$\tau^* = \frac{0.07^2}{2} \ln 0.07 + \left\{\frac{1}{2 \times (5.8 \times 0.125/0.58)} + 0.25\right\}(1 - 0.07^2) = 0.641$$

$$\therefore \quad \tau = \frac{0.641}{40 \times 2.2} \times 920 \times 335 \times 10^3 \times 0.125^2 = 35100\,\text{s} = 9.74\,\text{h}$$

となり式 (4.43) で求められた結果の半分程度の凍結時間となる．

演 習 問 題

[**4.1**]　式 (4.16) で定義される熱電冷凍における成績係数 ε の最大値は式 (4.19) で表されることを示せ．

[**4.2**]　空気液化のクロウドサイクルの概要を図 4.8 を示してある．点線で囲まれている系におけるエネルギバランスから，液化割合 ε_l が式 (4.28) のように表されることを示せ．

[**4.3**]　ある物体を冷却しようとする場合の一つの基礎式を式 (4.30) に示してあるが，伝熱工学的にはどのような場合に厳密に成立するか考察せよ．

[**4.4**]　ある食品 50 kg を 20℃ から −10℃ まで 20 時間で凍結させたい．凍結負荷を求めよ．ただし，凍結開始までの比熱は 3.0 kJ/(kgK)，凍結後のそれは 1.55 kJ/(kgK)，凍結潜熱は 300 kJ/kg とし，凍結開始温度は −5℃ とする．　　　　　　　　　（答　266W）

参 考 文 献

1)　栗田：熱電気工学，(1973)，啓学出版，p. 205.
2)　松村・河本：冷凍，**39**-443 (1964), p.12.
3)　日本冷凍協会編：冷凍空調便覧，基礎編，(1981)，p. 51.
4)　日本冷凍協会編：冷凍空調便覧，基礎編，(1981)，p. 58, 454, 460.
5)　アトキンス（千原，中村訳）：物理化学，上，(1979)，東京化学同人，p. 213.
6)　永野：冷凍，**60**-693 (1985), p.59.
7)　永野：冷凍，**60**-694 (1985), p.83.
8)　日本冷凍協会編：冷凍空調便覧，基礎編，(1981)，p. 449.
9)　十合・秋山：日本機械学会誌，**79**-690 (1976), p. 460.
10)　日本冷凍協会編：冷凍空調便覧，基礎編，(1981)，p. 452.
11)　United States Patent 4, 144, 717, Mar. 20 (1979).
12)　高田：空気調和・衛生工学，**55**-7 (1981), p. 3.
13)　沼田・山下：冷凍，**56**-648 (1981)，p. 38.

14) 斉藤：冷凍, **56**-649 (1981), p. 1.

15) 末永・池本：冷凍, **56**-649 (1981), p. 68.

16) 高田：冷凍, **56**-649 (1981), p. 16.

17) 松原・ほか3名：冷凍, **56**-649 (1981), p. 34.

18) 堀・ほか3名：冷凍, **56**-644 (1981), p. 16.

19) 中前・山本：冷凍, **56**-644 (1981), p. 28.

20) 飯田：冷凍, **56**-644 (1981), p. 36.

21) 岩田・松嶋：日本機械学会論文集, **50**-453 (1984), p. 1334.

22) 中山：熱交換技術入門, (1981), オーム社.

23) 藤田：冷凍, **57**-655 (1982), p. 39.

24) 伊藤・ほか2名：冷凍, **57**-655 (1982), p.77.

25) 森・ほか2名：冷凍, **51**-579 (1976), p. 12.

26) 勝田・ほか2名：冷凍, **58**-669 (1983), p. 1.

27) 宝谷：冷凍, **57**-655 (1982), p. 30.

28) 畑田・千秋：日本機械学会第922回講演会講演論文集, **83**-111 (1983).

29) 千秋：冷凍, **59**-682 (1984), p. 35.

30) 高田：冷凍, **56**-649 (1981), p.16.

31) 小宮・ほか2名：冷凍, **56**-641 (1981), p. 60.

32) 原：冷凍, **59**-682 (1984), p. 17.

33) 藤牧・田中：冷凍, **59**-682 (1984), p. 63.

34) 梅原：冷凍, **59**-682 (1984), p. 67.

35) 冷凍, 医学領域における低温の利用特集号, **57**-656 (1982).

36) 日本冷凍協会編：冷凍空調便覧, 応用編, (1981), p. 715.

37) 上村：日本機械学会誌, **80**-709 (1977), p. 1279.

38) 冷凍：LNG技術特集号, **57**-652 (1982).

39) 食品冷凍テキスト, 日本冷凍協会, (1974), p. 57.

40) 日本冷凍協会編：冷凍空調便覧, 応用編, (1981), p. 415.

41) 中馬・ほか2名：農機誌, **31**-4 (1970), p. 298.

42) Smith, R. E.：*ASAE, Transactions*, **14**-1 (1971), p. 44.

43) 五十嵐：日本機械学会論文集B, **50**-452 (1984), p. 1173.

44) 太田・ほか3名：*Bull of the JSME* (1983), p. 262.

45) 日本冷凍協会編：冷凍空調便覧, 応用編, (1981), p. 417.

46) 食品冷凍テキスト, 日本冷凍協会, (1974), p. 59.

47) 安生：冷凍, **59**-677 (1984), p. 30.

48) 牛流：冷凍, **59**-677 (1984), p. 51.

49) たとえば, Carslaw, H. S. and Jager, J. C.：Consideration of Heat in Solids, 2nd

ed. (1959), Clarenden Press, Oxford.

50) London, A. L. and Seban, R. A. : *Trans. ASME*, **65**-7 (1943), p. 771.

51) 食品冷凍テキスト，日本冷凍協会，(1974)，p. 127.

52) 日本冷凍協会編：冷凍空調便覧，応用編，(1981)，p. 517.

53) 山田耕二監修：冷凍食品，建帛社，(1980)，p. 96.

54) 長谷川・ほか2名：冷凍，**59**-679 (1984)，p. 56.

55) Seki, N・ほか2名：Wärme-und Stoffübertragung, **12** (1979), p. 137.

56) 冷凍食品事典，朝倉書店，(1982)，p. 36.

第2編　空　調　工　学

1

――――――――――――― 空気調和理論の基礎

1.1 空気調和の基礎

1.1.1 空気調和とは

　空気調和とは，室内や特定の場所の空気を目的に応じて最も適切な状態に調節することであって，空気調節（air conditioning）あるいは略して空調とも呼ばれる．どのような状態の空気が最も適切であるかは空気の使用目的によって異なるが，調節の対象となるものは，空気の温度，湿度，流速および清浄度の4要素である．

　空気調和の目的は保健用と工業用の二つに分類できる．

　保健用空気調和は，人間の生活を対象とするものである．すなわち，人間が快適に生活するための健康で衛生的な住環境の確保，あるいは快適で能率的な労働を可能にする環境の保持などを目的とするものである．この目的のためには，ただ空気を暖めたり冷やしたりするだけでなく，人間にとって適切な湿度に保つことが大切であり，その意味で，快感空調とも呼ばれる．住居，病院，交通機関，店舗，事務所，娯楽施設あるいは地下街などおおぜいの人が集まる場所に用いられる．工業用あるいは産業用空気調和は，室内において生産あるいは貯蔵されるもの，室内で運転される機器などに対して最も適切な空気状態を作り出すことを目的とするものである．たとえば，正確な温度および湿度の管理を必要とする研究施設，印刷工業，精密機器工業，繊維工業，薬品工業，写真工業，動物飼育施設，醸造工業など，さらには発熱や空気中のじんあいが重大な故障や欠陥の原因となるコンピュータルームあるいは精密電子部品の製造過程など多くの実例があげられる．

1.1.2 湿り空気の概要

　空気調和の対象となるのは，われわれの周囲にある空気である．空気は大部分が酸素と窒素で，残りは少量のアルゴンと炭酸ガスよりなる混合気体であることはよく知られている（表1.1）．しかし，自然界に存在する空気は，常に微量の水分を含ん

でいて，厳密には水蒸気との混合気体と考えなければならない．このような水蒸気と混合した状態の空気を湿り空気（humid air）といい，水蒸気を除いた残りを乾き空気あるいは乾燥空気（dry air）という．いいかえると，湿り空気は乾き空気と水蒸気の混合気体である．

表 1.1 標準空気の成分組成

成　　分	N₂	O₂	Ar	CO₂
容積割合〔%〕	78.09	20.95	0.93	0.03
質量割合〔%〕	75.53	23.14	1.28	0.05

(a) 空気および水蒸気分圧

空気調和あるいは乾燥過程で扱われる温度は，常温を中心にして数十度の範囲にあるので，乾き空気および水蒸気は，それぞれ完全気体とみなしてよく，理想気体の状態式およびダルトンの分圧の法則が適用できる．すなわち，湿り空気の全圧を P，乾き空気の分圧を p_a，水蒸気の分圧を p_w とすれば，

$$P = p_a + p_w \tag{1.1}$$

なる関係が成立する．

この場合，水蒸気の分圧 p_w はどんな値でもとりうるのではなく，そのときの温度によって定まる飽和蒸気圧 p_s より大きくはならない．水蒸気分圧 p_w が，その温度における飽和蒸気圧 p_s に等しい湿り空気を，飽和湿り空気あるいは飽和空気（saturated air）と呼ぶ．この状態の湿り空気は，それ以上の水分を蒸気状態では含むことができず，余分の水分は，霧や雲のような微小な水滴あるいは氷滴となって空気中に浮遊するか，凝縮分離する．また，水蒸気分圧 p_w が，その温度における飽和蒸気圧 p_s より小さい湿り空気を，不飽和湿り空気あるいは不飽和空気（unsaturated air）と呼ぶ．この状態は，乾き空気と過熱蒸気とがまじりあったものと考えることができる．

なお，空気調和工学では，これらの圧力を Pa（パスカル）で表示するほか，水銀柱高さ mmHg で表すことが多く，また，気象学関係では，圧力の単位として mb（ミリバール，1 000 mb＝1 bar）を使用するのが普通である．

これら圧力単位の間の関係は表 1.2 のようになっている．

表 1.2 圧力単位の換算表

Pa	bar	kgf/cm²	mmHg
1	10^{-5}	1.019716×10^{-5}	7.500617×10^{-3}
1.01325×10^5	1.01325	1.033227	760

ただし，1 bar＝1 000 mb である．

(b) 湿　度

乾き空気 1 kg 当りに含まれる水蒸気の質量 x〔kg〕を絶対湿度（absolute humid-

160   1   空気調和理論の基礎

ity, moisture content, humidity ratio) という．絶対湿度 x は，湿り空気 $(1+x)$kg 中の水分量を示していることになるが，乾き空気 1kg を基準にしたものであることを明示するため x〔kg/kg′〕あるいは x kg/$(1+x)$kg 湿り空気と書く．湿り空気に関する状態量は，このように乾き空気 1kg を基準にして示すのが一般的であり，実際の計算にはこの方が便利である．

　湿り空気中の水蒸気分圧 p_w とその温度における飽和空気の水蒸気分圧 p_s の比を％で表したものを相対湿度 (relative humidity) といい，ϕ〔％〕で表す．

$$\phi = \frac{p_w}{p_s} \times 100 \tag{1.2}$$

また，湿り空気の絶対湿度 x と同じ温度における飽和空気の絶対湿度 x_s の比を％で表したものを比較湿度 (degree of saturation) という．比較湿度 ψ〔％〕は，

$$\psi = \frac{x}{x_s} \times 100 \tag{1.3}$$

と表される．比較湿度 ψ は飽和度とも呼ばれる．

(c)　乾球および湿球温度

　乾いた感温部分をもつ温度計で測定した湿り空気の温度を乾球温度 (dry-bulb temperature) といい，t〔℃〕で表す．これに対し，感温部分を湿った布で包んで温度を測定したときに得られる温度を湿球温度 (wet-bulb temperature) といい，t'〔℃〕で表す．

　湿った布で包まれた感温部分すなわち湿球においては，その表面の水蒸気分圧と空気中の水蒸気分圧との差に基づいて水分の蒸発が起こる．その際に奪われる潜熱のため，不飽和空気の場合には，湿球温度 t' は常に乾球温度 t よりも低い．飽和空気においては，湿球表面の水蒸気分圧と空気中の水蒸気分圧との間に差がなく，水分の蒸発が起こらないので，湿球温度と乾球温度は等しくなる．いいかえると，乾球温度と湿球温度との差は，湿り空気中に含まれる水蒸気量を知る手がかりとして利用できるもので，このような考えに基づいて作られたのが乾湿球湿度計（乾湿温度計ともいう）である．

(d)　露　点

　不飽和空気を徐々に冷やすと，ある温度から水蒸気の凝縮がはじまる．これは，温度の低下によって，水蒸気の飽和圧力が減少し，冷却前の湿り空気中に含まれていた水蒸気分圧 p_w より低くなったことを示す．このように，湿り空気中の水蒸気が凝縮を始める温度を露点温度 (dew point temperature) あるいは単に露点とい

う．いいかえると，露点温度の湿り空気は飽和空気である．

1.1.3　湿り空気の熱力学

⒜　状　態　式

　湿り空気は，乾き空気と水蒸気の混合気体で，それぞれの成分気体を理想気体とみなしうることは先に述べた．いま，温度 T[K]，圧力 P[Pa] の湿り空気の体積 V[m³]，質量 M[kg] とし，この中に含まれる乾き空気および水蒸気の分圧および質量をそれぞれ p_a，p_w および M_a，M_w とすると，

$$P = p_a + p_w, \qquad M = M_a + M_w \tag{1.4}$$

であり，乾き空気と水蒸気はそれぞれ同一体積 V を占めていることに注意すれば，

$$p_a V = M_a R_a T \qquad \text{(乾き空気に対して)} \tag{1.5}$$

$$p_w V = M_w R_w T \qquad \text{(水蒸気に対して)} \tag{1.6}$$

$$PV = MRT \qquad \text{(湿り空気に対して)} \tag{1.7}$$

が成立する．ここで，R_a，R_w および R は，それぞれ乾き空気，水蒸気および湿り空気のガス定数である．

　絶対湿度 x は，乾き空気 1 kg 当りの水蒸気質量であるから，$R_a = 0.2872$ kJ/kgK および $R_w = 0.4616$ kJ/kgK を用いると

$$x = \frac{M_w}{M_a} = \frac{p_w R_a}{p_a R_w} = 0.622 \frac{p_w}{p_a} \tag{1.8}$$

さらに，式 (1.4) および相対湿度の定義式 $\phi = p_w/p_s$ を代入すると，

$$x = 0.622 \frac{p_w}{P - p_w} = 0.622 \frac{\phi p_s}{P - \phi p_s} \tag{1.9}$$

となる．あるいは，式 (1.9) を ϕ について解けば次のようになる．

$$\phi = \frac{Px}{0.622 p_s + p_s x} \tag{1.10}$$

また，p_w については次の関係がある．

$$p_w = \phi p_s = \frac{Px}{0.622 + x} \tag{1.11}$$

　これらは，湿り空気中の水蒸気分圧，飽和蒸気圧，相対湿度および絶対湿度などの関係を示すもので，たとえば大気圧 P，乾球温度 t および湿球温度 t' が与えられれば，t よりその温度における飽和蒸気圧 p_s が求められ，t と t' から水蒸気分圧 p_w が求められるから，x および ϕ はそれぞれ式 (1.9) および (1.10) より計算することができる．

162　　1　空気調和理論の基礎

飽和空気の絶対湿度を求めるには，式 (1.9) において $\phi=1$ とすればよい．すなわち，

$$x=0.622\frac{p_{\mathrm{s}}}{P-p_{\mathrm{s}}} \tag{1.12}$$

なお，$R[\mathrm{kJ/kgK}]$ については，$MR=M_{\mathrm{a}}R_{\mathrm{a}}+M_{\mathrm{w}}R_{\mathrm{w}}$ より，

$$R=\frac{1}{1+x}(R_{\mathrm{a}}+R_{\mathrm{w}}x) \tag{1.13}$$

として計算することができる．

　一方，比較湿度 ψ は，$\psi=x/x_{\mathrm{s}}$ と定義されているから，式 (1.9) および (1.10) より，相対湿度 ϕ との間には次の関係がある．

$$\psi=\phi\frac{P-p_{\mathrm{s}}}{P-\phi p_{\mathrm{s}}} \tag{1.14}$$

すなわち，飽和空気の場合だけ比較湿度 ψ と相対湿度 ϕ は等しくなり，それ以外の場合には常に $\psi<\phi$ である．しかし，大気圧の湿り空気で温度が常温付近である場合には，飽和空気中における水蒸気分圧 p_{s} は全圧 P に比して小さいので，ψ と ϕ の違いは 1% 以下であり，その差はほとんど問題にならない．

(b)　比体積および密度

　湿り空気の比体積 v は，乾き空気 1kg 当りの体積で表示するのが一般的である．したがって，v は式 (1.7) の両辺を湿り空気中に含まれる乾き空気の質量 M_{a} で割り，式 (1.13) を用いることによって求められる．

$$v=\frac{V}{M_{\mathrm{a}}}=\frac{(M_{\mathrm{a}}+M_{\mathrm{w}})RT}{M_{\mathrm{a}}P}=\frac{(R_{\mathrm{a}}+R_{\mathrm{w}}x)T}{P}=\frac{461.6(0.622+x)T}{P} \tag{1.15}$$

　また，普通の意味での比体積，すなわち湿り空気 1kg 当りの体積を v_{n} とすると，v_{n} は式 (1.15) において，v を $1+x$ で割ればよいから，

$$v_{\mathrm{n}}=\frac{461.6(0.622+x)T}{P(1+x)} \tag{1.16}$$

となる．

(c)　比エンタルピ

　理想気体を混合して得られる理想気体の比エンタルピは，それぞれの成分気体の比エンタルピの和であるから，湿り空気の場合には，乾き空気と水蒸気の比エンタルピを個々に求めて加え合わせればよい．湿り空気の比エンタルピ h は，0℃ における乾き空気および液状水の比エンタルピを基準点 $(h=0)$ として表示される．

$$h=c_{\mathrm{pa}}t+(r+c_{\mathrm{pw}}t)x=1.005t+(2500+1.846t)x \quad [\mathrm{kJ/kg'}] \tag{1.17}$$

ここに，c_{pa} は乾き空気の定圧比熱（$=1.005\,\mathrm{kJ/kgK}$），r は 0°C における水の蒸発の潜熱（$=2500\,\mathrm{kJ/kg}$），c_{pw} は水蒸気の定圧比熱（$=1.846\,\mathrm{kJ/kgK}$）である．

なお，ここで注意しなければならないのは，比エンタルピ〔kJ/kg′〕は，先の比体積の場合と同様に，乾き空気 1 kg 当り，すなわち湿り空気 $(1+x)$ kg に対して考えられていることである．飽和空気に対しては，式 (1.17) において $x=x_s$ とすることにより，

$$h_s = 1.005t + (2500 + 1.846t)x_s \tag{1.18}$$

$x > x_s$ の湿り空気においては $x-x_s$ だけの水分が凝縮して露または霧状となって空気中に浮遊する．この状態は，飽和空気と $x-x_s$ 〔kg〕の液状水との混合状態と考えられるから，その比エンタルピ h は，

$$h = h_s + c_{liq}t(x-x_s) = h_s + 4.19t(x-x_s) \tag{1.19}$$

となる．$c_{liq} = 4.19\,\mathrm{kJ/kgK}$ は水の比熱である．

湿り空気の定圧比熱 c_p〔kJ/kg′K〕は式 (1.17) より，

$$c_p = \left(\frac{\partial h}{\partial T}\right)_p = c_{pa} + c_{pw}x = 1.005 + 1.846x \tag{1.20}$$

で与えられる．また，湿り空気の定容比熱 c_v は，理想気体には $c_p - c_v = R$ なる関係があるから，

$$c_v = c_p - (R_a + R_w x) = 0.7178 + 1.3844x \tag{1.21}$$

となる．表 1.3 に標準大気状態（$0.101325\,\mathrm{MPa} = 760\,\mathrm{mmHg}$）における飽和湿り空気の乾き空気分圧，水蒸気分圧，比エンタルピおよび絶対湿度を示す．この表は，温度と飽和圧力に関するゴフ・グラッチ (Goff-Gratch) の式[1] より計算したもので，(a)のうち 0°C より低い温度範囲に対する値は過冷却水と接する場合の値であり，(b)は氷と接する空気に対する値を示している．

(d) 湿度の測定

(i) **断熱飽和過程**　図 1.1 に示すような流路を流れる空気に水を噴霧して加湿する装置を考える．噴霧の一部は蒸発して空気とともに流れ去るが，残りは液状水として流路底部にためられ，再び循環して噴霧される．この装置が十分長く，周囲との熱交換がなければ，装置出口における空気は飽和空気になっているものと考えら

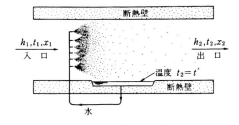

図 1.1　断熱飽和過程

164　　1　空気調和理論の基礎

れる．このような過程を断熱飽和過程 (adiabatic saturation process) といい，得られる空気の温度は湿球温度に等しいことが実験的に確かめられている．

いま，入口空気の状態を添字 1，出口状態を添字 2 で示し，系のエンタルピバランスを考えると，

$$h_1+(x_1-x_2)h_w=h_2 \tag{1.22}$$

$h_2=h_s$, $x_2=x_s$ であり，水は飽和空気の温度と同じになっていると考えられるから，$h_w=c_{liq}t'=4.19t'$ とおける．したがって，式 (1.17) および (1.18) を用いると，上式は，

$$1.005t_1+(2500+1.846t_1)x_1+(x_s-x_1)\cdot4.19t'$$
$$=1.005t'+(2500+1.846t')x_s$$

となる．これを x_1 について解けば，

$$x_1=\frac{x_s(2500+1.846t'-4.19t')-1.005(t_1-t')}{2500+1.846t_1-4.19t'}=\frac{rx_s-1.005(t_1-t')}{r+1.846(t_1-t')} \tag{1.23}$$

ここに，$r=2500+1.846t'-4.19t'$〔kJ/kg〕および x_s は，それぞれ温度 t' における水の蒸発の潜熱および温度 t' における飽和空気の絶対湿度である．

式 (1.23) より乾球温度 $t(=t_1)$ および湿球温度 t' を知ることにより，絶対湿度 x を求めることができる．また，乾球温度 t よりその温度における飽和空気の絶対湿度は，蒸気表などの状態値表（たとえば表 1.3）から求められるので，水蒸気分圧，相対湿度および比較湿度，エンタルピなどの値はこれまでに示した諸関係式より容易に求められる．

ここで，断熱飽和温度と乾湿球湿度計の湿球温度の関係がどのようになっているか調べてみる．式 (1.23) を湿り空気の定圧比熱に関する式 (1.20) を用いて変形すると，

$$\frac{x_s-x}{t-t_s}=\frac{c_p}{r} \tag{1.24}$$

となる．ただし，表記を簡単にするため添字 1 を省略し，t' を t_s としてある．

一方，乾湿球湿度計の湿球表面とその周囲の湿り空気との間の伝熱量 q を考えると熱伝達に関与する温度差は $t-t'$ であるから，湿球表面の有効面積を A，熱伝達率を α と表せば，

$$q=\alpha A(t-t')$$

となる．湿球表面からの水分蒸発量 m は，空気の絶対湿度 x と湿球表面の絶対湿度

1.1 空気調和の基礎 **165**

x_s（水分が十分供給されていてかつ周囲と熱的平衡状態にあるから）との差に基づく物質伝達率を α_m とすれば，

$$m = \alpha_m A(x_s - x)$$

となる．

熱的平衡状態では，周囲空気より供給される熱は，蒸発によって運び去られる潜熱に等しいから，$mr = q$（r は蒸発潜熱）である．したがって，

$$\frac{x_s - x}{t - t'} = \frac{\alpha}{\alpha_m r} \quad (1.25)$$

式 (1.24) と (1.25) を比較すると，

$$c_p = \frac{\alpha}{\alpha_m} \quad (1.26)$$

のときだけ，$t_s = t'$，すなわち断熱飽和温度 t_s と湿球温度 t' が等しいことがわかる．空気調和で扱う温度範囲では，偶然にもこの関係が極めてよく成立することがわかっている[2]．そのため，普通は断熱飽和温度と湿球温度は特に区別することなく使用できる．式 (1.26) をルイスの関係 (Lewis' relation) と呼ぶ．

表 1.3(a)　飽和湿り空気の状態（0℃以下の値は過冷却水と共存する場合）

温度 [℃]	飽和圧力 [mmHg]	飽和圧力 [mbar]	h [kJ/kg′]	c_p [J/kg′K]	c_v [kJ/kg′K]	絶対湿度 x [g/kg′]
−30	0.38	0.509	−29.386	1.0056	0.7722	0.312
−28	0.46	0.613	−27.218	1.0057	0.7723	0.377
−26	0.55	0.737	−25.020	1.0058	0.7724	0.453
−24	0.66	0.882	−22.789	1.0060	0.7725	0.542
−22	0.79	1.053	−20.518	1.0062	0.7727	0.647
−20	0.94	1.254	−18.202	1.0064	0.7729	0.771
−18	1.12	1.487	−15.834	1.0067	0.7731	0.914
−16	1.32	1.759	−13.407	1.0070	0.7733	1.082
−14	1.56	2.075	−10.912	1.0074	0.7736	1.276
−12	1.83	2.440	−8.339	1.0078	0.7739	1.502
−10	2.15	2.862	−5.678	1.0083	0.7742	1.762
−6	2.93	3.905	−0.040	1.0094	0.7751	2.407
−4	3.41	4.544	2.964	1.0102	0.7757	2.802
−2	3.96	5.274	6.115	1.0110	0.7763	3.255
0	4.58	6.107	9.428	1.0120	0.7770	3.771
2	5.29	7.053	12.927	1.0130	0.7778	4.360
4	6.10	8.128	16.632	1.0143	0.7787	5.030
6	7.01	9.345	20.569	1.0157	0.7798	5.790
8	8.04	10.720	24.766	1.0173	0.7810	6.651
10	9.20	12.270	29.252	1.0191	0.7823	7.625
12	10.51	14.015	34.063	1.0211	0.7839	8.724
14	11.98	15.974	39.236	1.0234	0.7856	9.963
16	13.63	18.170	44.810	1.0260	0.7875	11.358
18	15.47	20.627	50.833	1.0289	0.7897	12.925
20	17.53	23.370	57.354	1.0321	0.7921	14.685
22	19.82	26.427	64.429	1.0357	0.7948	16.657
24	22.37	29.828	72.120	1.0398	0.7979	18.866
26	25.21	33.605	80.495	1.0444	0.8013	21.336
28	28.35	37.792	89.630	1.0495	0.8051	24.098
30	31.82	42.426	99.610	1.0552	0.8093	27.182
32	35.66	47.546	110.529	1.0615	0.8141	30.624
34	39.90	53.195	122.493	1.0686	0.8194	34.464
36	44.57	59.417	135.620	1.0765	0.8253	38.746
38	49.70	66.259	150.042	1.0853	0.8319	43.520
40	55.33	73.771	165.911	1.0952	0.8393	48.842
42	61.51	82.009	183.396	1.1061	0.8475	54.776
44	68.28	91.027	202.691	1.1183	0.8566	61.394
46	75.67	100.887	224.018	1.1320	0.8668	68.779
48	83.75	111.651	247.632	1.1472	0.8782	77.027
50	92.55	123.387	273.825	1.1642	0.8909	86.246

166　1　空気調和理論の基礎

表1.4は，乾球温度と断熱飽和温度より相対湿度を求める表である．

なお，乾球および湿球温度の読みから空気中の水蒸気分圧を求め，相対湿度を得るための計算式もある．たとえば，文献[3]には次の式が与えられている．

1)　通風乾湿計（アスマン乾湿球湿度計）

①湿球が氷結しないとき

表 1.3(b)　飽和湿り空気の状態（氷と共存する場合）

温度 〔℃〕	飽和圧力		h 〔kJ/kg′〕	c_p 〔kJ/kg′K〕	c_v 〔kJ/kg′K〕	絶対湿度 x 〔g/kg′〕
	〔mmHg〕	〔mbar〕				
−30	0.28	0.380	−29.580	1.0054	0.7721	0.233
−28	0.35	0.467	−27.438	1.0055	0.7722	0.287
−26	0.43	0.572	−25.269	1.0056	0.7723	0.351
−24	0.52	0.698	−23.067	1.0058	0.7724	0.429
−22	0.64	0.850	−20.826	1.0060	0.7725	0.522
−20	0.77	1.031	−18.539	1.0062	0.7727	0.634
−18	0.94	1.248	−16.198	1.0064	0.7729	0.767
−16	1.13	1.505	−13.794	1.0067	0.7731	0.925
−14	1.36	1.810	−11.316	1.0071	0.7733	1.113
−12	1.63	2.171	−8.751	1.0075	0.7736	1.336
−10	1.95	2.596	−6.085	1.0079	0.7740	1.598
−8	2.32	3.097	−3.301	1.0085	0.7744	1.907
−6	2.76	3.684	−0.381	1.0092	0.7749	2.270
−4	3.28	4.371	2.697	1.0100	0.7755	2.695
−2	3.88	5.172	5.957	1.0109	0.7762	3.191
0	4.58	6.106	9.428	1.0120	0.7770	3.771

表 1.4　t および t' より相対湿度％を求める表

湿球 温度 t'〔℃〕	乾球温度 t−湿球温度 t'〔℃〕						
	0	1	2	3	4	5	6
0	100.0	83.1	68.1	54.8	43.1	32.7	23.5
2	100.0	84.5	70.7	58.5	47.6	37.9	29.3
4	100.0	85.7	73.0	61.6	51.5	42.4	34.3
6	100.0	86.8	75.0	64.4	54.9	46.3	38.7
8	100.0	87.7	76.7	66.8	57.8	49.8	42.6
10	100.0	88.6	78.2	68.9	60.4	52.8	45.9
12	100.0	89.3	79.5	70.7	62.7	55.5	48.9
14	100.0	89.9	80.7	72.4	64.8	57.8	51.6
16	100.0	90.5	81.7	73.8	66.6	59.9	53.9
18	100.0	90.9	82.7	75.1	68.2	61.8	56.0
20	100.0	91.4	83.5	76.2	69.6	63.5	57.9
22	100.0	91.8	84.2	77.3	70.9	65.0	59.6
24	100.0	92.1	84.9	78.2	72.0	66.3	61.1
26	100.0	92.4	85.5	79.0	73.1	67.6	62.5
28	100.0	92.7	86.0	79.8	74.0	68.7	63.7
30	100.0	93.0	86.5	80.5	74.9	69.7	64.8
32	100.0	93.2	86.9	81.1	75.7	70.6	65.9
34	100.0	93.5	87.4	81.7	76.4	71.5	66.9
36	100.0	93.7	87.7	82.2	77.1	72.2	67.7
38	100.0	93.8	88.1	82.7	77.7	73.0	68.6
40	100.0	94.0	88.4	83.2	78.2	73.6	69.3

$$p_w = p_w' - \frac{0.5(t-t')P}{755} \tag{1.27}$$

②湿球が氷結しているとき

$$p_w = p_i' - \frac{0.44(t-t')P}{755} \tag{1.27}'$$

p_w' および P_i' は，それぞれ温度 t' における水および氷の飽和蒸気圧である．式 (1.27) または (1.27)' によって求めた相対湿度は，断熱飽和温度から算出したものよりもやや低いがきわめて近い値を与える．これらの関係はスプルング (Sprung) によって提案されたものである[3]．

2) 通風しない乾湿計（簡易乾湿球湿度計）

①湿球が氷結しないとき

$$p_w = p_w' - 0.0008(t-t')P \tag{1.28}$$

②湿球が氷結しているとき

$$p_w = p_i' - 0.007(t-t')P \tag{1.28}'$$

これらのうち式 (1.28) の関係は，JIS（日本工業規格）で簡易乾湿計に使用される式として規定されているものである．これに類する関係としては，アンゴー (Angot) の式がよく知られているが，上に示したものに比べて複雑である．

(ii) 湿度測定の方法　湿り空気中の湿度を測定する湿度計には，(1)毛髪湿度計，(2)乾湿球湿度計，(3)露点湿度計，(4)電気抵抗湿度計などが一般的である．

毛髪湿度計は，毛髪が湿度によって伸縮する性質を利用したもので，取扱いが容易なので簡単な記録計として用いられているが，測定精度はあまり高くなく，応答が遅い欠点がある．

乾湿球湿度計は，2本の棒状温度計を用いて乾球温度と湿球温度を測定するものである．湿球温度の測定には，温度計の感温部を湿った薄い布でおおい，毛管力を利用して水分を補給するようになっている．湿球の温度をできるだけ断熱飽和温度に近づけるには，湿球のまわりに絶えず新しい空気を送る必要があり，湿球周囲の風速は 5 m/s，少なくとも 3 m/s は必要である．そのために湿度計全体を振り回わす（振回し式湿度計）あるいはゼンマイ式の小型ファンを備える（アスマン湿度計）などの工夫がなされている．乾球および湿球部分を熱電対，抵抗温度計ないしサーミスタなどでおきかえ電気的測定を可能にしたものもある．

露点湿度計は，湿り空気の露点を求めることによって湿度を知ろうとするもので，簡単には，金属鏡を冷却して結露によってその表面が曇るのを目視ないし光電管で

168　1　空気調和理論の基礎

確かめ，その際の金属鏡表面温度を測定する．この方法は，湿度がきわめて低い場合でも測定できる利点がある．また，多孔質の電気抵抗や静電容量が結露によって変ることを利用して電気的に測定する方法もある．

電気抵抗湿度計は，吸湿性材料の電気抵抗が空気中の湿度によって変化することを利用したものである．

このほかに，塩化リチウムの水溶液の水蒸気圧と温度との間の関係を利用して，外気の水蒸気分圧と等しくなる溶液の温度から，露点温度あるいは水蒸気分圧を求めるものもある[4]．

1.2　湿り空気線図（h-x 線図）

1.2.1　湿り空気線図の概要

これまでに示した諸関係式や数表，たとえば表 1.3 や文献[4],[5] などを利用すれば，空気調和に関する設計や計算に事欠くことはまずない．しかし，計算や見積りを簡単に行うためあるいは状態変化を直観的に理解するため，湿り空気の状態量を線図にまとめたものがある．このような線図を湿り空気線図という．

湿り空気の状態を示すには，t，t'，h，x，その他の多くの状態量があるから，そのうちのどの二つを縦軸と横軸にとるかによって，いろいろな種類の線図が考えられる．現在では広く使用されているものは 2 種類に大別できる．

その一つは，キャリヤ線図（Carrier chart）で，乾球温度 t を横軸に絶対湿度 x を縦軸にとったものである．この線図は，乾湿球湿度計の読みから，直ちに相対湿度あるいは絶対湿度を求め得る利点がある半面，等 t' 線と等 h 線とが一致していて，正しい比エンタルピを求めるためには補正曲線を読み取らなければならない難点がある．この線図は t-x 線図とも呼ばれ，アメリカでは広く用いられている．

もう一つの種類は，比エンタルピ h と絶対湿度 x を座標軸にしたもので，h-x 線図あるいはモリエ線図（Mollier chart）と呼ばれる．これには，考案者によって座標軸の配置が異なるものがあるが，わが国では，内田によるものが一般に使用されている（図 1.2）．以下，この内田の湿り空気線図の概要と使用法[5]について説明する．

図 1.3 は，その骨子を示したものである．この線図は，乾球温度と絶対湿度を直交座標に選び，これらと比エンタルピ一定の線が斜交するようになっている．式（1.17）において，乾球温度 t を一定とすると，比エンタルピ h と絶対湿度 x は一次関係

1.2 湿り空気線図（h-x 線図）

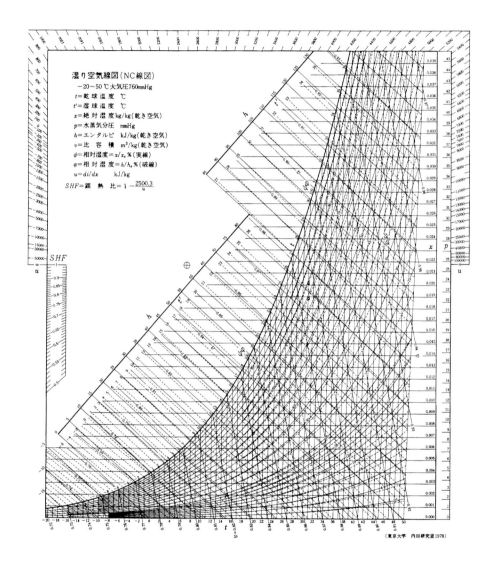

図1.2 湿り空気線図（NC線図）

にある．湿り空気線図は，主に使用される範囲ができるだけ大きな面積になるように，h 軸を x 軸に対して傾斜をつけてある．図 1.3 に骨子を示した線図では，$t=0°C$ の線が x 軸と平行になるようにとってある．等 t 線は，厳密には x の増す方向に（図では上の方に）わずかに広がった直線群である．等 h 線は，t 軸に斜交する平行線群となる．また，$h_w = c_{liq} t' = 4.19 t'$ において $t' =$ 一定とすると h_w は一定値であるから，等 t' 線上では $h + x h_w =$ 一定の関係が成立する．このことから等 t' 線を描くことができ，$x h_w$ の値が h

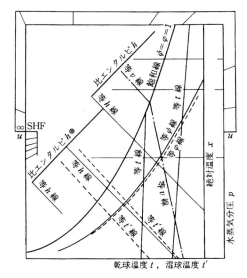

図 1.3　湿り空気線図の骨組

に比べて小さいので，その傾きは等 h 線にきわめて近い．p_s は，全圧 P が一定（普通は $P=760\,\mathrm{mmHg}$ としてある）であるから，温度のみの関数であり，線図上では乾球温度 t とそのときの飽和空気の絶対湿度 x_s をプロットしてある．これが，飽和線（$\phi = 1$）である．p_s は普通絶対湿度のサブスケールとして示されているが，等間隔目盛ではないことに注意する必要がある．

飽和線と横軸との間の距離を等 t 線に沿って一定割合で内分する点を結ぶと比較湿度 ψ 一定の線が得られ，これより相対湿度の線を引くことができる．

図の周囲には⊗印より引いた線の一部が記入されているが，これは，湿り空気の状態変化にともなう比エンタルピと絶対湿度変化の比を示したものであるが，その利用法については後に例題で示す．なお，この h-x 線図には，低温度用（$-40 \sim 10°C$，LC 線図），中温度用（$-20 \sim 50°C$，NC 線図）および高温度用（$0 \sim 120°C$，HC 線図）の 3 種類がある．

1.2.2　湿り空気の状態変化（h-x 線図の使い方）

(a) 乾球温度 t と湿球温度 t' より他の状態量を求める場合

例題 1　$t = 22°C$，$t' = 17°C$ のとき，他の状態量を求めよ．

1.2 湿り空気線図（h-x 線図）　**171**

[解答] $t=22°C$ の線と $t'=17°C$ の線の交点を求め，x 軸の値から $x=0.010\,\text{kg/kg}'$，対応する水蒸気分圧 $p_w=12\,\text{mmHg}$，h 軸の値を読めば比エンタルピ $h=47.5\,\text{kJ/kg}'$，この点を通る v 線より $v=0.85\,\text{m}^3/\text{kg}'$，同様に $\phi \fallingdotseq \psi=61\%$ が得られる（図1.4）．なお，これと同じことを表や計算式を用いて行うことができる．すなわち，表1.4 から $t'=17°C$，$t-t'=5°C$ に対する相対湿度を求めると $\phi=60.9\%$，表1.3(a) から $t=22°C$ に対する飽和蒸気圧力を求めると $p_s=26.43\,\text{mbar}=19.82\,\text{mmHg}$ である．

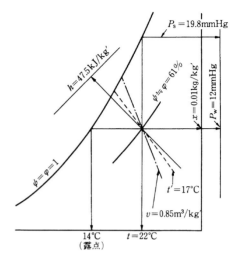

図 **1.4**

$$p_w = p_s \phi = 26.43 \times 0.609 = 16.09\,\text{mbar} = 12.07\,\text{mmHg}$$

式 (1.9) より，$x=0.622 \times 12.07/(760-12.07) = 0.010\,\text{kg/kg}'$
式 (1.17) より，$h=1.005 \times 22 + (2500+1.864 \times 22) \times 0.010 = 47.52\,\text{kJ/kg}'$，式 (1.14) より，$\psi=(760-12.07)/(760-0.609 \times 12.07)=0.605 \fallingdotseq \phi$

(b)　**加熱または冷却する場合**

[例題 2] 前題の空気（状態1とする）を $10°C$ まで冷却すると空気の状態はどうなるか．

[解答] 飽和に達するまでは絶対湿度は変らないから，図1.5 において，点1より等 x

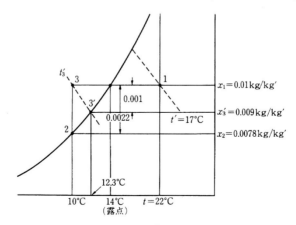

図 **1.5**

線上を飽和線に向かって進み，$t'=14℃$ で飽和点（露点）に達し，それ以後は飽和線上をたどって状態2に到達する．$x_2=0.0078\,\mathrm{kg/kg'}$ であるから，$x_1-x_2=0.010-0.0078=0.0022\,\mathrm{kg/kg'}$ の水分が凝縮する．しかし，冷却をゆっくり行うと，飽和線に沿わずに，露点に達したのちも等 x 線上を進み，$t=10℃$ 線の延長上の状態3となる．この状態は，過飽和状態で準安定である．状態3の過飽和空気が水分を凝縮して安定状態になると，点3を通る等 t' 線と飽和線との交点 $3'$ の状態となり，その温度は $t=12.3℃$ となる．$x_3'=0.009\,\mathrm{kg/kg'}$ だから $x_1-x_3'=0.001\,\mathrm{kg/kg'}$ だけの水分が凝縮し，その際に放出される潜熱のため，凝縮後の温度は 10℃ より 12.3℃ に上昇する．

加熱のときは，等 x 線上を右方に進み，したがって，相対湿度が低下する．また，加熱に要する熱量は加熱開始点および終点のエンタルピ差より求められる．

(c) 異なった状態の空気を断熱混合する場合

例題 3 $t=30℃，\phi=60\%$（状態1）の空気 $M_1=3\,\mathrm{kg'}$ と $t=15℃，\phi=80\%$（状態2）の空気 $M_2=2\,\mathrm{kg'}$ が断熱的に混合したとき，混合後の状態を求めよ．

解答 混合後の状態が不飽和空気であるとき

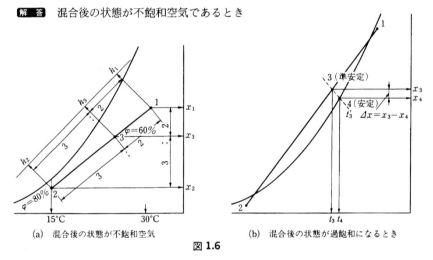

(a) 混合後の状態が不飽和空気　　(b) 混合後の状態が過飽和になるとき

図 1.6

混合後の状態3は，h-x 線図上で，状態点1と2を結ぶ線分を 2：3 に内分する点として求められる（図 1.6(a)）．これは次のような根拠による．

乾き空気および水分量に関する質量バランスを考えると，

  乾き空気については : $M_3=M_1+M_2$
  水分については : $M_3 x_3=M_1 x_1+M_2 x_2$
  エンタルピについては： $M_3 h_3=M_1 h_1+M_2 h_2$

これらの式より，

$(x_2-x_3)/(x_3-x_1)=(h_2-h_3)/(h_3-h_1)=M_1/M_2=3/2$

となって，座標 (x_3, h_3) は点 (x_1, h_1) と点 (x_2, h_2) を結び，混合質量割合で内分する点であることが理解されよう．

【解答】 混合後の状態が過飽和状態になるとき

図(b)のように，1 と 2 を結ぶ直線の一部が飽和線の外側に出て，混合後の状態 3 がこの範囲に入るときは，まず，(a)と同様にして点 3 を求める．過飽和状態がそのまま保たれるときは，温度および絶対湿度は (t_3, x_3) であるが，水分を凝縮して安定状態になるときは，温度は $t_3{}'$ 線と飽和線の交点が示す温度 t_4 になり，$\Delta x = x_3 - x_4$ だけの水分が凝縮する．

(d) **加熱（または冷却）および加湿（または減湿）する場合**

図 1.7 のように，質量流量 M で定常的に流れる湿り空気の入口状態 $1(x_1, t_1, h_1)$，

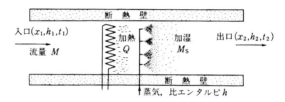

図 1.7 加熱および加湿の過程

出口状態 (x_2, t_2, h_2) として，流路途中で熱量 Q を供給して加熱するとともに，比エンタルピ h の水分を M_s[kg] 噴入して加湿する過程を考える．このとき，乾き空気の質量流量は全過程で変らないから，水分噴入による絶対湿度の変化は，$\Delta x = x_2 - x_1 = M_s / M$ である．一方，比エンタルピ変化は，加熱によるものと水分によって供給されるものの和であるから，

$$h_2 - h_1 = h\Delta x + Q/M$$

となる．ゆえに，$\Delta h/\Delta x = (h_2 - h_1)/(x_2 - x_1) = h + Q/M_s$

ここで，h は噴射した水分の比エンタルピで，

$h = 4.19t$ [kJ/kg]（$t \geqq 0°C$，水を噴射するとき）

$= -333.2 + 2.09t$ [kJ/kg]

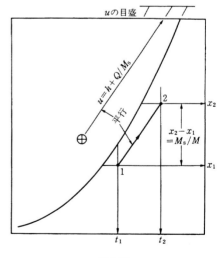

図 1.8

($t \leqq 0°C$, 氷粒を噴射するとき)

である．すなわち，これは点1と点2を結ぶ直線の勾配，つまり状態1より2にいたる過程の方向を示している（図1.8）．湿り空気線図では，線図の周囲にその値が記入されている．

状態1と途中の加熱および加湿量が与えられて状態2を求めるためには，点1からuに平行な線を引き，その線上に $x_2 = x_1 + M_s/M$ となる点を求めればよい．

u (enthalpy-humidity difference ratio) は，湿り空気の状態変化に伴う水分の増加に対するエンタルピの増加割合すなわち dh/dx である．

これとよく似たものに SHF（顕熱比，sensible heat ratio）がある．これは，変化を受けた間の全熱量変化に対する顕熱の割合を示す．いま，状態変化の前後を添字1，2で示すと，

$$\Delta h = h_2 - h_1, \quad \Delta x = x_2 - x_1$$

であり，顕熱変化はこれから潜熱変化を差し引けばよいから，

$$\text{SHF} = \frac{\Delta h - (x_2 - x_1) \times 2500}{\Delta h} \tag{1.29}$$

となり，したがって SHF と u との間には，

$$\text{SHF} = 1 - \frac{2500}{u} \tag{1.30}$$

なる関係がある．したがって，SHFもまた状態変化の方向を示すものと考えられ，湿り空気線図には，この値も併せて記入されている．なお，上の過程から明らかなように，SHF は無次元数である．これに対し，u は次元をもつ値であるから，SHFと u の相互換算に際しては注意が必要である*．

(e) **任意の状態の空気を所定の状態にする場合**

例題 4　$t = 30°C$，$\phi = 70\%$ の空気（状態1）を $t = 20°C$，$\phi = 50\%$（状態2）にするためには，どうすればよいか．

解答　状態1の空気に $x_1 - x_2$ だけ減湿し，$t_2 - t_1$ だけ冷却すればよいことになるが，この過程はそう簡単ではない．まず，状態2（この場合は $t = 20°C$，$\phi = 50\%$）

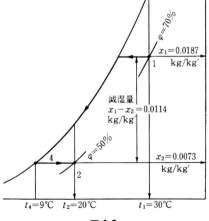

図 1.9

の絶対湿度と等しい絶対湿度の飽和空気4の温度を求め，状態1の空気をこの温度まで冷却する．この過程で $x_1 - x_2$ だけの水分が除去される．次に $t = 20℃$ まで加熱すると所要の空気が得られる．この過程は図1.9を見ればより理解できよう．このような過程は，減湿を乾燥剤によって化学的に行うのではなく，十分大きな面積をもつ伝熱面によって状態1の空気を冷却することによって水分を凝縮分離し，減湿を行うときに起こる．

(f) 全圧 P が標準状態 $P_0 = 760\,\mathrm{mmHg}$ とは異なる場合

例題5 全圧 P_0 に基づいて作られた空気線図を利用し任意の圧力における諸状態量を求めるにはどのようにするとよいか．

解答 まず，全圧 P_0 の空気線図から諸状態量を求め，温度 t を一定に保ったまま全圧が P_0 から P に変化したものと考えるとよい．

(a) 全圧が変ったことによって凝縮が起こらない場合

等温度のまま全圧が変化しても水分量はもとのままであるから，変化の前後で絶対湿度は不変である．

また，飽和水蒸気圧力 p_s は温度のみによって決まるから，全圧の変化によって変ることはない．

したがって，

$$x = 0.622\frac{\phi_1 p_s}{P_1 - \phi_1 p_s} = 0.622\frac{\phi_0 p_s}{P_0 - \phi_0 p_s}$$

が成立する．ここで，添字0は標準状態を，1は変化後の状態を表す．

これより，$\phi_1 = P_1\phi_0/P_0$，同様に，$v_1 = v_0 P_0/P_1$ となる．温度および絶対湿度 x は変らないから，比エンタルピはもとのままである．

(b) 全圧が変ったことによって凝縮が起こる場合

いま，全圧 P_0 のときの乾き空気および水蒸気の分圧を，それぞれ p_{a0} および p_{w0} とすると，全圧が P_1 になると乾き空気および水蒸気の分圧は p_{a1} および p_{w1} は，凝縮が起こらぬものと仮定すれば，

$$p_{a1} = p_{a0} \times P_1/P_0, \qquad p_{w1} = p_{w0} \times P_1/P_0$$

となる．

ところが，温度 t の空気中の水蒸気分圧は p_s 以上にはなり得ないから，$x - x_s$ だけの水分が凝縮し，水蒸気分圧は上の値ではなく，$p_{w1} = p_s$ となる．すなわち，このようにして得られる空気は飽和空気である．このような現象は湿り空気を高圧に圧縮するとき生じやすく，高圧空気を蓄えるタンク内に水がたまることがあるのは，この理由による．

---

* 本書では，すべて SI 単位に統一してあるが，重力単位では u は kcal/kgf となり，2 500 kJ/kg の代りに 597.3 kcal/kgf を使用しなければならない．

176 1 空気調和理論の基礎

1.3 空気調和負荷の計算

1.3.1 室内外の空気状態

⒜ 適切な室内の空気状態

空気をどのような状態に保ったらよいかということは，産業用空気調和の場合と保健用空気調和の場合とで異なる．産業用の場合には，生産プロセスあるいは貯蔵される品物によって，要求される空気の状態が多様であって，たとえばきわめて低い湿度の環境を必要とする場合，定められた温度および湿度に正確に保つことを要する場合，また，高温度・高湿度が必要な場合などいろいろである．これに対し，保健用空気調和では人が対象であるから，要求される空気状態は比較的限られた範囲にある．わが国では，おおぜいの人が集まる室内の空気調和に関しては，法令によってその基準が定められていて，温度は夏は 28℃ 以下，冬は 17℃ 以上に保ち，冷房するときは外気との温度差をあまり大きくしないこと，相対湿度は 40 ないし 70% に保つこと，空気流速 0.5m/s 以下とすることなどとなっている．

⒝ 有 効 温 度

人間の温度に対する感覚は極めて微妙なもので，温度が同じであってもそのときの湿度や空気の流速によって，どの程度の温度として感知するかが異なる．たとえば同温度の空気であっても流速が大きいときは実際の温度よりも低く感ずるし，また温度が比較的高いときには，湿度が高いほど実際より高温度に感ずることは日常よく経験するところである．そこで温度（厳密には乾球温度），湿度および気流のいろいろの組合せによって感じられる温度を有効温度 (effective temperature) という指標で表すことが行われている．これはヤグロウ (Yaglou) の提唱による．しかし，その後の研究によって実際の感覚とより一致するよう改善され，現在ではこれとは異なる有効温度が使用されており，ヤグロウのものと区別するため新有効温度 ET^* と呼んでいる[6]．図 1.10 は，ASHRAE (American Society of Heating, Refrigerating and Air-conditioning Engineers) の新有効温度および快感図である[6]．この図には，気流が 0.1〜0.15m/s の室内で普通の着衣で軽作業している人についての有効温度（破線）と乾球および湿球温度，相対湿度などとの関係を示しており，その上に ASHRAE の推奨する空調範囲を記入してある（斜線）．さらに，図中にはカンザス大学 (University of Kansas) の推奨する温度および湿度範囲を実線で示してあるが，これはアメリカ人大学生を被験者として得られた結果である．

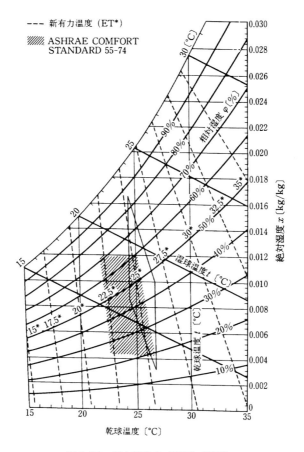

図 1.10 新有効温度 (ET*) 線図[6]

このような有効温度は，大きな部屋のなかで室内空気温度と周囲の壁温とが同じ場合のものであって，壁や床の温度が室内空気温度と差があるときには，放射熱のため上記の有効温度とは異なる感じを受ける．また，このほか着衣の程度や作業の軽重あるいは室内の空気の流れなどの要素で変るものであることはいうまでもない．

(c) **室内への送気**

人体は常に発熱と発汗による水分を放出している．そのため空気調和によって室内空気を一定に保つためには，外部からの侵入熱に加えて，人体発熱による熱ならびに照明器具など発熱を伴う機器からの熱と放出された水分に見合うだけの冷却および除湿を行わなければならない．しかし，室内環境を人間にとって快適に保つにはこれだけでは不十分であって，呼吸による炭酸ガス，体臭や喫煙による悪臭およ

び有害物質などを除き，不快にならないように常に一定量の外気を取り入れなければならない．

いま，室内で発生する有害物質 $V_1[\mathrm{m}^3/\mathrm{h}]$，同じ有害物質が外気中に存在する割合 $V_\mathrm{a}[\mathrm{m}^3/\mathrm{m}^3]$，室内でのこの物質の許容限界 $V_\mathrm{r}[\mathrm{m}^3/\mathrm{m}^3]$ とすれば，室内の有害物質の量を許容限界以下に保つためには，この室内に取り入れるべき外気量 $V[\mathrm{m}^3/\mathrm{h}]$ は，

$$V \geqq \frac{V_1}{V_\mathrm{r} - V_\mathrm{a}} \tag{1.31}$$

となる．呼吸による炭酸ガス発生は，日本人の場合には $V_1=0.011\sim0.013\,\mathrm{m}^3/\mathrm{h}$ 程度とされているから[7]，室内の許容炭酸ガス濃度を $0.0004\,\mathrm{m}^3/\mathrm{m}^3$ とすると，1人当りの換気量はおよそ $20\,\mathrm{m}^3/\mathrm{h}$ ぐらいになる．しかし，喫煙などによって有害物質の排出が著しい場合には，換気量をさらに多くしなければならないことはいうまでもない．

このように室内の空気を適切に保つには，空気調和設備によって温度と湿度を調節して室内に送るだけでなく，常に一定割合の外気を取り入れ，循環空気にまぜて供給しなければならない．循環空気量 $M_\mathrm{c}[\mathrm{kg}'/\mathrm{h}]$，室内に供給する空気量 $M_\mathrm{f}[\mathrm{kg}'/\mathrm{h}]$，取り入れる外気量 $M[\mathrm{kg}'/\mathrm{h}]$，室内での発生熱量 $Q[\mathrm{kJ}/\mathrm{h}]$，室内での発生水分量 $M_\mathrm{w}[\mathrm{kg}/\mathrm{h}]$ とすると，発生水分，室内および供給空気の比エンタルピをそれぞれ h_w, h_r および $h_\mathrm{f}[\mathrm{kJ}/\mathrm{kg}']$ とすれば，

$$M_\mathrm{f}(h_\mathrm{r} - h_\mathrm{f}) = Q + M_\mathrm{w} h_\mathrm{w} \tag{1.32}$$

となる．この過程は，状態Fの空気に熱量Qおよび水分量M_wが加えられて状態Rになるものと考えられるから，

$$u = \frac{\Delta h}{\Delta x} = \frac{Q}{M_\mathrm{w}} + h_\mathrm{w}$$

である．したがって，湿り空気線図上に状態点Rを通り方向uの直線を引き（これを調和線という）この線上に状態点Fをとればよい．たとえば供給空気の温度，すなわち室内への吹き出す空気の乾球温度 t_f を仮定すれば，h_f が求められるので点Fを決めることがで

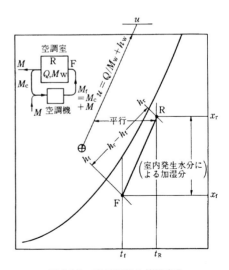

図1.11　空気調和の状態変化

きる（図1.11）．これより式(1.32)を用いて，吹出し空気量 M_f を求めることができる．この場合，室内空気の温度 t_r と供給空気の温度 t_f との差があまり大きすぎると，室内に温度むらができてよくない．また逆に，この差が小さすぎると，空気量 M_f が過大となり，吹出し速度が大きくなり，不快感を与える．

表 1.5 空気中のじんあい量[8]

地　域	空気 1 m³中のじんあい量[mg]
いなか，郊外	0.05〜0.5
都　会	0.1〜1.0
工業地帯	0.2〜5.0
普通の工場	0.5〜10
特にじんあいの多い工場	10〜1 000

(d) 除じん（塵）

空気中には，いろいろなじんあいが含まれている．じんあいが含まれる割合は，田舎，都会，工業地帯など場所によって異なるが，大体の目安としては表1.5に示すとおりである．人が居住する室内では，着衣などからの繊維くず，たばこ煙の微粒子など，また花粉や細菌類その他の微生物など健康にとって有害な浮遊物はすべてじんあいと考えられる．あまり形の大きいものはすぐ落下してしまうので，空気中に浮遊するものは大体 $100\,\mu\mathrm{m}$ 以下の大きさで，平均粒径 $0.5\,\mu\mathrm{m}$ くらいである．在室者の衛生上あるいは機器の保持ないし生産プロセスの保全のため，浮遊じんあいを取り除き清浄な空気を得ることが必要である．

除じん方法には，その原理によって，(1)乾性ろ過式，(2)粘着式，(3)吸着式および(4)静電式などがある．

除じんの能率は除じん効率[%]と呼ばれ，次式で定義される．

$$\eta_f = \frac{C_1 - C_2}{C_1} \times 100 \tag{1.33}$$

ここに C_1，C_2 は除じん装置入口および出口におけるじんあい濃度である．

(e) 室内の気流

空気調和された空気は，吹出し孔から室内へ流入する．吹出し孔をどのように設けるかによって室内の上下の温度差，室内気流などの環境が変ってくる．特に室内容積が大きく高さの高い建物では，吹出し孔の位置や空気調和された空気を吹き出す際の方向や流速によって室内環境は大幅に変化し，居住者に対する空調効果が変るだけでなく，空気調和に要するエネルギ消費も著しく変る．そのため大きな空間の空気調和を計画するときには，吹出し気流解析，模型実験あるいは流れに関する方程式の数値解を求めるなどの方法で，空間内温度分布を予測することが行われている[9]．大空間の温度分布は，水平方向にはそれほど大きくないので，空間を高さ方

180　　1　空気調和理論の基礎

向にいくつかの層に分割し，各層の間の熱移動を略算することもある[9]．

　(i)　空調方式の種類　　大空間の空気調和方式として古くから行われている方法は，天井面吹出し方式である．これは天井面にノズルあるいはディフューザを設けて下向きに吹き出す方法である．居住域において空気の流速が大きくならない利点がある半面，暖房時には暖気が下まで届きにくく，上下の温度差ができやすい．

　これに対して，壁面横吹出し方式と呼ばれる方法がある．これは，壁面にノズル形吹出し孔を設け，床面付近から横方向に空気を吹き出すものである．これによって，空気循環を居住域に限定することができる．また，吹出し孔の位置を低くしたり居住域とその上の空間の間にエアカーテンを設けるなどの工夫によって，省エネルギ効果も期待できる．

　(ii)　空気調和の相似則　　模型実験を行うときには，模型と実物の間の相似則を知っておかなければならない．これについては文献[9]に詳しいが，概略は以下のようである．

　いま，空気調和している室内の乱流空気流れおよび温度に関して相似であるためには，模型と実物について下記の無次元数を等しくすればよい．すなわち，

　　　乱流レイノルズ数　　　$Re = \dfrac{UL}{K}$

　　　乱流ペクレ数　　　　　$Pe = \dfrac{UL}{a}$

　　　アルキメデス数　　　　$Ar = \dfrac{g\beta\theta L}{U^2}$

ここで，g：重力加速度，β：熱膨張係数，θ：温度差，U：空気流速，L：室の長さ，K：渦動粘性係数，a：渦温度伝導率である．

　空調室内の乱流に対しては，KおよびaはともにULに比例することが実験的に確かめられている．したがって，上のReおよびPeは考慮する必要がなく，Arだけを一致させればよいことになる．ゆえに相似則が成立するためには，模型および実物の値にそれぞれmおよびrを付して表すことにすると，速度，温度差および室寸法の間に，

$$\frac{\theta_m L_m}{U_m^{\,2}} = \frac{\theta_r L_r}{U_r^{\,2}} \tag{1.34}$$

なる関係が成立すればよい．また室内総発生熱量Qは，空調によって供給される新気の量と温度差との積に等しく，新気の量は吹出し孔の大きさとそこでの流速の積である．したがって，実物と模型が室の大きさだけでなく，吹出し孔の大きさも含

めて幾何学的に相似であるときには,

$$\frac{Q_m}{U_m \theta_m L_m{}^2} = \frac{Q_r}{U_r \theta_r L_r{}^2} \tag{1.35}$$

なる関係が成立すれば,実物と模型が熱量に関しても相似であることになる.

　実際に模型実験を行うときには,U を吹出し速度 U_0,θ を吹出し孔と居住域との温度差にとり,模型の幾何学的縮尺率 L_m/L_r と温度差縮率 θ_m/θ_r を決めると,模型における Q_m および U_{0m} が決まる.このような模型を用いて空気調和空間の空気流速分布を実測し,得られた値を U_{0r}/U_{0m} 倍すれば実際の空気流速が求められる.

(f)　室外空気の状態

　空気調和に要するエネルギは,室内空気状態と外気の状態の差によって変るから,空気調和負荷の計算には外気の状態をどのように見積るかが重要な問題である.

　(i)　暖房時の標準外気　　5年間の気象統計から,冬期間(12月から3月まで)の全時間の 97.5% 以上においてその温度より高い温度 t_{0s},すなわち危険率 2.5% の最低温度推定値を暖房のときの基準外気温度とすればよい.これは,ASHRAE の推奨している方法[6]で広く採用されている.また,t_{0s} を近似的に求める方法として,

$$t_{0s} = t_m + 0.22 t_y + 0.7 \tag{1.36}$$

が提案されている[10].ここに t_m は毎日最低温度の月別平均で,1月あるいは2月の低い方の値,t_y は年間最低温度の平均値である.

　(ii)　冷房時の標準外気　　上記 ASHRAE は,冷房時の標準外気条件として,危険率 1.0, 2.5 あるいは 5% で推定された最高乾球温度および湿球温度のうち,条件に応じて適当な組合せで使用することを推奨している.この方法をわが国に適用した結果によれば表 1.6 のようになる.この表に示されている値は危険率 5% としたときのものである[11].詳しい数字を知るには文献[11]などを見るとよい.

表 1.6　日本各地の夏期設計外気温度

		札幌	仙台	名古屋	大阪	広島	福岡	鹿児島
最高温度	t	28.7	30.0	34.6	33.9	31.5	33.3	33.2
	t'	21.7	23.9	24.6	24.2	24.9	25.2	25.3
最高温度と	Δt	7.7	6.6	9.8	7.7	6.1	6.8	6.3
最低温度の差	$\Delta t'$	2.2	1.5	0.8	0.5	1.1	1.3	0.9

文献11)より抜すい

　(iii)　暖房・冷房デグリーデー　　暖房あるいは冷房しているときの1日の室内平均温度 t_r と外気の日平均温度 t_0 との差 $t_r - t_0$ をその日の度日 (degree day) とい

182   1   空気調和理論の基礎

い，これを 1 年間にわたって合計したものが，暖房あるいは冷房度日である．すなわち，この値は暖房や冷房によって保たなければならない外気温度との差を表す指標であって，建物の総表面積と壁の平均熱通過率とこの値の積は，暖・冷房に要する年間エネルギ消費の目安になると考えられる．そのため，地域ごとの暖・冷房エネルギをおおまかに比較する場合にはよく用いられる指標である．度日は，室内温度 t_r および暖房あるいは冷房限界温度 t_c のとり方で値が違ってくる．そのた

表 1.7 日本各地の暖房・冷房度日 および暖・冷房日数

	暖　　房		冷　　房	
	度日	日数	度日	日数
旭　　川	4 451	298	—	—
札　　幌	3 886	293	—	—
仙　　台	2 708	263	10	24
東　　京	1 838	220	130	65
名古屋	1 987	233	142	69
大　　阪	1 786	210	237	83
広　　島	1 990	221	142	66
福　　岡	1 671	219	197	77

（暖房については文献12）より，冷房については文献3）より抜すい）

め度日を表すときには，基準として用いた t_r および t_c を明記し，たとえば D20-18 などと書く．これは $t_r=20℃$ および $t_c=18℃$，すなわち日平均外気温度が $18℃$ より低くなったら暖房を開始し，室内温度を $20℃$ に保つものとしたときの度日であることを示している．表 1.7 は，各地の度日および暖房または冷房を要する日数を示した例である[3),12)]．暖房度日については，$t_r=t_c=18℃$，冷房度日については $t_r=t_c=24℃$ として計算してある．

1.3.2   空気調和負荷と状態変化

　空気調和システムにおける空気のサイクルおよびそれに伴う状態変化について，1.3.1 項(c)にその概略を示したが，ここでは，空気調和負荷に注目してもう少し詳しく述べる．

　空気調和の熱負荷は，顕熱負荷と潜熱負荷に大別される．空調が暖房を目的とするときの熱負荷を暖房負荷，冷房を目的とするときには，冷房負荷と呼ぶ．顕熱負荷は，空気調和された室内あるいはダクトなど空気調和システムに対する授受熱量によるもので，たとえばガラス窓・屋根あるいは壁面など建物構造体を通して流入・流出する熱，人体や空調室内に置かれた機器の発生熱，すきま風による侵入熱，太陽光からの熱，給気ダクトの漏洩による熱，換気のための新気取り入れに伴う熱，あるいは熱交換の不完全さによるバイパス空気によってもたらされる熱などがこれに相当する．

　潜熱負荷は，空気中に含まれる水分の凝縮や蒸発などの相変化による熱負荷である．たとえば在室者の呼吸や発汗作用による水分放出，あるいは室内に置かれてい

る湿ったものからの水分放出，さらに外気の湿度を所定の湿度に調節するための加・除湿などである．

(a) **顕熱負荷と潜熱負荷**

空気調和における顕熱負荷は，発生する機構によって四つに大別することができる．すなわち，室内と外気との間に生ずる建物の構造部分を通じての熱通過による熱負荷 Q_c[kJ/h]，室内空気と外気が交換されることによる熱負荷 Q_v[kJ/h]，日射による熱負荷 Q_s[kJ/h] および室内で発生する熱による負荷 Q_g[kJ/h] である．したがって，全顕熱負荷を Q[kJ/h] とすれば，

$$Q = Q_c + Q_v + Q_g + Q_s \tag{1.37}$$

である．ただしこの場合，室内から外部へ流出するかまたは室内で吸収される熱を正にとる．いいかえると，熱流が室内のエネルギを減少させる方向のときを正の方向と定義していることになる．したがって，Q が正のときは暖房，負のときは冷房を意味する．熱量の符号をこのように定義するのは，構造負荷 Q_c および換気負荷 Q_v は暖房冷房いずれの場合にも空調負荷を増すように作用し，発生熱負荷 Q_g および日射熱負荷 Q_s は，冷房の場合には負荷を増加させるように作用し，暖房の場合には必要とする暖房エネルギを軽減するように働くという事実に矛盾を生じないためである．

(b) **空気調和システムにおける状態変化**

空気調和システムにおける空気の流れを示すと，図1.12のようになる．すなわち，空調機より室内へ送り込まれる空気量 M_f[kg′/h]，換気のための取入れ空気量 M_v[kg′/h] とすると，

$$M_c = M_f - M_v \tag{1.38}$$

だけの空気がシステム内を循環していることになる．

また，室内で発生する水分量を M_w[kg/h]，その比エンタルピを h_w，取入れ空気および室内へ送り込まれる空気の比エンタルピおよび絶対湿度をそれぞれ h_v, x_v および h_f, x_f とし，室内空気の状態量を添字 r で表示すると，空気調和を行っている部屋に関する水分および熱のバランスから次式が成立

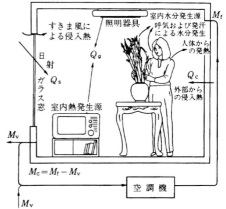

図1.12 空気調和における空気と熱の流れ

1 空気調和理論の基礎

する.

$$M_\mathrm{f} x_\mathrm{f} + M_\mathrm{w} = M_\mathrm{f} x_\mathrm{r}, \qquad M_\mathrm{f} h_\mathrm{f} + Q + M_\mathrm{w} h_\mathrm{w} = M_\mathrm{f} h_\mathrm{r}$$

これから,この部屋に流入・流出する空気の状態変化は,

$$u = \frac{dh}{dx} = \frac{h_\mathrm{r} - h_\mathrm{f}}{x_\mathrm{r} - x_\mathrm{f}} = \frac{Q}{M_\mathrm{w}} + h_\mathrm{w}$$

で表される方向に起こる.

空調機器を含めたシステム全体の状態変化は,冷房を目的とするときと暖房を目的とするときでは,少し考え方が違っている.

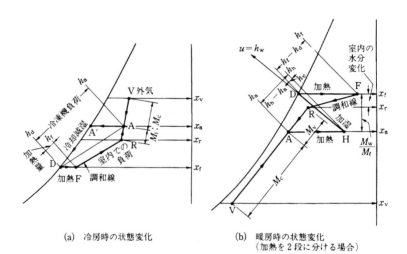

(a) 冷房時の状態変化　　(b) 暖房時の状態変化
　　　　　　　　　　　　　　（加熱を2段に分ける場合）

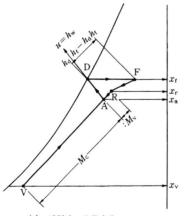

(c) 暖房時の状態変化
　　（加熱を1段で行う場合）

図 1.13　換気を考慮した空気調和の状態変化

（i） 冷房時の状態変化　　図 1.13 (a) は，冷房システムにおける空気の状態変化を示したものである．空調機器入口における空気の状態 A は，$M_c [kg']$ の室内空気と $M_v [kg']$ の外気との混合気であるから，1.2.2 項で述べたように，外気状態 V と室内状態 R を結ぶ線分を $M_c : M_v$ に内分する点で表される．すなわち，絶対湿度 x_a および比エンタルピ h_a は，

$$x_a = \frac{X_v M_v + x_r M_c}{M_v + M_c}, \qquad h_a = \frac{h_v M_v + h_r M_c}{M_v + M_c}$$

となる．状態 A の湿り空気を冷却減湿して状態 F とすればよいことになるが，これを一度に行うことは難しいので，多くの場合，次のように 2 段階に分けて実現している．まず，状態 A の空気を室内供給空気 F の露点温度 t_d まで冷却し状態 D とする．次に，これを加熱して状態点 F を得る．したがって，冷房に要するエネルギは $h_a - h_f$ ではなく，冷凍機負荷として $h_a - h_d$，加熱に要するエネルギとして $h_f - h_d$ である．なお，点 A と点 D を結ぶ直線は，単に状態変化の方向を示しているだけであって，途中の状態変化は点 A よりその点での露点 A′ に達し，それ以降は飽和線上をたどって点 D へと移動するものであることに注意しなければならない．このような冷却過程は，目的とする空気と同じ温度の伝熱面を有する熱交換器によって行われるが，伝熱面積が無限に大きいときには，得られる空気温度は伝熱面温度と等しくなる．しかし，実際には熱交換器の伝熱面の大きさは有限であるから，熱交換器出口における空気温度は伝熱面のそれより高く，相対湿度も 90〜95% にとどまるのが普通である．これについては後で詳しく述べる．

（ii） 暖房時の状態変化　　暖房を目的とする空気調和システムでは，外気温度および湿度はいうまでもなく室内よりも低い．したがって，空気の状態変化は図 1.13 (b) のようになる．すなわち，記号を冷房の場合と同じにすると，空調機器入口における空気の状態 A は $M_c [kg']$ の室内空気と $M_v [kg']$ の外気との混合気であるから，外気状態 V と室内状態 R を結ぶ線分を $M_c : M_v$ に内分する点で，その線図上における座標は，

$$x_a = \frac{x_v M_v + x_r M_c}{M_v + M_c}, \qquad h_a = \frac{h_v M_v + h_r M_c}{M_v + M_c}$$

となる．したがって，この状態から室内への供給空気の状態 F まで変化させればよいことになるが，通常これを 3 段階に分けて実施している（図 1.13 (b)）．すなわち，まず状態 A の空気を加熱して状態 H とする．このときは，絶対湿度は変らないから，点 A を通る等 x 線と点 D を通る $u = h_w$ 線（h_w は加湿水分の比エンタルピ）の交点

が加熱後の状態Hとなる．次に状態Hの空気に加湿し飽和空気とすると状態Dの空気が得られる．さらにこれを温度 t_f まで加熱すると室内への供給空気Fとなる．点Hをどのようにして決めるかというと，調和線の方向と室内における水分変化量（図では室内において絶対湿度が減る方向にとってあるが，多くの場合すきま風の影響からこのようになることを考慮したもの）から点Fが決まり，これから点Dを求め，点Dを通る $u=h_w$ 線と点Aを通る等 x 線との交点として点Hが定まる．したがってこの場合，乾き空気1kg当り暖房に要するエネルギ h は，最初の加熱に要する分 $h_h - h_a$ と2回目の加熱分 $h_f - h_d$ の和である．点DとHのエンタルピの差は，加湿水分の蒸発に要するエネルギ $h_e[\text{kJ/kg}'] = h_d - h_h$ であるから，$h = (h_f - h_a) + h_e$ と表すこともできる．

しかし，条件によっては，第1回の加熱過程を省略することも可能である（同図(c)）．この場合には，点Aの空気に直接水分噴射を行い，点Dとする．点Fおよび点Dの決め方は上の場合と同様であるが，点Aの空気に加湿して，ちょうど点Dになるようにするには，ADと平行な u 線を求め，噴射する水の比エンタルピ $h_w = u$ となるように調節しなければならない．

(c) **バイパスファクタ**

点1の湿り空気を露点温度以下に冷却するときを考える（図1.14）．冷却器の伝熱面表面温度を t_s とすれば，伝熱面の面積が十分に大きく，かつ冷却器内を流れる空気の撹拌が十分であれば，出口での空気は温度 t_s の飽和空気となっているはずである．しかし実際には，伝熱面面積は有限であり撹拌作用も完全でないため，出口での空気温度は t_s よりも高い t_2 になる．この場合の状態変化は，伝熱面に接触せずに出てきた空気1と表面との接触が十分であった空気（状態 s ）との混合過程と考えられるから，出口状態2は，点1と点 s を結ぶ直線上になければならない（図1.14）．ここで，長さ $1s$ に対する長さ 12 の比を k とすると，残りの部分すなわち長さ $2s$ の割合は $1-k$ である．状態2の空気は，状態 s の空気と状態1の空気を $(1-k):k$ の割合で混合したものと考えることができる．状態1の空気は冷却器にまったく触れずに素通りしたものと考えられるから，$1-k$ をバイパスフ

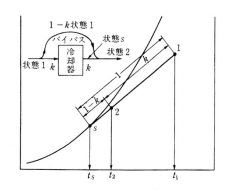

図**1.14** バイパスファクタ

ファクタ (bypass factor), 状態 s の空気は冷却器に十分接触したものとみなせるから, k をコンタクトファクタ (contact factor) という.

バイパスファクタの値は冷却器形式やコイルの列数によって違いがあるが, 4 列ではおよそ 0.1～0.2, 8 列では 0.01～0.04 くらいである[10]. なお, 点 s における温度 t_s を装置露点温度 (apparatus dew point) と呼ぶことがある.

例題6 温度 30°C, 相対湿度 50％の空気をコイルで冷却したところ, 温度 6°C, 相対湿度 90％になった. (1)装置露点, (2)バイパスファクタを求めよ.

解 答 湿り空気線図において温度 30°C, 相対湿度 50％の点 (状態 1) と, 温度 6°C, 相対湿度 90％の点 (状態 2) を直線で結び, 延長して $\phi=100\%$ との交点を求めると, 装置露点 0°C(状態 3) を得る. また, 状態 2 は, 状態 1 と 3 を結ぶ線分を 0.11：0.89 で内分する点にあるから, バイパスファクタ $1-k=0.11$.

(d) 空気調和負荷の計算

(i) **構造熱負荷 Q_c** 建物の壁や屋根, ガラス窓あるいは間仕切壁などを通じて流入流出する熱による負荷である. これによる熱負荷は, 構造体を通じての熱通過を計算することにより求められる. すなわち,

$$Q_c = KA(t_r - t_0) \tag{1.39}$$

ただし, K：考えている構造部分の熱通過率, A：その面積, $t_r - t_0$：空気調和している室内と外部との温度差である.

熱通過率 K は, 考えている構造部分が, 厚さ $s_1, s_2, s_3, \cdots$, 熱伝導率 $\lambda_1, \lambda_2, \lambda_3, \cdots$ の多層壁からなるものとすると,

$$\frac{1}{K} = \frac{1}{\alpha_r} + \frac{s_1}{\lambda_1} + \frac{s_2}{\lambda_2} + \frac{s_3}{\lambda_3} + \cdots\cdots + \frac{1}{\alpha_0} \tag{1.40}$$

から求められる. ここで, α_r および α_0 は室内外の壁表面における熱伝達率の意味である. α_0 は, 表面の粗さやその部分での風速によって異なるが, 大体の値として $\alpha_0 = 20～35 \mathrm{W/m^2 °C}$, α_r は表面状態, 部所で異なるが, 壁では $\alpha_r = 9～10$, 天井面では $\alpha_r = 7～8 \mathrm{W/m^2 °C}$ くらいとみてよい. 熱通過率 K は, 平均的な建物では部位によっておよそある範囲の値になる (表1.8)[10].

考えている部所が隣室や廊下など外気に直接接しない部分で

表1.8 熱通過率の大体の値

壁構成	熱通過率 K〔W/m²K〕
一重ガラス	6.4
二重ガラス	1.4
厚さ20cm のコンクリート壁	1.4～3.0
厚さ20cm の軽量ブロック壁	1.8～2.0
〃 レンガ壁	1.5～1.8
二重板張り床	1.9
たたみ床	0.9～1.0

あるときには，室外温度 t_0 として隣室や廊下などの乾球温度をそのまま用いればよい．しかし，注目している壁面が外気に接しているときには，壁表面に対する日射の影響を考慮しなければならない．

(ii) 日射による熱負荷　日射は，太陽から直接到達する直達成分と，大気によって散乱されたのちに到達する散乱成分からなり，両方を合わせて全天日射 (global insolation) という．任意の面に対する直達日射 [W/m²]

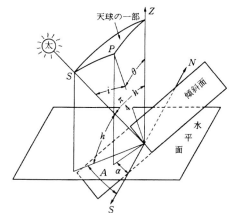

図 1.15　傾斜面への日射熱負荷を求めるための各種角度間の関係

は，その入射角 i によって異なるが，太陽高度および方位角を含めた各種の角度関係は図 1.15 のように定義される．P は考えている面の法線が半球をよぎる点である．図において，球面三角形 $\triangle ZSP$ に関する余弦法則を用いると，

$$\cos i = \sin h \cos\theta + \cos h \sin\theta \cos(A-a) \tag{1.41}$$

となり，この式から入射角 i を計算することができる．

太陽に直対する面に対する日射量すなわち法線面直達日射量 I_D がわかれば，任意傾斜面に対する直達日射量 I_{ID} は，

$$I_{ID} = I_D \cdot \cos i \tag{1.42}$$

として求められる．

散乱日射量（天空日射量ともいう）I_S を見積るには，次のベルラーゲ (Berlage) の式によるのが一般的である．

$$I_S = \frac{0.5 I_0 R(1-R)}{1 - 1.4 \sin h \cdot \log_e R} \tag{1.43}$$

ここに，$R = I_D/I_0$，I_0 は大気圏外における日射量で，太陽定数と呼ばれる（$I_0 = 1\,382$ W/m²）．この式から求められる日射量は，水平面に対するものである．したがって，任意傾斜面に対しての日射量を求めるには，式 (1.43) による値に，傾斜面の天空に対する形態係数をかければよい．

$$I_{IS} = \frac{I_S \cdot (1 + \cos\theta)}{2} \tag{1.44}$$

傾斜面が受ける日射としては，これまでに述べたもののほかに，地面からの反射

も考慮しなければならない場合がある．傾斜面から地面を見る形態係数は $(1-\cos\theta)/2$ であるから，地面の反射率を ρ とすれば，傾斜面へそそがれる反射成分 I_{IR} は，

$$I_{\mathrm{IR}} = \frac{I_{\mathrm{T}}\rho(1-\cos\theta)}{2} \qquad (1.45)$$

となる．ここに，I_{T} は水平面に対する全天日射量で，I_{D} と I_{S} の和である．傾斜面に対する全日射量 I_{IT} は，したがって，

$$I_{\mathrm{IT}} = I_{\mathrm{ID}} + I_{\mathrm{IS}} + I_{\mathrm{IR}} \qquad (1.46)$$

となる．

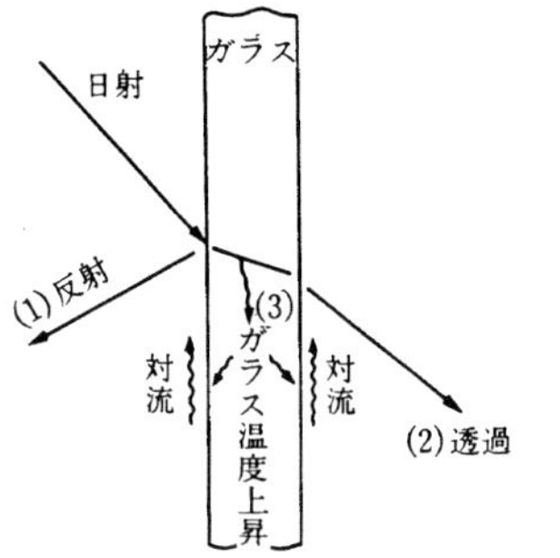

図 1.16　日射エネルギが窓ガラスを通して室内に侵入する様子

日射が窓ガラスに当たり，室内に侵入する様子は図 1.16 のようになる．すなわち，日射 I_{IT} がガラスに投射されると，(1)表面で反射される，(2)ガラスを透過して室内に入り負荷となる，(3)ガラス自身の温度を上昇させ，ガラス内外表面での対流熱伝達による熱移動を起こす．

空気調和負荷の原因となるものは，(2)によるものが大部分であり，その場合の取得熱 $q_{\mathrm{G}}\mathrm{[W]}$ は，

$$q_{\mathrm{G}} = I_{\mathrm{IT}} \cdot k_{\mathrm{s}} \cdot A_{\mathrm{g}} \qquad (1.47)$$

となる．ここに，k_{s} は遮へい係数 (shielding factor) と呼ばれるもので，表 1.9 にその例を示す．A_{g} はガラスの面積である．

表 1.9　ガラス窓の遮へい係数 k_{s}

ガラスの種類	遮へいのない場合	内側にベネシアンブラインド		
		明 色	中間色	暗 色
普通ガラス	1.0	0.56	0.65	0.75
吸熱ガラス(吸収率48〜56%)	0.73	0.53	0.59	0.63
二重ガラス(外側吸熱ガラス)	0.5	0.36	0.39	0.43

文献14)より抜すい

建物の壁は日射により加熱され，図 1.16 の(3)の場合のように，対流を発生することによって熱負荷となる．その場合，日射量は時々刻々変化するので，壁の温度もそれにつれて変化する．

いま，壁の外表面温度 t_{s}，傾斜面全天日射量 $I_{\mathrm{IT}}\mathrm{[W/m^2]}$ とする．壁の吸収率 α とすれば，単位面積当り壁の吸収する全エネルギ q は，

190　　1　空気調和理論の基礎

$$q = \alpha I_{\mathrm{IT}} + \alpha_0(t_0 - t_s)$$
$$= \alpha_0\left\{\left(\frac{I_{\mathrm{IT}}\alpha}{\alpha_0} + t_0\right) - t_s\right\} = \alpha_0(t_e - t_s) \tag{1.48}$$

となる．ここに，$t_e = I_{\mathrm{IT}}\cdot\alpha/\alpha_0 + t_0$ で，相当外気温度という．すなわち，この場合には，式 (1.29) において，外気温度 t_0 の代りに，日射による補正を行った t_e を用いればよいことがわかる．

(iii)　**外気取入れによる熱負荷**　　空気調和システムにおける外気取入れは，空調室内の換気を目的として意図的に行う場合と，すきま風 (infiltration という) やドアの開閉に伴う外気流入のように必ずしも意図しない場合とがあるが，いずれにしても，空調負荷に算入しておかなければならない．また，冷却器のバイパスによる空気による熱負荷についても，取扱いは同様である．取り入れる外気状態がわかれば，その比エンタルピ h_v および絶対湿度 x_v が決まるから，それを室内空気の状態 h_r および x_r にするのに要する顕熱および潜熱量 Q_{vs}, Q_{vl} は，流入空気量を M_v〔kg/h〕とすれば，

$$Q_{vs} = M_v(h_v - h_r), \qquad Q_{vl} = rM_v(x_v - x_r), \qquad Q_v = Q_{vs} + Q_{vl}$$

となる．ここで，r は蒸発の潜熱，M_v は換気によるものとすきま風その他による侵

表 1.10　すきま風による換気回数 n〔回/h〕[11]

建築構造	換気回数 n	
	暖房時	冷房時
コンクリート造(大規模建築)	0 ～0.2	0
コンクリート造(小規模建築)	0.2～0.6	0.1～0.2
洋風木造	0.3～0.6	0.1～0.3
和風木造	0.5～1.0	0.2～0.6

表 1.11　在室者 1 人当り必要な外気量

場所	1人当り外気供給量〔m³/n〕		喫煙者の割合
	適当量	最小量	
事務所	25.5	17	少数
和室	51	25.5	50%
デパート	12	8.5	なし
食堂	25.5	20.4	25%
病院	25.5	17	なし
銀行	17	13	ときどき
喫煙所	51	42.5	100%

文献10)より抜すい

表 1.12　人体からの発熱量〔W/人〕

作業状態	室温	27℃		26℃		21℃	
	例	全発熱量	顕熱	潜熱	顕熱	潜熱	顕熱	潜熱
静座	劇場	102	57	45	62	40	76	26
事務所業務	事務所	131	58	73	62	69	84	47
着席作業	工場の軽作業	220	65	155	72	147	107	113
歩行4.8km/h	工場の重作業	293	88	204	97	196	135	158
ボーリング	ボーリング場	424	136	288	141	283	178	246

文献6)より換算

演 習 問 題 **191**

入空気との合計とする.

すきま風として分類されるものは,単に窓サッシュやドアのすきまからの流入空気だけでなく,ドア開閉に伴う換気,建物内外の圧力差に基づく空気流入(暖房時には,ビルの吹抜け部分など高さの高い空間では,煙突効果のため内部が負圧になる)など多種多様である.そのためきまった算定方法はなく,場合ごとに経験式などを利用しなければならない.たとえば,住宅やレストランなど小規模建築の場合には,室容積をもとにして換気回数 n から求めることが行われている.すなわち,すきま風量 M_{vi} は,

$$M_{vi} = \frac{nV}{\rho}$$

ここに,n は換気回数(表 1.10),V は室容積,ρ は空気の密度である.

一方,換気のための外気取入れ量は,室の使用目的や人員,喫煙の程度などによって異なるが,表 1.11 を標準と考えてよい[11].

(iv) **在室者からの熱負荷**   人体からの呼吸や発汗などによる熱および水分の発散によるもので,室内における動作の状態や男女,大人と子供,年齢などによって差がある.表 1.12 は,いろいろな動作状態における平均的な発熱量を示したもので,ASHRAE によるデータである.

(v) **室内機器からの発生熱による熱負荷**   室内の白熱電灯あるいは電熱器からの発熱はワット数そのものに,蛍光灯の場合にはバラスト(安定器)からの発熱を考慮してワット数×1.16 に器具の利用率 f をかければよい.また,電動機の場合には,定格出力 P,効率 η_m とすると,室内での発生熱は P/η_m となる.

演 習 問 題

[**1.1**]   ある日の大気(760mmHg)の状態を測定したところ乾球および湿球温度が,それぞれ 25℃ および 20℃ であった.相対湿度,絶対湿度およびこの空気 1kg 中に含まれる水蒸気量を求めよ.   (答 63.5%,0.0126kg/kg′,0.0124kg/kg)

[**1.2**]   圧力 0.1013MPa,温度 15℃ の湿り空気 1kg 中に 0.0085kg の水蒸気が含まれているものとする.この空気の(1)絶対湿度,(2)相対湿度,(3)露点温度,(4)比エンタルピ,(5)この空気の湿度を乾湿球温度計で計ったときに得られる乾球および湿球温度を求めよ.
                (答 (1)0.00857kg/kg′,(2)80.8%,(3)8.9℃,(4)36.74kJ/kg′,(5)15℃,13.2℃)

[**1.3**]   温度 20℃,相対湿度 80% の湿り空気を冷却して 10℃ の飽和空気とするとき,凝縮水の量を求めよ.ただし,圧力は 760mmHg で変化しないものとする.

192　　1　空気調和理論の基礎

(答　0.0041kg/kg′)

[**1.4**]　圧力 760 mmHg, 温度 10℃ の飽和空気を等圧のもとで加熱して相対湿度 50% の湿り空気とするには, 乾燥空気 1 kg 当りどれだけの熱量が必要か. また, 加熱後の温度はいくらか.　　　　　　　　　　　　　　　　　　　　(答　12.0 kJ/kg′, 21.0℃)

[**1.5**]　ある空気加熱器において, 温度 20℃, 相対湿度 85% の空気と温度 10℃, 相対湿度 60% の空気を 10:1 の割合で取り入れ, 温度 30℃ の空気を毎時 30 kg 送り出すものとする. この空気加熱器のヒータは何 kW か. また, 得られる空気の相対湿度はどれだけか. ただし, 空気圧力は 1 013 mbar とする.　　　　　　　　　(答　0.096 kW, 44%)

[**1.6**]　圧力 760 mmHg, 温度 25℃, 相対湿度 85% の湿り空気を, 等温のまま体積がもとの 1/3 になるまで圧縮し, 再び初めの圧力まで戻すときどれだけの水分が分離するか. また, 相対湿度はどうなるか.　　　　　　　　　　　　(答　0.0106 kg/kg′, 33.3%)

[**1.7**]　温度 25℃, 相対湿度 50% の湿り空気が, 冷却コイルで冷却され, 温度 15℃, 相対湿度 85% になったとすると, (1)装置露点, (2)このコイルのバイパスファクタ, (3)冷却熱量, (4)除去水分量を求めよ.　　　(答　(1)11.8℃, (2)0.23, 13 kJ/kg′, 0.0008 kg/kg′)

[**1.8**]　温度 10℃, 相対湿度 40% の空気を, 22℃, 50% に空気調和するとき, 次のような手順によるものとする. (1)絶対湿度一定のまま加熱, (2)湿球温度を一定に保ったまま飽和空気になるまで加湿, (3)絶対湿度一定のまま加熱. この過程を空気線図を用いて図示し, 各点の状態を決定せよ.　　　　　　　　　　　　　　　　　　　　　(省略)

[**1.9**]　温度 30℃, 相対湿度 0.5 の空気を加湿して飽和空気とするため, (a)100℃ の飽和水を噴射するときと, (b)100℃ の飽和蒸気を噴射するときでは, 得られる空気の状態はどのように異なるか.　　　　　　　　　　　　　　　　　　　　(答　22.5℃, 32.6℃)

[**1.10**]　ある室を 20℃, 55% (相対) に空調するとき, 潜熱負荷 23 kW, 顕熱負荷 58 kW であるとする. 吹出し空気と室温との差を 7℃ とするとき, 吹出し空気の状態を決定せよ.　　　　　　　　　　　　　　(答　$t=13$℃, $x=0.0069$ kg/kg′, $\phi=75$%)

参　考　文　献

1)　Goff, J.A. and Gratch, S. : Standarization of thermodynamic properties of moist air, Heating, Piping and Air Conditioning, Nov. (1949).

2)　Carrier, W. H. : Rational Psychrometric Formulae, *Trans. ASME*, **33** (1911), p. 1005.

3)　東京天文台編：理科年表 (1984 年版), 丸善.

4)　工業技術大系編集委員会編：工業計測技術大系 10, 湿度・水分測定 (1965), 日刊工業新聞社.

5)　内田秀雄：湿り空気と冷却塔 (1968), 裳華房.

6)　A. S. H. R. A. E Handbook 1977.

参 考 文 献　***193***

7)　山田治夫：冷凍及び空気調和 (1981)，養賢堂.

8)　冷暖房・空調編集委員会編：冷暖房・空調ハンドブック (1980)，誠文堂新光社.

9)　宮川保之：大空間の空気調和，日本機械学会誌，**82-730** (1979).

10)　日本冷凍協会編：冷凍空調便覧 (応用編)(1971)，日本冷凍協会.

11)　井上宇一：空気調和ハンドブック (1982)，丸善.

12)　建設省住宅局生産課省エネルギ対策官ほか監修：住まいの省エネルギ読本 (1981)，(財) 住宅・建設省エネルギ機構.

13)　金山公夫監修：寒冷地におけるソーラーシステムの技術解説と実用化資料 (1981)，第1インターナショナル.

14)　空調衛生工学会編：空気調和衛生設備の実務と知識 (1966).

2

——————— 空気調和方式とその展望

2.1　直接暖房方式の実際

　現在の空気調和は四つのプロセス，すなわち温度，湿度および気流の調整，空気の浄化からなることはいうまでもない．しかしながら，従来はこの四者のうち温度の調整を最も重視し，もっぱら暖房または冷房と呼んでいた．この節では以下に定義される直接暖房を主にとり上げるが，近年は温度のみではなく，他の要素をも考慮して有機的なシステムとして機器を運転するようになってきている．

2.1.1　概　　要

　暖房とは外部に熱損失のある室内に，この損失熱を補うだけの熱量を供給して室内を目的の温度に保持することをいう．熱量供給の方法は，熱発生源をどこにおくかにより個別暖房と中央暖房とに分れるが，温風を室内に送り内部の空気と混合させて目的の温度に保つ間接暖房と室内に蒸気または温水を送ってラジエータなどの放熱器からの熱で室内空気を暖める直接暖房とに分類される．

　直接暖房は伝熱メカニズムによってさらに次の2種に分けられる．

(a)　対流暖房　　暖められた空気の対流により暖房を行なおうとするもので，通常，放熱器によって行なわれ，放熱量の70%程度は対流伝熱によっている．この方式には蒸気暖房と温水暖房とがある．

(b)　ふく射暖房　　床・壁・天井などを直接加熱するか，加熱体からのふく射熱によって暖房するもので，放熱量の50〜70%がふく射によるものである．

　各暖房方式による室内の垂直方向の温度分布を示すと図2.1[1]のようになる．この図からふく射暖房の場合上下方向の温度差は最も少なく，最も良い暖房といえる．また，蒸気暖房の方が温水暖房より暖房効果が悪いことになる．

　次に容量表示法として多用されるものは，(i)熱量を〔W〕で表し，(ii)相当放熱面積を (E.D.R.: Equivalent Direct Radiation) 〔m²〕で表す方法がある．ただし，相

当放熱面積は次式で定義されるものである.

相当放熱面積 (E. D. R.)
$= q/q_0$ 〔m²〕   (2.1)

ここで, q_0:表 2.1 で示される室内温度および熱媒温度が標準状態にある場合の標準放熱量〔W/m²〕, q:全放熱器の全放熱量〔W〕である.

例題1 暖房負荷 53 000W の部屋の温水暖房の放熱器入口温度 80°C, 出口温度 55°C である. 標準の放熱器を用いるとして, 単位面積当りの温水循環量と必要伝熱面積を求めよ.

解答 $Q = M \cdot c \cdot \Delta T$ であり, これに, $c ≒ 4.19 \text{kJ/kg} \cdot \text{K}, \Delta T = 25°C$ を代入すると,

$M = 0.506 \text{kg/s} ≒ 1820 \text{kg/h} \cdot \text{m}^2$

放熱面積 A は表 2.1 より, $A = 53000 ÷ 523 ≒ 100 \text{m}^2$.

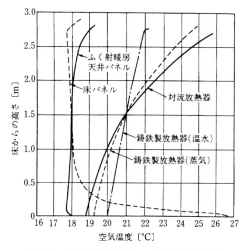

図 2.1 各種暖房方式による垂直温度分布[1]

表 2.1 標準放熱量

	標準放熱量 〔W/m²〕	標準状態における温度〔°C〕	
		熱媒温度	室内温度
蒸気	756	102	18.5
温水	523	80	18.5

2.1.2 蒸気暖房方式と設備

(a) 蒸気暖房の概要と特徴

蒸気暖房は蒸気ボイラで蒸気を作り, それを放熱器に送り, 蒸気の凝縮による潜熱 (蒸発熱) を放散させて暖房する方式である.

蒸気暖房方式の得失の主なものを示すと次のようなもので, (i)予熱時間が短く間欠運転に適する, (ii)建築物の高さにあまり関係なく蒸気を輸送できるが, (iii)室内温度調節が困難で, ON-OFF 制御に近い, (iv)放熱器表面が高温のため不快感を与えやすいなどである.

(b) 蒸気暖房の分類

(i) 使用蒸気圧力による分類   1) 高圧式, 2) 低圧式, 3) ベーパ式, 4) 真空式 の 4 種に分けられるが, 圧力の高・低圧に対しての明確な区分はない.

(ii) 配管方式による分類   1) 単管式と 2) 複管式とに分けられるが, 前者はわ

が国で採用されることは少ない．複管式は蒸気管と凝縮水のみが流れる還水管とを別個に設け，放熱器ごとに蒸気トラップを置いて，蒸気を還水管に入れないようにしているものでその方式を図2.2に示す．

(iii) 凝縮水の還水方式による分類 1) 重力還水式と 2) 真空還水式とに分類されるが，前者の採用は少ない．

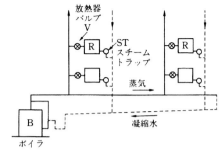

図2.2 蒸気配管法（複管式）

真空還水式は還水管末端に真空ポンプを設けて装置内の空気を吸入し，蒸気トラップ以後の還水管側を $8.8〜6.8×10^4 Pa$ 程度の真空にして凝縮水を強制的に還水させるもので，還水が円滑・迅速に行われる．

わが国では主に複管真空還水式で上向き給気式の蒸気暖房を用いることが多い．

(c) **蒸気暖房用機器**

蒸気暖房に用いられる機器は多いが，温水暖房との共通の機器もいくつかある．

(i) ボイラ　　暖房用においては，鋳鉄製のセクショナルボイラ，炉筒煙管ボイラまたは小型貫流ボイラなどが用いられている．また，ボイラ構造の改良によって，ボイラ効率も80〜87％程度[2]のものが多く作られている．

(ii) 放熱器　　広く使用されているものは，鋳鉄製放熱器 (cast iron heater) と対流放熱器であり，温水暖房用にも多く用いられる．さらに後者はベースボードヒータ (base-boad heater) とコンベクタ (convector) に細分される．

(iii) 蒸気トラップ (steam trap)　　蒸気トラップは放熱器の還水口や蒸気配管内の末端にとりつけて，凝縮水や空気を蒸気と分離して還水管に排水し，蒸気を通さないように工夫されている装置である．トラップには，凝縮水と蒸気との密度差を利用するものや，両者の温度差を利用するものなどに大別され，ベローズ形熱動トラップ，浮子トラップ (float trap)，浮子形熱動トラップ，バケットトラップ (bucket trap)などがある．

(iv) その他の機器具および材料　　直接暖房においてはボイラから放熱器までの比較的長い距離を蒸気または温水などの高温物質を輸送しなければならないが，その間の熱損失を防ぐため断熱材を用いる．断熱材は多種にわたっているが，使用場所や温度に適した材料[3]を選定しなければならない．その他，各種の弁，ストレーナなどの配管に関する機器具などは，設備関係のハンドブック[1,4]が参考になる．

2.1 直接暖房方式の実際 **197**

(d) 蒸気暖房設計手順

この手順中の主なものを述べる.

（i）**必要放熱器台数**　室内に設置すべき放熱器の必要台数 N_c は，室内暖房負荷 q_h〔W〕が既知であれば次式で求まる.

$$N_c = q_h/(q_0 \cdot A) \tag{2.2}$$

ここで，A：放熱器 1 台当りの放熱面積〔m²/台〕である.

（ii）**蒸気配管と凝縮水配管**

1）蒸気配管の摩擦損失：管内を蒸気が流れるとき，内壁との間の摩擦抵抗によって蒸気圧力が低下するが，その減少量が摩擦損失である．一般に用いられている圧力降下を表 2.2 に示す.

2）低圧蒸気管の管径の決定：低圧蒸気管の管径を求めるには表で指示された順に決定する方法が便利である．以下の表に示されている各欄は，一般に相当放熱面積（EDR）を用いている場合が多い．この場合，圧力降下〔Pa/100m〕は次式で求めなければならない.

$$R = 100 \cdot \Delta p/(L + L') = 100 \cdot \Delta p/\{L(1+k)\} \tag{2.3}$$

表 2.2 蒸気管の圧力降下[1]

初期蒸気圧力〔×10⁴Pa〕	全圧力降下〔×10⁴Pa〕	圧力降下〔×10⁴Pa/100m〕
真空式	0.69〜1.4	0.29〜0.59
3.4	0.98	0.59
9.8	2.9	2.3
19.6	2.9〜6.9	4.9

表 2.3 低圧蒸気配管の圧力降下[5]（単位×10⁴Pa）

方　　式	全圧力降下	100m当りの圧力降下
二管重力式	0.34〜0.69	0.2以下
二管真空式	0.20〜1.5	9.8以下
二管ベーパ式	0.05〜0.1	0.2以下

表 2.4 低圧蒸気管の容量表[1]（相当放熱面積 m²）

管径〔mm〕	順こう配横管および下向き給気立て管（二管式および一管式） $R=$ 圧力降下〔×10⁵Pa/100m〕						逆こう配横管および上向き給気立て管（複管式）	
	0.005	0.01	0.02	0.05	0.1	0.2	立て管	横　管
	A	B	C	D	E	F	G	H
20	2.1	3.1	4.5	7.4	10.6	15.3	4.5	—
25	3.9	5.7	8.4	14	20	29	8.4	3.7
32	7.7	11.5	17	28	41	59	17.6	8.2
40	12	17.5	26	42	61	88	26	12
50	22	33	48	80	115	166	48	21
65	44	64	94	155	225	325	90	51
80	70	102	150	247	350	510	130	85
90	104	150	218	360	520	740	180	134
100	145	210	300	500	720	1040	235	192

198　2　空気調和方式とその展望

ここで，R：蒸気管内の単位摩擦抵抗〔Pa/100m〕，Δp：蒸気管内の許容圧力降下〔Pa〕，L：ボイラより最遠端の放熱器までの蒸気管全長〔m〕，L'：局部抵抗に等しい抵抗をもつ直管の長さで，局部抵抗相当長〔m〕であり，低圧蒸気配管では配管方式によって表 2.3 の値が用いられている．また，式 (2.3) の $k=L'/L$ を大規模装置では $k=0.5$，小規模のもので $k=1.0$ にとって概算することが多い．求められた R

表 2.5　低圧蒸気の還水管の管径[1]（相当放熱面積 m²）

管径〔mm〕	横 走 り 管　(K)				
	$R=0.005$	0.01	0.02	0.05	0.1
圧力降下	（湿式）	（湿式および真空式）	（湿式および真空式）	（湿式および真空式）	（真空式）
20	22.3	31.6	44.5	69.6	99.4
25	39	58.3	77	121	176
32	67	93	130	209	297
40	106	149	209	334	464
50	223	316	436	696	975
65	372	520	734	1170	1640
80	585	826	1190	1860	2650
90	863	1225	1760	2780	3900
100	1210	1710	2410	3810	5380

管径〔mm〕	立 て 管 真 空 式　(L)			
圧力降下	$R=0.01$	0.02	0.05	0.1
20	58.3	77	121	176
25	93	130	209	297
32	149	209	334	464
40	316	436	696	975
50	520	734	1170	1640
65	826	1190	1860	2650
80	1225	1760	2780	3900
90	1710	2410	3810	5380
100	2970	4270	6600	9300

表 2.6　放熱器枝管および弁類の容量表[1]（相当放熱面積 m²）

管径〔mm〕	蒸気管（立て管および放熱器弁）	還水管　（真空式）	
	二管式 O	立て管 R	トラップ S
15	2.0	37	15
20	4.5	65	30
25	8.4	110	48
32	17.0	—	—
40	26	—	—
50	48	—	—

とEDRを用いて表2.4および表2.5から管径を求めることができる．また，放熱器まわりの蒸気管還水管の枝管，放熱器管の管径を求めるには同じ方法で表2.6を用いればよい．

例題2 図2.3に示すような複管真空式蒸気暖房装置の管径を決定せよ．ただし，ボイラより最遠端の放熱器までの蒸気管の延長は100mとする．

解答 Δp を表2.2から 0.5×10^4Pa と見積るとし，$k=1.0$ を用いて式(2.3)より

$$R = 100 \times 0.5 \times 10^4 / (2 \times 100)$$
$$= 0.25 \times 10^4 \text{Pa}/100\text{m}$$

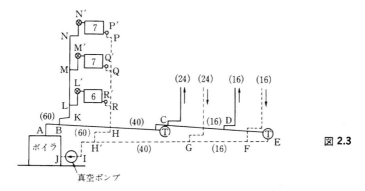

図2.3

ゆえに，$R=0.02 \times 10^5$ として蒸気管の管径を決定する．還水管についても同じ圧力降下をとって決定すれば，表2.7のようになる．

2.1.3 温水暖房方式と設備

(a) 温水暖房の概要と特徴

温水暖房は温水ボイラで作られた温水を放熱器に送り，温水の顕熱を利用して暖房を行うものである．この方式と前節の蒸気暖房とを比較すると，(i)放熱温度が高くないので安全であり，感じがやわらかく，室内温度も平均化する，

表2.7

区間		流量 EDR [m²]	使用欄	管径 (A)	実際使用管径 (A)
蒸気主管	AB BC CD DE	60 40 16 0	C C C C	65 50 32 —	65 50 32 32
還水主管	EF FG GH HI	0 16 40 60	K K K K	— 20 20 25	25 25 25 25
立上り管 (蒸気)	BK KL LM MN	20 20 14 7	H G G G	50 40 32 25	50 50 32 25
立下り管 (還水)	HH′ HR RQ QP	20 20 14 7	K L L L	20 20 20 20	}左に 　同じ
放熱器	LL′ MM′ NN′ L′ M′,N′	6 7 7 6 7	O O O O O	25 25 25 25 25	}左に 　同じ
トラップ	R′ Q′,P′	6 7	S S	15 15	}左に 　同じ

(ii)熱容量が大きいので，予熱に時間がかかるがさめにくく，負荷変動に対して対応が容易である，(iii)蒸気トラップがないので故障が少なく，配管の腐食も少ないので装置の寿命が長いが，(iv)放熱器や管径が大きくなり，設備費が高くなる．(v)予熱に時間を要するので，間欠運転には不適当である，(vi)寒冷地では停止中に凍結のおそれがあるなどの得失がある．

(b) 温水暖房方式の分類

(i) 使用温水温度による分類　1) 低温水式（温水温度100℃以下のもの）と2) 高温水式（温水温度100℃以上のもの）とがある．低温水式では装置の最高部に開放式膨張タンクをおくもので，取扱いが簡単で安全なため，住宅，一般建築物，学校などで広く用いられる．実際の使用温水温度は約80℃，温水降下温度は5～20℃程度である．一方，高温水式では，水の蒸発防止と温度保持のため密閉式膨張タンクを用い，温水温度を100～200℃程度にしている場合が多く，温水温度が前者より高いため放熱面積が少なくてすみ，配管も小径でよい．しかし，快適性，危険性などの点から工場以外ではあまり用いられることがなく，温度降下は50～100℃程度である．

(ii) 温水循環方式による分類　1) 重力循環式と2) 強制循環式とがあるが，前者は循環力が小さく，ほとんど用いられない．

(iii) 配管方式による分類　1) 単管式と2) 複管式とがある．前者は設備費の安価な特長がある．複管式では放熱器への送り管と還り管を図2.4のように別個にするため，途中の熱損失を無視すれば各放熱器に送る温水温度を一定にすることができ，放熱弁の開閉によって放熱量を調節できるので，一般建築物ではこの方式が広く採用されている．以上に加えて，放熱器への温水の供給方向により上向き供給式と下向き供給式また還り管の配管方式により直接還水式と逆還水式（リバースリターン式）[1]がある．

(c) 温水暖房用機器

蒸気暖房用機器に共通したものを除き，主な機器について述べる．

(i) ボイラ，循環ポンプ，放熱器　温水暖房用ボイラには，一般に立てボイラや鋳鉄製組合せボイラが多く用いられる．循環ポンプは渦巻きポンプまたは軸流ポンプのいずれ

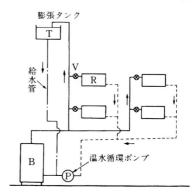

図2.4　温水暖房配管法（複管式，上向式配管）

2.1 直接暖房方式の実際 **201**

かが使用される．一方，放熱器としては寸法や放熱量に相違があるが蒸気用と形式がほとんど同じものが用いられる．また，最近ファンコンベクタが多く用いられるようになってきた．

例題3 ある建物の暖房負荷計算によると，放熱器容量は 300 000W であった．この場合，次の条件，(1)配管損失を 20%，たき始め負荷係数を 25% とする．(2)ボイラ効率 0.72，(3)重油の低位発熱等 43 800kJ/kg，密度 920kg/m³，理論空気量 12.0m³/kg，空気比 1.2．(4)ボイラ室内温度 15°C，気圧 1.013×10⁵Pa のとき，次の各数値を求めよ．

(1)ボイラの常用出力，(2)ボイラの定格出力，(3)オイルバーナの容量，(4)燃焼に必要な空気量．

解答 常用出力 = 300 000 × 1.2 = 360 000W

定格出力 = 360 000 × 1.25 = 450 000W

$$バーナ容量 = \frac{450\,000}{43\,800 \times 920 \times 0.72} = 0.0000016\,m^3/s = 57.4\,l/h$$

$$必要空気量 = 57.4 \times 10^{-3} \times 920 \times 12 \times 1.2 \times \frac{273+15}{273} \fallingdotseq 802\,m^3/h$$

(ii) 膨張タンク (expansion tank) 膨張タンクは温度の上昇による配管内の水の膨張を吸収する装置であり，次の 2 種がある．

1) 開放式：タンクの水面は装置の最頂部で大気に開放されているものである．次に，温水の膨張量 ΔV [m³] は次式で与えられる．

$$\Delta V = (1/\rho_0 - 1/\rho_t) \cdot V \quad [m^3] \tag{2.4}$$

ここで，V：全装置の全温水量[m³]，ρ_0：加熱前の温水の密度 [kg/m³]，ρ_t：加熱後の温水の密度 [kg/m³] であり，V は以下の式で表される．

$$V = (放熱器内容積) + (配管内容積) + (ボイラ内容積) \quad [m^3] \tag{2.5}$$

また，タンク内容積 V_t[m³] は

$$V_t = K \cdot \Delta V \fallingdotseq 0.1V \quad [m^3] \tag{2.6}$$

で，$K \fallingdotseq 1.2 \sim 1.5$ とすることが多い．

2) 密閉式：このタンクは図 2.5 に示すようにタンクの上部に気体層（空気または窒素）を封じ，気体の圧縮によって圧力変動を吸収できるようにしたものである．

タンク内の圧力 P_t[mAq] は次式で求められる．

$$P_t = h + h_s - h_p + h_0 \quad [mAq] \tag{2.7}$$

ここで，h：タンクと最高位放熱器までの高さの差 [m]，h_s：温水温度の飽和圧力

(ゲージ圧力)[mAq], h_p：ポンプ水頭 [m], h_0：余裕量, 普通の温水暖房で約 2m.

次に膨張タンク容積 $V_t [10^{-3} m^3]$ は次式により求める．

$$V_t = \frac{K \cdot \Delta V}{P_1/(P_1 + 0.1h) - P_1/P_t} \qquad (2.8)$$

ここで, K：余裕率 $=1.0\sim1.5$, ΔV：膨張量 $[10^{-3} m^3]$, P_1：タンク内に水を入れたときの絶対圧力 [Pa], P_t：タンク内最大許容圧力 [Pa] であり, V を装置内の全水量とすると, V_t/V は表 2.8 に示す値をとると良いとしている．

例題 4 地下室に温水の膨張量, $\Delta V = 20 \times 10^{-3} m^3$ の密閉式膨張タンクを設置したい．タンクより最高配管位置までの高さを 20m, 最大許容ゲージ圧力を 25.5×10^4 Pa, 温水温度 110°C, 循環ポンプの揚程を 1m とするとき, タンク容量およびタンク内圧力を求めよ．

解答 膨張タンク容積 V_t は, 式 (2.8) より, $K=1.1$ とし, $\Delta V = 20 \times 10^{-3}$, $P_1 = 1.013 \times 10^5$ Pa, $P_t = (25.5 + 10.13) \times 10^4$ Pa, $h = 20$ m とすると,

$$V_t = \frac{1.1 \times 20 \times 10^{-3}}{\frac{1.013}{1.013 + 0.1 \times 20} - \frac{1.01}{3.56}} \fallingdotseq 0.419 \times 10^{-3} m^3$$

一方, P_t は式 (2.7) より, $h=20$, $h_s=4.61$(蒸気表より), $h_p=1$, $h_0=2$ とすると, $P_t = 20 + 4.61 - 1 + 2 = 25.61$ mAq

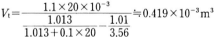

図 2.5 密閉式膨張タンク[5]

表 2.8 V_t/V の値[5]

	V_t/V
1 階建のとき	0.1 以上
2 〃	0.13 〃
3 〃	0.17 〃
4 〃	0.23 〃

(d) 温水配管径の計算

ここでは低温強制循環式の配管径の計算法について述べる．

1) 強制循環水頭：この場合にはポンプの揚程がそのまま循環水頭であり, 管路内の摩擦抵抗損失分よりも大きな水頭があればよい．一般に最遠端の放熱器の片道の管長が 100m 以下のときはポンプ水頭を 1mAq とし, 100m 以上のときは 1〜3 mAq 程度にする．

2) 温水循環量：必要な循環水量 M [kg/s] は次式で求められる．

$$M = Q/(c_p \cdot \Delta T) \qquad (2.9)$$

ここで, Q：放熱器の放熱量 [W], c_p：温水の比熱 [J/(kg・K)], ΔT：放熱器内

の温度降下量〔K〕であり，$c_p ≒ 4.187×10^3$ J/(kg·K) として求めることも可能であるが，精度よく計算したい場合には物性値表[6]を参照するとよい．

3) 管径の決定：利用できる循環水頭を P〔mmAq〕(強制循環ではポンプ水頭)とすると，許容摩擦抵抗 R〔mmAq/m〕は次式で求められる．

$$R = P/(l+l') \tag{2.10}$$

ここで，l：ボイラから最遠端の放熱器までの往復配管全長〔m〕，l'：局部抵抗相当管長〔m〕であり，l' は小規模建築物で $(1.0～1.5)l$，大規模のもので $(0.5～1.0)l$ 程度にとる．ここで求めた R と (2.9) で求めた M から表 2.9 を用いれば管径 d を決定できる．

表 2.9 温水管の管径表[5]

管径〔mm〕	15	20	25	32	40	50	65	80	100
圧力降下 R〔mmAq/m〕	流量〔kg/h〕								
0.050	10.3	23.3	46.5	94	140	275	550	870	1 850
0.070	12.5	28.4	56.5	115	174	335	665	1 070	2 250
0.10	15.4	34.0	69.0	140	213	413	820	1 310	2 700
0.15	19.6	44.0	87.0	177	270	520	1 030	1 660	3 450
0.20	23.0	52.0	102	208	320	613	1 210	1 955	4 060
0.30	29.0	66.0	130	265	400	770	1 620	2 450	5 100
0.50	39.5	89.0	175	355	535	1 030	2 150	3 280	6 800
0.70	47.5	107.5	211	435	650	1 250	2 450	3 950	8 250
1.0	59	133	260	525	800	1 530	3 030	4 850	10 000
1.5	74	166	328	665	1 010	1 900	3 800	6 100	12 500
2.0	87	195	390	770	1 180	2 250	4 500	7 100	14 600
3.0	110	243	480	975	1 470	2 820	5 550	8 850	18 150
4.0	129	285	565	1 140	1 725	3 300	6 500	10 500	21 300
5.0	145	325	635	1 290	1 950	3 750	7 400	11 750	24 100
7.5	182	406	800	1 620	2 450	4 700	9 250	14 700	30 000
10.0	213	476	940	1 900	2 870	5 470	10 760	17 160	35 000
20.0	314	697	1 375	2 800	4 200	7 975	15 750	24 900	50 900
30.0	392	872	1 725	3 480	5 250	9 920	19 650	31 050	63 100
50.0	516	1 150	2 280	4 600	6 930	13 150	25 900	40 900	83 000

例題 5 図 2.6 に示した温水暖房装置について，各区間の循環水量，管径およびボイラ容量を算出せよ．ただし，条件は以下のようである．

(i) 放熱器出入口温度差＝6K，(ii) 配管損失を 25％，予熱負荷を 20％ とする，(iii) 局部抵抗相当長は直管長の 100％ とする，(iv) 機器類の抵抗は 0.5mAq，温水循環ポンプ揚程を 3mAq とする．

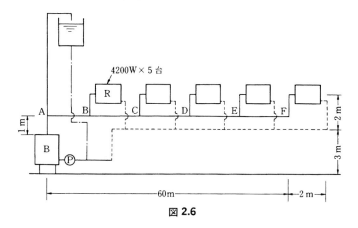

図 2.6

(i) 各区間の循環水量および管径の計算

各放熱器容量 $Q=4\,200\,\text{W}$, 出入口温度差 $\varDelta T=6\,\text{K}$ であるから, 放熱器循環水量 $M\,[\text{kg/s}]$ は

$$M=4\,200/(4.187\times10^3\times6)=0.1672\,\text{kg/s}\fallingdotseq602\,\text{kg/h}$$

よって, 各区間の流量は, A〜B間$=602\times5=3\,010\,\text{kg/h}$, B〜C間$=602\times4=2\,408$, C〜D間$=602\times3=1\,806$, D〜E間$=602\times2=1\,204$, E〜F間$=602\times1=602$ となる.

配管相当延長 l は, 局部抵抗の相当長さを直管長の100%と考えるので,

$$l=(1+60+2+2+60+3)\times2=256\,\text{m}$$

単位配管長当りの許容摩擦抵抗 $R\,[\text{mmAq/m}]$ は, $l=256\,\text{m}$, 利用できる循環水頭 $P=3-0.5=2.5\,\text{mAq}$ であるから,

$$R\leqq P/(l+l')=2.5\times10^3/256=9.7\,[\text{mmAq/m}]$$

各区間の管径は, 表2.9を用い, 各区間流量とRより決定する. Rは安全側の7.5 mmAq/m を採用すると結果は下表のようになる.

区 間	$M\,[\text{kg/h}]$	$R\,[\text{mmAq/m}]$	管 径 [mm]
A〜B	3 010	7.5	50
B〜C	2 408	7.5	40
C〜D	1 806	7.5	40
D〜E	1 204	7.5	32
E〜F	602	7.5	25

(ii) ボイラ容量の算定

暖房負荷　$4\,200\times5=21\,000\,\text{W}$, 配管熱損失　$21\,000\times0.25=5\,250\,\text{W}$,

ボイラ常用出力　$21\,000+5\,250=26\,250\,\text{W}$, 予熱負荷　$26\,250\times0.2=5\,250\,\text{W}$,

ボイラ定格出力　$26\,250+5\,250=31\,500\,\text{W}$

2.1.4 ふく射暖房方式と設備

(a) ふく射暖房方式

床，天井，壁などにパイプを埋め込んだパネルと称する放熱面に温水や蒸気を送り込み，主にふく射によって室内を暖房する方式について述べる．この場合は，次に示すいくつかの長所と短所をもっている．

長所としては 1) 放熱器が不要なので床面積を有効に利用できる，2) 室内の気温分布が他の方式に比較し，上下方向に平坦で快適性がよく，天井の高い部屋に有利である，3) 室内空気の対流が少ないためじんあいの浮遊, 上昇が少ないなどがあげられる．

一方，短所としては，1) 配管の施工，修理が面倒で，設備費も高価である，2) 構造体を加熱するので予熱時間が長く，一時的暖房には不適である，3) 放熱面背面の断熱が必要であるなどがあげられる．

(b) ふく射暖房の分類

(i) 使用熱媒体による分類　　1) 低温水式, 2) 高温水式, 3) 温風式, 4) 電気式, 5) 赤外線式などがある．このうち, 1) と2) はパネル内にとりつけたパイプコイルに温水を通すもので, 3) は国内の利用は少ない．4) は電熱線を塩化ビニルその他の材料でおおい，構造物内に埋設してパネルを作るものである．一方, 5) はガスの燃焼熱または電熱を用いて陶器板などの表面温度を約 800～1 000°C に保ち，赤熱させてふく射熱を得るものである．

(ii) パネルの位置による分類　　これには, 1) 天井パネル, 2) 床パネル, 3) 壁パネルの 3 種がある．

(iii) パネルの構造による分類　　1) パイプ埋設式, 2)ダクト式, 3) ユニットパネル式の 3 種に分けられる．

パネルの構造例を図 2.7 に示すが，パネル背面には断熱材を用いて熱損失を防いでいる．

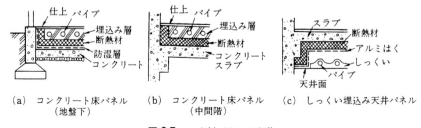

図 2.7　ふく射パネルの例[1]

ふく射暖房に関する設計については省略するが，必要な場合には便覧[1]を参照するとよい．

2.2 冷房方式の実際

2.2.1 冷房方式の概要

前節において，暖房方式は直接暖房と間接暖房とに分類されることを示したが，後者は同時に冷房をも行える装置，すなわち空気調和設備として使用することが多い．この節では間接方式のうち冷房負荷の場合について述べる．

一般に空気調和設備は図2.8の諸装置からなっている[7]といってよい．この装置はさらに，(i)空気調和機（空調機と略称することが多い），(ii)熱運搬装置：ファン，ダクト，ポンプ，配管のように機械室から他の機器へ熱媒体を運搬する装置，(iii)熱源装置：ボイラ，冷凍機およびこれらの運転のために必要なポンプ，冷却塔，油タンクなどの諸機器，(iv)自動制御装置：室内の温度および湿度を自動的に設定値に制御し，設備の経済的な運転を行わせる装置などの装置に分けられる．

次に基本的な術語について，説明する．

(a)ゾーニング（zoning）： 空調しようとしている建物内をいくつかの区域に分けて，各々に別系統の空調機とダクトを設けることをいい，各区域をゾーン（zone）と呼ぶ．たとえば四方ともガラス窓のある大規模ビルを考えると，この場合には，窓

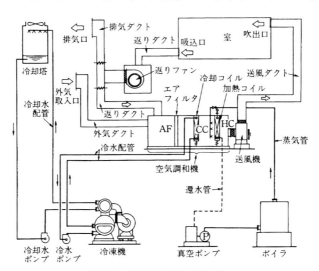

図 2.8 空気調和設備系統図[7]

側の部分を外部ゾーン（perimeter zone または exterior zone）として東西南北の
ゾーンに分け，さらに内部ゾーン（interior zone）を設ける．各ゾーンの負荷特性
は方位により異なる[7]ので，その特性に対応した送風量，温度などに制御して全体を
一定の状況に保つことがゾーニングの目的である．

(b)部分空調と個別制御：　建築物の一部分だけを使用して残業あるいは休日出勤
を行う場合，この個所だけの運転が必要になる．これを部分空調という．個別制御
(individual control) とは，一室ごとにあるいはユニットごとにサーモスタットを設
け，これにより風量または温度を制御して各室ごとの設定値になるように維持する
方法である．

(c)外気冷房（free air cooling）：　外気冷房とは，中間期または冬期に外気温度が
吹出し温度より下がったとき，冷凍機を休止させて冷房を行う方法である．

2.2.2　冷房方式の種類

冷房方式は，冷熱源を置く場所により暖房方式と同様に中央式と個別式に大別さ
れ，また熱の搬送媒体により，全空気式，空気・水式，全水式，冷媒式の4種に分
けている．中央式は，建物全体の冷熱源設備をまとめて1個所に設けるもので，系
統ごとの空調機や端末ユニットへは共通配管で結ばれ，大から中規模の建物に用い
られる．個別式は，冷熱源設備として特に冷凍機設備を独立した空調ユニットにし
て分散したもので，中・小規模の建物に用いられている．

次に，搬送媒体によってさらに多くの方式に小分類される．これを表にして示す
と表 2.10[7),8] になる．

2.2.3　空気調和機（air conditioner）

(a)　空気調和機の概説と構成

(i)　定義と機器概説　　空気調和機
(空調機) とは，一方から空気を吸い込み
前章で述べたいわゆる調和空気（condi-
tioned air）として他方から送風する機
器のことである．これを少し具体的に述
べると，空調機は一般に次のような機器
により構成される．すなわち，1) 空気ろ
過器（air filter, AF），2) 全熱交換器，3)

表 2.10　空調方式の分類

中央式	全空気式		単一ダクト方式 二重ダクト方式 マルチゾーン方式
	空気-水式		ターミナルリヒート方式 各階ユニット方式 ファンコイル・ダクト方式 誘引ユニット方式 ふく射冷暖房方式
	全　水　式		ファンコイルユニット方式
個別式	冷　媒　式		パッケージ方式

空気予熱器（preheater, PH），4）空気予冷器（precooler, PC），5）空気冷却減湿器（air cooler, AC），6）空気加湿器（air humidifier, AH），7）空気再熱器（reheater, RH），8）送風機（fan, F）などであるが，必要に応じてこれらのいくつかを空調機に組み込むことになる．空気の温湿度変化を分担する機器のうち，空気予熱器と空気再熱器としては空気加熱コイル（heating coil, HC）が，空気予冷器と空気冷却減湿器にはエアワッシャ（AW）または空気冷却コイル（CC）が使用される．これらの構成機器のうち，この節では 2.3 節で述べる加湿器および減湿器を除いた主なものについて述べる．

(ii) 空調機の構成　　中央式の中・小型（5〜100 米冷凍トン，US Rton）のものは，エアハンドリングユニットを用いることが多い．また，大容量の場合には現場組立で製作されることになり，一般的な構成の例を図 2.8 に示している．個別式空調機は各機器がケーシング内に容量，用途に応じて組み込まれているもので，大規模な建物においては，ファンコイルユニットのように中央式空調機と併用して使用されるものもいくつかある．

(b) 空調機の構成機器

(i) 送　風　機　　空調機に用いる送風機は遠心式が多く用いられる．このうちでも多く用いられるものは多翼送風機（シロッコファン）である．これは寸法が小さくコストも安価であるが，効率が悪く騒音が大きく，風圧が 110 mmAq 程度が上限であるなどの欠点をもっている．したがって，静圧を大きくしたい場合には翼形かリミットロード形[9]を用いることが多い．最近，後述する変風量空調方式が用いられるようになってから，風量制御法[7]が重視されるようになった．この理由は，この方式が他に比較して省エネルギ的であることによる．

(ii) エアフィルタ　　エアフィルタは吸気中のじんあい，微生物などを除去するために用いるもので，性能を表すろ過効率 η_f は次式で定義される[7]．

$$\eta_f = (C_1 - C_2)/C_1 \times 100 = (1 - C_2/C_1) \times 100 \quad [\%] \tag{2.11}$$

ここで，C_1，C_2 はそれぞれ入口側と出口側のじんあい濃度である．

(iii) 空気冷却コイル　　空気冷却コイルは管内に水または冷媒を通じ，これによって管外を通過する空気の冷却または減湿を行うもので，管内に 0〜10℃ 程度の冷水を通すものを冷水形コイル，管内で冷媒を直接膨張させその蒸発熱によって空気を冷却するものを直接膨張コイルといっている．

2.2.4 空調方式の考察

表 2.10 に示したように,多くの方式に分類されるが,ここでは現在多用されている方式や基本的方式のみについて述べる.

(a) 単一ダクト方式

(i) 定風量方式　単一ダクト方式は空調方式の原形であり,これを変形・改良して他の各種の方式が発展してきたといえる.この方式は最も簡単なものであるにもかかわらず,現在でも多く用いられており,全体の 60% 程度を占めている.この方式の概略図を図 2.9 に示す.中

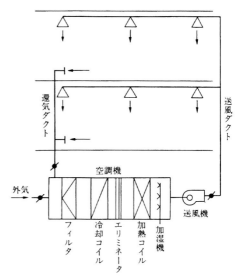

図 2.9　単一ダクト方式

央機械室に空調機を配置し,冷温水や蒸気などにより調和空気を作り,送風ダクトにより各室に送風する.この方式は設備費が安価で,中央式であるため保守管理が容易であり,居室へ騒音が及ぶおそれも少ない.また必要に応じ外気の導入量を変えることにより外気冷房が可能になるなどの特長をもっている.しかし,均一な負荷変動にしか適応できない欠点をもっている.

(ii) 変風量方式　定風量方式の欠点を補う目的で,吹出し口 1 個ごとまたは数個ごとに変風量ユニット(VAV ユニット)を設けて負荷に応じ各室の風量を可変

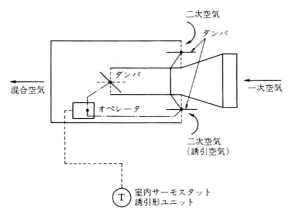

図 2.10　VAV 方式の例[1]

できる方法を可変風量方式 (variable air volume system, VAV 方式) という．VAV ユニットはサーモスタットからの信号により室内給気量を自動調節できる．調節方式には4種あるが，代表例として誘引形を図 2.10 に示す．VAV ユニットを用いると，バイパス形を除いて，部分負荷の時には送風機動力は減少し省エネルギ効果は著しい[10]といわれている．

(b) **二重ダクト方式 (dual duct system)**

この方式は図 2.11 に示すように，温風と冷風を作り，別々のダクトを用いて各

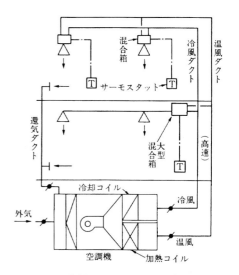

図 2.11 二重ダクト方式[5]

室の要求に応じてサーモスタットにより混合ボックス (mixing box) で両者を混合し適当な温度にして吹き出す方式である．この方式は1個の空調機で個別制御が可能であり，負荷変動に対する応答もよく，異なったゾーンでは冷暖房を別個にできるなどの利点をもっている．その反面，混合箱のコストが高く，静圧抵抗も 20 mmAq 程度をもち，必然的に送風機圧力は大きくなる．

(c) **ファンコイルユニット・ダクト併用方式**

中央空調機で冷却減湿または加熱加湿した一次空気をダクトで供給するとともに，ファンコイルも併用する方式である．ここで，ファンコイルユニットとは，冷温水コイル，送風機，エアフィルタなどの機器をケーシングに納めた室内のユニットのことである．

(d) **パッケージユニット方式**

冷凍機，冷却コイル，送風機，エアフィルタなどの機器を一つのケーシングに組み込んだいわゆるパッケージユニットを用いて室内あるいはゾーンの空調を行う方式であり，夏期は冷房用として，冬期は弁の切換によりヒートポンプとして用いられることが多い．家庭で用いられるルームクーラーもこの方式の一種である．この方式は手軽であるため，3 000 m² 以上の事務所，ホテル，病院などの小規模な建物に単一ダクト方式や各階ユニット方式の代りとして用いられることが多い．

2.3 加湿および減湿装置

 空気調和のプロセスの中で，空気の調湿は温度の調整に次ぐ大切なものであり，保健用空調においては室内で生活する人間の健康状態や衣・食・住に関連する保健・衛生面で重要な役割を果たすといってよい．一方，産業用空調においては，主に生産される物品の性質，製造性などに大きな影響を与える．

2.3.1 加湿装置

 加湿方法と装置にはいくつかの種類があるが，加湿を行う場所と加湿物質の形態によって異なる．

 前者の場合は，(i)空調機に加湿機を置くことにより給気中に組み込んでダクトで室内へ送る場合と(ii)室内へ直接加湿する場合の2つの場合があるが前者がより一般的である．

 次に，後者の分類に従って説明する．

 (i) 水または温水の噴霧　　噴霧圧力がゲージ圧で $4.9×10^5$ Pa 以下の比較的低圧の場合には，噴射オリフィス直径が 1 mm 以下のものを用い，できるだけ微細な水滴にすることが望ましい．加湿性能を定量的に評価するため，次式のように加湿効率 η_h を定義している．

$$\eta_h = 蒸発水量/噴霧水量 \times 100 \quad [\%] \tag{2.12}$$

水または温水を噴霧する場合の加湿効率は約30%である．また，小型ポンプを内蔵する加湿ユニットを用いる高圧水噴霧の場合には，孔口径 1.6 mm のノズルの場合水滴径が 10〜200 μm (平均で 20 μm) になることが知られており[11]，蒸気が得られない場合のパッケージ空調機や大型空調機などに広く用いられている．この略図を図 2.12 に示す．

 (ii) 蒸気の噴霧　　この方法は加湿効率がほぼ100%と考えられ，最も効率のよい方法といえる．噴霧方法としては管に細孔をあけて蒸気を噴射させるものであるが，圧力が高すぎると騒音を発生することがあるので，ゲージ圧約 $3×10^4$ Pa 以下で噴射するのがよいとされている．

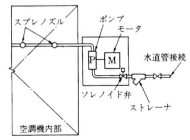

図 2.12　高圧水噴霧形加湿器[7]

212 2 空気調和方式とその展望

(iii) **表面からの蒸発** 加湿パン[7]と呼ばれる平面形の容器を用いる場合がほとんどである．水面内部には加熱コイルが入れられており，小型の空調装置に用いられる．

(iv) **室内の直接加湿** 紡績工場，印刷工場，たばこ工場などは室内の要求湿度が高いので，空調機内部においてだけの加湿では不都合を生ずるので直接加湿を行うことが多い．これに用いられるノズルは圧縮空気を用いる二流体ノズルで，一般に圧空アトマイザと呼ばれている．空気圧はゲージ圧約 $3\sim15\times10^4$ Pa で，水と空気の比率は約 0.5〜1.0 である．直接室内に噴霧が飛散するので，水滴はできるだけ微粒であることが望ましい．

水滴の平均直径 $\overline{d_w}$〔μm〕は抜山ら[12]により次式で与えられている．

$$\overline{d_w}=\frac{5\,000}{\varDelta u}+29\left(1\,100\times\frac{V_w}{V_a}\right)^{1.5} \tag{2.13}$$

ここで，$\varDelta u$：相対速度 $(=u_a-u_w)$〔m/s〕，u_a，u_w：空気または水の速度〔m/s〕，V_w/V_a：水と空気との容積流量比である．

例題6 乾球温度 $T_1=20$°C，湿球温度 $T_1'=14$°C の湿り空気 1 000 kg′/h を水温 20°C の噴霧水で加湿したところ，$T_2=20$°C，$T_2'=18$°C となった．このとき加湿された水分量と潜熱量（エンタルピの増加量）を求めよ．

解答 湿り空気線図より，$x_1=0.0075$ kg/kg′，$x_2=0.0122$ kg/kg′，ゆえに，$\varDelta x=0.0047$ kg/kg′ ∴ 加湿水分量 $=\varDelta x\times1\,000=4.7$ kg/h．

また，温度は一定なので，エンタルピの増加量は潜熱量に等しい．同様に線図から，$h_1\fallingdotseq39$ kJ/kg′ $h_2\fallingdotseq52$ kJ/kg′ ∴ 潜熱量 $=\varDelta h\times1\,000=12\times10^3$ kJ/h．

2.3.2 減 湿 装 置

減湿（あるいは除湿）法には大別して，(a)冷却減湿法，(b)圧縮減湿法，(c)吸収式減湿法，(d)吸着式減湿法の 4 種があり[7]，後の二者は合わせて化学的減湿といわれることもある．これらのうち，現在ほとんどが(a)の方法を用い(c)がまれに工場などで用いられている程度である．

冷却減湿装置 冷却による減湿は冷却コイルを用いる方法である．冷却と減湿とが同時に行われるので，減湿のみを目的とする場合には再熱を行う必要がある．また，この方式で得られる露点温度は約 5°C が限度で，それ以下にすると着霜の問題を生ずる．

他の 3 方法のうち(c)のカサバー (Kathabar)[1]と呼ばれる装置が約数%利用され

る程度である.

2.4 ヒートポンプによる空気調和

2.4.1 ヒートポンプの概要

ヒートポンプと冷凍機とはサイクルの作動は同じであり，理論的には冷凍機もヒートポンプとして利用可能である．しかしながら，従来まで使用されてきた冷房専用機がそのまま性能よくヒートポンプとして使用できるとは限らなかった．しかし，オイルショック後から冷房と併用できる機器などの機械的性能の改善，利用分野の拡大，低熱源の種類の多様化など，めざましい改良・発展がなされてきたといえるが，まだ歴史も浅く発展途上にあるのが現状である[13].

ヒートポンプの性能を表す成績係数 (coefficient of performance, COP)ε_h はカルノーサイクルのもつ値が最大であることはいうまでもないが，実際に運転できる非可逆サイクルにおいてはその値の半分程度で 2〜6 程度である．しかしながら，大気汚染防止などの公害問題上の利点，ボイラを用いなくてもよいことによる安全性とスペースの節約，性能改善による経済性の向上などの多くの面から，次第に広くヒートポンプが用いられるようになっている．特に，都市などにおいて，低熱源としてビルに生ずる排熱を利用する熱回収ヒートポンプの発展がめざましいといえる.

2.4.2 ヒートポンプ方式の分類と構成機器

ヒートポンプ方式は熱源の種類と二次側熱媒体との組合せにより分類され，それに対応した機器中でも主になる圧縮機の選択が重要である．これらを要約して表 2.11 に示す.

(a) 熱交換器の選定

ヒートポンプの熱交換器は，凝縮側（室内側）と蒸発側（熱源側）の 2 個所にあるが，冷房用冷凍機と温度条件が異なり，冷房時には上の二者の働きが逆になって使用される以外には相違はないと考えてよい．水用の熱交換器としては，ほとんどがシェルアンドチューブ形が使用される．一方，空気用の熱交換器はほとんどがプレートフィンコイルで，銅管にアルミフィンを用いるものが多い．外気コイルは外気の温湿度の条件によりコイルに着霜を生じるので，これを防止することが大きな問題であり，研究例も多い[14].近年は特に寒冷地における利用拡大を図るため，除霜の

214 2 空気調和方式とその展望

ため多くの工夫がなされている.

(b) その他の装置および機器

冷房用の冷却塔に冬季約 $-10°C$ のブラインを通し,外気から採熱する方法がわが国でも用いられている[15].この場合の冷却塔のことを加熱塔 (heating tower) と呼んでいる.

減圧機構としては冷房装置と同様の温度膨張弁を用いることが多く,また冷媒用切替え弁としては,ピストン式またはスライド式の4方弁を使用する.

表 2.11 ヒートポンプの分類

方式		圧縮機〔冷凍トン〕	蓄熱槽	適用範囲
熱源	熱媒			
空気	空気	レシプロ(1/2〜30)	不要	小規模施設
空気	水	レシプロ (≦100) ターボ (>100) スクリュー	要	中〜大規模施設
水	空気	レシプロ(1/2〜50)	不要	小規模施設
水	水	レシプロ (≦100) ターボ (>100)	要(ダブルバンドルコンデンサーのみ)	中および大規模

2.4.3 熱　　源

ヒートポンプの熱源として備えるべき条件の主なものを上げると,(i)十分な量が存在し,容易に得られ,かつ時間的な変動が少ないこと,(ii)温度が高く,かつ時間的な変動が少ないこと,(iii)スケールの付着,腐食等の化学的原因による障害がないこと,(iv)着霜などの物理的障害がないことなどである.

これらの諸条件を念頭におき,考えられる熱源は(i)空気 (ii)上・下水,(iii)地下水,(iv)地表水,(v)地熱,(vi)太陽熱,(vii)風力,(viii)排熱など多岐にわたる.これらの中で前述の備えるべき条件をすべてにわたって満たすものはないといってよいが,中でも量および温度にすぐれ,その上変動の少ない地下水が最も理想的なものといえるが,地盤沈下などの問題を生ずるなどから手軽に使用できないこともある.また,空気は条件(i)を満たす点で最もすぐれているが,一般に暖房負荷の大きな時期に気温が低く,成績係数が小さくなって経済性を欠くことや,着霜問題を生ずることなどのマイナス面をもっている.しかし,近年寒冷地においても十分使用できるように,ハード的改良や研究[16]もなされつつある.以上の二者以外では,浅部土壌[17],太陽熱[18],温泉水[19],風力[20]に関する報告も見られる.

終りに,排熱について考える.排熱は人間の社会生活上であらゆる面から生じているといってよく,多種多様である.排熱は大別すると工業(産業)排熱と建築物などからの民生排熱がある.前者はさらに各種業種によって質量ともに多岐にわたっており,熱量および温度レベルの両者において利用可能な場合が多く,多数の実

用例も上げられている[21].

2.4.4 ヒートポンプによる空調方式

ヒートポンプ方式は採熱側と放熱側の熱媒体をこの順序で並べた形で呼ばれる．たとえば，空気-水方式とは，採熱は空気により，放熱は水で行うことを意味する．次に主な方式について述べる．

(a) 空気-空気方式

パッケージ形空調機に用いられ，冷媒コイルで大気から吸熱し，凝縮コイルで室内空気を通して放熱するものである．暖房負荷の増加する夜間は大気温度が下がるので補助熱源か蓄熱に依存することが必要である．

(b) 空気-水方式

大気を低熱源とし，屋外コイルで採熱した冷媒ガスを用いて熱交換器で水を加熱し，この温水をそのまま室内コイルに送り暖房する場合と，蓄熱槽に蓄熱する形式と2種ある．外気コイルの近くに圧縮機を置き，冷媒回路の短縮を図った冷媒回路切替え方式を図2.13に示す．

(c) 熱回収方式

近年多く見られる大規模ビルにおいてはボイラ排気，照明や変圧器などの電気装置による内部発熱の増加のために冬期でもインテリアゾーンに冷房が必要な場合もあり，前述の熱量に各種排水などのもつエネルギを加えた建物全体の排熱量は無視しえない程度に大きいものである．また，ビル内のエネルギ使用量のうち，空調用が約55％を占めている[22]といわれる．したがって空調分野での省エネルギの必要

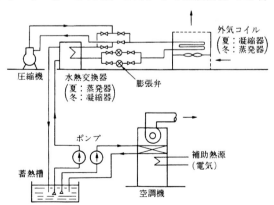

図 **2.13** 空気―水方式ヒートポンプ装置[1]
(冷媒回路切替え方式)

性は大きいといってよく,ヒートポンプや全熱交換器による排熱回収が試みられるようになってきた.

なお,蓄熱槽については,ここでは略するが,必要な場合文献[1],[8]を参照されたい.

2.5 冷 却 塔

2.5.1 冷却塔の概要

空気調和装置,中でも冷凍機を運転するためには多量の冷却水を必要とする.しかしながら水資源保護その他の原因のため冷却水を再利用しなければならない.このことから冷凍機,熱機関などからの温排水を周囲の空気と直接あるいは間接に接触させて冷却する装置を冷却塔(cooling tower)といっている.冷却塔を使用することにより,消費する水量が少なくても(一般に補給水量は循環水量の1〜3%程度といわれている)乾球温度以下に水を冷却できるので,都市部のビルにほとんど使用されているといってよい.

2.5.2 冷却塔の種類と構造

冷却塔は開放式と密閉式とに分類できるが,後者の使用はごく少ない.また,前者はさらに5種類に分けられる[1]が,わが国では工業的には強制通風式以外はほとんど利用されていない.

強制通風式は冷却すべき水をポンプで上まで運び下向きに散水し,一方,空気は送風機によって塔内に対向して送り込まれ落下する水との間で直接接触し熱交換が行われる.運転のために多少の動力を要するが冷却効果が大きく,性能も安定しているなどの長所をもつために広く用いられている.強制通風式は,送風機の設置位置によりさらに,(i)押込み式と(ii)吸込み式に,また空気と水との流れ方向から(i)向流形と(ii)直交流形とに分けられる.上の小分類のうち,押込み形は塔高さが大きくなるので最近

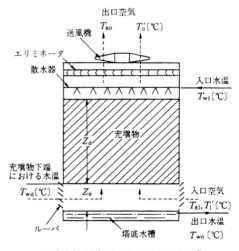

図 2.14 冷却塔の作動略図と記号[8]

はほとんど吸込み形である．

次に，向流形は上部から降下する散水と下端から吸い込まれた空気とが逆流となって接触するので，熱交換方式としては最もすぐれている．図2.14はこの略図である．

一方，直交流形は熱効率は向流形に比べてやや低めであるが，何台も並べて置けることなどの利点のため，中小容量の装置に用いられる．

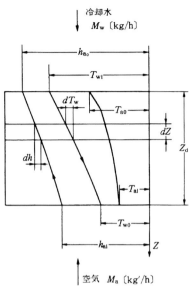

図 2.15 冷却塔座標系[9]

2.5.3 冷却塔の理論

(a) 冷却塔の性能表示

(ⅰ) 外気湿球温度　外気湿球温度は平均湿球温度より10％程度高い値を採用するのがよい．わが国では約26〜27℃が用いられる．

(ⅱ) 温水と空気との温度の関係　塔下部（空気入口）と上部（空気出口）との間の水温と空気温度との変化の様相を示すとほぼ図2.15のようになる．この図で$T_{wi}-T_{wo}$をレンジといい，約6〜9℃にとることが多い．また，$T_{wo}-T_{ai}$をアプローチと称する．アプローチが小さいほど充塡物は多量になり冷却塔も大きくなるので送風機動力も増す．これらのバランスを考慮して普通アプローチを約5℃にとり，$T_{ao}-T_{ai}$も同量にとる．

(ⅲ) 冷却効率　冷却効率 η_c は冷却塔の形式，空気の湿球温度，レンジなどにより左右される値であり，次式で定義される[23]．

$$\eta_c = \frac{温水温度-冷却水温度}{温水温度-入口空気の湿球温度} \times 100 \quad [\%] \tag{2.14}$$

η_c は風速によっても変化するが，強制通風式で，50〜90％の範囲である．

(b) 向流冷却塔の解析

(ⅰ) 基礎的解析　充塡層高さ Z_d をもつ図2.15のような向流冷却塔を考え，散水量を M_w[kg/h] 上昇空気量を乾き空気のみの質量 M_a[kg′/h] で表す．厳密にいえば散水量は下層になるに従って蒸発分だけ減少するが，蒸発水分は少ないので無視する．図中の微小高さ dZ における空気のエンタルピの変化を dh[kJ/kg′]，温水

218 2 空気調和方式とその展望

の温度変化を dT_w [K] とし,水の比熱を $c_w = 4.187$ [kJ/kg·K] で一定と近似すると次式が成立する.

$$-M_w \cdot c_w \cdot dT_w = M_a \cdot dh$$

$$\therefore \quad -dh/(c_w \cdot dT_w) = M_w/M_a \tag{2.15}$$

この M_w/M_a を水空気比といい,$N = M_w/M_a$ の記号で示す.また,水と空気との間の物質移動を伴う全伝熱量 Q [kJ/h] は,エンタルピポテンシャル[24]と比例定数 K [kg′/m²h] を用いて次式になる.

$$dQ = K(h_w - h_a) \cdot dS \tag{2.16}$$

ここで,S は水と空気との接触面積であり,冷却塔のように S がわかりにくいときは,塔の単位容積当りの接触面積 a [m²/m³] と塔容積 $V = A \cdot Zd$ [m³] を用いて次式で表す.

$$dQ = K \cdot a \cdot (h_w - h_a) \cdot dV = K \cdot a(h_w - h_a)A \cdot dz = M_a \cdot dh \tag{2.17}$$

ここで,A は塔断面積である.また,a は測定困難であるので $K \cdot a$ を一つの量であるかのように便宜上考え用いている.$K \cdot a$ はエンタルピ基準総容積熱伝達率 [kJ/(m³hkJ/kg′)][24] と呼ばれ,冷却塔や充填物の熱的特性を表す重要な値である.ここでは,$K \cdot a$ は高さ方向に変化せず一定であるとして考える.これらの式から

$$U = \int_1^2 \frac{dh}{h_w - h_a} = N \int_1^2 \frac{-dT_w}{h_w - h_a} \tag{2.18}$$

とおくと,

$$\frac{KaV}{M_w} = \frac{U}{N} = \int_1^2 \frac{-dT_w}{h_w - h_a} \fallingdotseq (T_{wi} - T_{w0})\left(\frac{1}{h_w - h_a}\right)_{\text{mean}} \tag{2.19}$$

$$Z_d = \frac{U}{N} = \frac{M_w}{KaA} \tag{2.20}$$

が得られる[1),9)].

湿り空気の T-h 線図上に,図 2.16 のように塔の入口空気のエンタルピ h_{ai} と出口水温 T_{w0} との交点を 1,出口空気エンタルピ h_{ao} と入口水温 T_{wi} との交点を 2 とし,この 2 点を結ぶ.この線は操作線と呼ばれる.水の蒸発量を無視すると,熱の平衡から,

$$M_a(h_{ao} - h_{ai}) = M_w c_w(T_{wi} - T_{w0}) \tag{2.21}$$

$$N = M_w/M_a = (h_{ao} - h_{ai})/c_w(T_{wi} - T_{w0}) \tag{2.22}$$

となり,操作線は直線で表され,その傾斜は水空気比 N に相当する.操作線が決まれば,図 2.16 から図式積分または数値積分により式 (2.19) の値,すなわち U/N が求められ,温水質量速度 M_w/A [kg/m²h] および充填物の性能を表す Ka が与えら

れると，塔の大きさ V が決定できる．

(ii) U/N の計算法　式 (2.18) の U および (2.19) の U/N はこのままの形では積分が難しいので図 2.17 のように図式積分により求める方法がとられる．ただし，U よりも U/N とした式 (2.19) の方が計算しやすいので，次のような手順により算出する．

水のレンジ $\Delta T_w = T_{w1} - T_{w0}$ を 4〜5 等分し，それぞれの区分における平均の $1/(h_w - h_a) = 1/\Delta h$ を求め，その算術平均値

$$\left(\frac{1}{\Delta h}\right)_m = \frac{1}{n}\sum_{j=1}^{n}\frac{1}{\Delta h_j} \quad (2.23)$$

を求めれば，U/N は次式より計算できる．

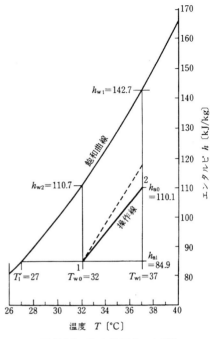

図 2.16　T-h 線図上の変化[6]

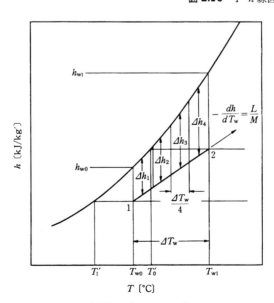

図 2.17　U/N の計算法[1]

$$\frac{U}{N}=\Delta T_\mathrm{w}\left(\frac{1}{\Delta h}\right)_\mathrm{m} \tag{2.24}$$

他に，数値積分法などいくつかの方法があるが，この方法は簡単で精度もよいのでしばしば用いられる．

例題 7 入口空気の湿球温度 $T_\mathrm{ai}'=26°C$，入口水温 $T_\mathrm{wi}=35°C$，出口水温 $T_\mathrm{wo}=30°C$，$N=1.2$ のときの U/N を求めよ．

解答 湿り空気 $h-T$ 線図より，$T_\mathrm{ai}'=26°C$ から $h_\mathrm{ai}≒80.4\mathrm{kJ/kg}'$ が求められ $T_\mathrm{wo}=30°C$ と併せ，図 2.16 の点 1 が定まる．次に $N=-dh/dT_\mathrm{w}$ より，$\Delta h=25.1$，すなわち $h_\mathrm{ao}=105.5$ と T_wi から点 2 が決まる．点 1 と 2 を結び T_wi と T_wo との間を 5 等分して $1/(h_\mathrm{w}-h_\mathrm{a})$ を求めると以下のようになる．

t_w	30.5	31.5	32.5	33.5	34.5	
h_w	102.2	107.2	113.0	119.3	125.6	
h_a	82.9	87.9	92.9	98.0	103.0	
$1/(h_\mathrm{w}-h_\mathrm{a})$	0.0518	0.0518	0.0498	0.0469	0.0442	$(1/\Delta h)_\mathrm{m}=0.0489$

$$\therefore\ \ U/N=5\times0.0489=0.2445$$

次に，塔内の充塡物の高さ Z_d の計算，その部分における水と空気との熱交換，充塡物の種類と Ka の実験結果の詳細などは，この本の範囲をこえるので，他の文献[1]を参照されたい．また，直交流形冷却塔の解析[1]，密閉式の詳細[1]もここでは省略する．

2.6 空気調和方式の進歩

2.6.1 概　　要

現在，空気調和と称されている技術は，もともと寒さ暑さの自然環境から身を守り，少しでも快適に過ごす手段として始まり，前節で述べたように次第に湿度・じんあい・気流などの他の要素にも注意が払われるようになり，空気調和という技術・表現にまで進展したといえる．このように，空気調和が発展した原因は，第 1 に，家庭生活の合理化・多様化や産業構造の変化などの利用側の要求の高度化・多様化によるもので，きめ細かな空調の対応の必要性の増大であり，個別制御の要求が増大したことなどによるものといえる．第 2 は，オイルショックによってもたらされたシステムの省エネルギ化である．これら 2 要因は互いに関連しつつ空調方式の進歩・変革をうながした．この節は上述の流れを念頭におき，最近の状況に着目した

2.6 空気調和方式の進歩　**221**

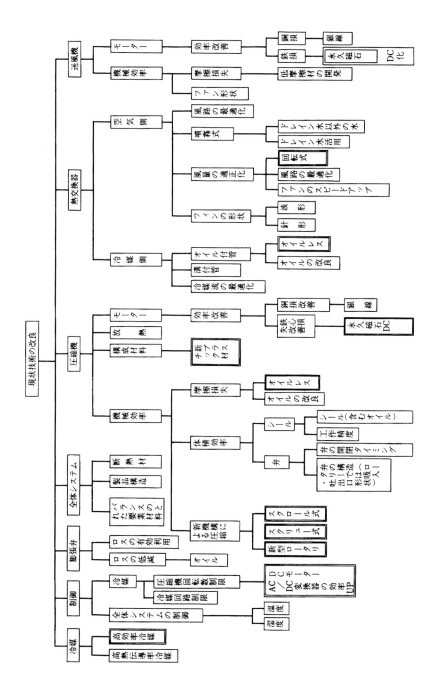

図 2.18 現状技術の改良ツリー[25]

空調方式の進歩について述べ，将来への方向について述べる．

2.6.2 空気調和機器の進歩

　現在の空気調和方式は上述の2要因を満足させつつ発展しており，将来もこの方向は変らないと予想される．これまでの進歩は，システム・利用技術・熱源など，ハード，ソフトの両面からもたらされたものであるが，この中で構成機器の進歩が最も大きな役割を演じたと考えられる．図2.18は機器に関連した技術の改良の経過を示している．次に，これらの主なものを述べる．

　熱交換器のうちで空調に用いられるものは管型で，管内を冷媒または熱媒が，他方の外側を空気が流れる形式とする場合が多い．一般に伝熱量を増大させようとすれば，熱伝達率の小さい管の外側にフィンをとりつけ総熱量を増加させる．フィンの形状は始めは平板状のものがほとんどであったが，フィン間隔を小さくすることによって伝熱面積は増大するが，逆に平均熱伝達率は低下し，両者の積も極大値を経て低下する傾向がある[26]．このような現象を防ぎ，渦や剥離現象を利用して熱伝達率を高い値で保持できるフィン形状が次々に開発されている．これに伴う熱伝達率増加の傾向を図2.19に示す[25]．これから，スーパースリットフィンは初期の平板フィンよりも約2倍熱伝達率の増大が図られたことがわかる．また，伝熱面積と熱伝達率の増加が通風抵抗の増大につながらないことが送風側の条件として与えられているが，これに関連してパイプ断面形状を楕円形にする基礎的研究[27]もなされている．また，管群に対してはいくつかの研究[28)29]があり，将来の熱交換器設計のための新しい基礎データとなることは十分期待できる．

　以上のように，管外側が改善されるに伴って，これまであまり問題にならなかった管内の熱伝達増大も検討され，溝付管も用いられるなどいくつかの研究[30]も見られる．

　次に，ターボ冷凍機と吸収式冷凍機の省エネルギ効果も著しく改善され，いずれの冷凍機の場合にも第1次オイルショック

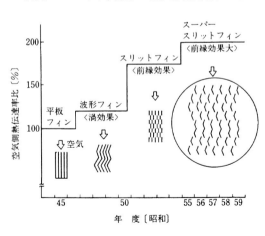

図 **2.19**　熱交換器フィンの改良による効果[25]

前に比べてエネルギ消費率は大きく減少している[31]．送風機に関してはモータ，ファン形状の改良のみならず，送風路の通風抵抗減少の改善もなされ，風圧は初期のものよりも50%以上も低減したといわれている[25]．

次に，制御について考えると，空調制御は他の分野と同様に，センサの開発，エレクトロニクスの進歩によるマイコンの使用などによりもたらされたといえる．的確な制御によって単独の空調機で多様な要求に応えることも可能になり，無駄なエネルギを節約することもできるようになった．今後さらにシステムの設備費と動力節約とを含めたトータルエネルギコストも十分考慮する必要があろう[32]．

2.6.3 空気調和システム，特にヒートポンプの進歩

直接暖房方式はすでに改良が終了したシステムと考えられ，構成機器個々の効率の増大や放熱器の改善は見られたものの今後大きな変化はないように思われる．

一方，これに対し，冷房と暖房とを組合せ運転できるいわゆる空調システムにおいては，快適性と省エネルギの両者を満足する改善が逐次なされているといってよい．特に方式の中でVAVシステムの改良[33]，製品開発[34]が多い．

次に，近年注目され検討されているシステムは，ヒートポンプを用いた空調システムで特集や動向などの文献[35],[36]も多く見られ，新しいシステムについても検討がなされている[37]．このような関心は機器の性能改善によることが大であり，COPが向上したことによるほか，公害問題上も有利であるということから利用熱源などについても変化をもたらしている．すなわち，旧来多く用いられた地下水に代り空気熱源への広範囲な移行と排熱利用（熱回収）ヒートポンプの発展の二つが互いに関連しつつなされていることも注目すべきである．

ここで，空気熱源の利用，いわゆる空冷化の動向であるが，これに伴って問題になる現象はファンコイルなどへの着霜と除霜の問題である．これは，空冷式が温暖な地域から寒冷地へと利用範囲が広がるにつれてますます重要な課題となる．着霜の初期挙動[38]，熱および物質伝達[39]などの基礎的な研究や実際面の工夫もなされてはいるが，未解決な問題も残されていることは事実である．

以上のように，空冷方式は利用拡大の方向にはあるが，寒冷地においては暖房負荷の最も大きい冬期に外気温が低くCOPが低下する欠点は防止できず，省エネルギを期する立場から考えれば，さらに大気よりも有利な熱源を利用する必要があろう．また，温暖地においても，各種の産業排熱および民生排熱を利用して省エネルギを図るべきであるが，前者と利用した熱回収システムの応用例は多数ある[21]が，空

気調和における利用，すなわち民生利用は比較的少なく，これからさらに発展する分野といえよう．現在大規模な地域暖冷房[13]もいくつか実用化されつつあり，事業化も行われている．また，これまでのヒートポンプは電気動力によるコンプレッサ利用の場合と吸収式による場合が主流をなしてきたが，排熱利用によるガスエンジンシステムの実用化もなされつつある[40]．

一方，ヒートポンプを用いる場合には蓄熱槽が必要不可欠なことが多く，その性能がCOPに多大の影響を与える．このような立場から最近は潜熱蓄熱に関する基礎研究も多数行われている[41]．

演 習 問 題

[**2.1**] ある建物の蒸気暖房装置で，相当放熱面積が $8\,m^2$ の放熱器30台が設けられている．この設備について，(a)定常状態のボイラの必要熱量 $Q_b[W]$，(b)ボイラの重油消費量 $M_f[kg/h]$ を求めよ．ただし，配管熱損失は $0.2Q_r$（Q_r：放熱量），ボイラ効率 $\eta_b=0.85$，燃料の低位発熱量 $H_l=4\,300\,kJ/kg$ とする． (答 $Q_b \fallingdotseq 218\,000W$，$M_f \fallingdotseq 21.1\,kg/h$)

[**2.2**] 図Aのような低圧暖房装置の管径を決定せよ．ただし，蒸気主管O～A，D～Eおよび立管H～I，ならびに還水主管0～aおよび立管g～hについて求めよ．ただし蒸気管内許容圧力降下は $0.98 \times 10^4\,Pa$ 以内とし，還水には真空給水ポンプを使用するものとする．また，配管の局部抵抗の和は全直管による抵抗の和に等しいものと仮定し，熱損失を無視する．

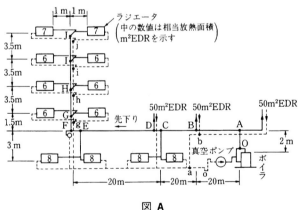

図 **A**

(答 O～A＝232EDR，$\phi 80$，D～E＝66EDR，$\phi 50$，H～I＝26EDR，$\phi 40$，0～a＝232EDR，$\phi 40$，g～h＝38EDR，$\phi 20$)

[**2.3**] 図Bのような温水暖房装置の循環ポンプの所要揚程を下表の計算結果によって3.5mAqとした．循環ポンプを運転中，点a，b，cおよび放熱器Nの出口側最上部N′の圧

力水頭〔mAq〕を求めよ．ただし，膨張タンクは開放式とし，タンク内の水面の変動は無視する．

区　　間	a～b	b～c	c～N′	N′～d	d～e	合　計
循環水頭損失〔mAq〕	0.25	1.55	0.10	0.05	1.55	3.5

(答 a：8+0.25＝8.25mAq，b：5.5mAq，c：4.75mAq，N′：1.35mAq)

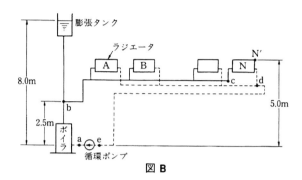

図 B

[2.4] 温水暖房装置の全内容積が 0.8m³ あった．この場合の開放式膨張タンクの必要容積はいくらか．ただし，始めの水温およびボイラの運転時の水温をそれぞれ 5°C, 85°C とし，密度は物性表[6]等から求めよ． (答 0.052～0.078m³)

[2.5] 図Cのような温水暖房装置について，各区間の循環水量・管径ならびにボイラ容量を求めよ．ただし，放熱器出入口温度差は 10°C，配管熱損失は放熱器熱容量の 15%，循環ポンプ揚程＝4m，配管局部抵抗の相当長は直管長に等しい．温度差による自然循環水頭は無視する．また，予熱負荷割増率は 30% と考える．　　　　　　　　　　　　　　　(省略)

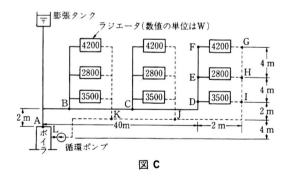

図 C

[2.6] $T_1=22°C$, $x_1=0.0075\,\text{kg/kg}'$ の空気 1 200 kg′/h を加湿して $T_2=22°C$, $\varphi_2=80\%$ とした．このとき加えられた水分量 M_w〔kg/h〕，熱量 Q〔W〕を求めよ．

(答 $M_w=7.08\,\text{kg/h}$, $Q=5\,170\,\text{W}$)

[2.7] 圧縮空気を用いて，二流体ノズルで室内に直接噴霧する場合の水滴の平均直径と空

226　　2　空気調和方式とその展望

気と水の相対速度 Δu および水と空気との容積流量比 V_w/V_a の関係を求め，図に示して考察を加えよ．ただし，図には Δu をパラメータとし，横軸に V_w/V_a をとって示せ．（省略）

[**2.8**]　冷却塔を用い，35℃ の水を冷却しようとする．水を最低何度まで冷却することができると考えてよいか．ただし，冷却塔入口の空気の状態は $T_{al}=32℃$, $T'_{al}=27℃$ とする．

（答 30℃）

参 考 文 献

1)　空気調和・衛生工学会編：空気調和・衛生工学便覧II (1975).

2)　たとえば，日本機械学会編：機械工学便覧，B6 動力プラント (1986)，日本機械学会.

3)　日本熱物性研究会編：熱物性資料集—断熱材編— (1983)，養賢堂.

4)　配管工学研究会編：配管ハンドブック (1969)，産業図書.

5)　吉村ほか：空気調和設備 (1980)，彰国社.

6)　日本機械学会編：伝熱工学資料 (改訂第 3 版) (1975)，日本機械学会.

7)　井上宇市：空気調和ハンドブック (改訂 3 版) (1982)，丸善.

8)　冷凍協会編：冷凍空調便覧—応用編— (1981)，冷凍協会.

9)　高田ほか：空気調和装置 (1977)，産業図書.

10)　松本ほか：空気調和・衛生工学論文集，No.0 (1976)，p.20.

11)　原井：空調冷凍，**21**-4 (1981).

12)　抜山ほか：日本機械学会論文集，**5**-18 (第 2 部)，p.63.

13)　望月：空気調和・衛生工学，**57**-10 (1983)，p.949.

14)　たとえば，林ほか：日本機械学会論文集，**43**-368 (1977)，p.1384.

15)　柳町：空気調和・衛生工学，**38**-6 (1964).

16)　岡ほか：空気調和・衛生工学学術論文集，'81-10 (1981)，p.213.

17)　落藤ほか：同上，**58**-10,(1981) p.281.

18)　田中：冷凍，**58**-671 (1983)，p.904.

19)　三上：空気調和・衛生工学，**56**-11 (1982)，p.1055.

20)　秋田県・科学技術庁，地域エネルギー総合利用実証調査 (1982).

21)　たとえば，電力空調研究会編：ヒートポンプによる冷暖房，No.1〜No.25.

22)　竹花：冷凍，**58**-671 (1983)，p.888.

23)　今木：空気調和工学 (1983)，産業図書.

24)　内田：湿り空気と冷却塔 (1965)，p.94，裳華房.

25)　埋橋：冷凍，**59**-684 (1984)，p.922.

26)　山田：空気調和・衛生工学，**49**-4 (1975)，p.347.

27)　Ota, T., *et al.* : *Bull. JSME*, **26**-212 (1983), p.262.

参　考　文　献　**227**

28) 相場ほか：空気調和・衛生工学論文集，No. 26 (1984)，p. 21.

29) 塚本ほか：日本機械学会論文集 B，**49**-439 (1983)，p. 695.

30) たとえば菱田ほか：同上，**50**-450 (1984)，p. 537.

31) 笠原：冷凍，**59**-681 (1984)，p. 633.

32) たとえば，中原：空気調和・衛生工学論文集，No. 18 (1982)，p. 33.

33) Tallaut, D. (宮坂訳)：冷凍，**59**-678 (1984)，p. 354.

34) 河原ほか：冷凍，**59**-679 (1984)，p. 419.

35) 空気調和・衛生工学，**57**-10 (1982)，p. 949.

36) 新井ほか：冷凍協会論文集，**1**-1 (1984)，p. 3.

37) 谷口ほか：空気調和・衛生工学論文集，No. 21 (1983)，p. 31.

38) 関ほか：日本機械学会論文集 B，**50**-451 (1984)，p. 825.

39) 戸倉ほか：同上，**50**-449 (1984)，p. 173.

40) 藤村ほか：第 17 回空気調和・冷凍連合講演会 (1983)，p. 1.

41) たとえば伊藤：日本機械学会論文集 B，**50**-450 (1984)，p. 556.

単位換算表

(日本機械学会編伝熱工学資料抜粋)

第1表 SI 基本単位

量	名 称	記 号	量	名 称	記 号
長　　さ	メートル	m	熱力学温度	ケルビン	K
質　　量	キログラム	kg	光　　度	カンデラ	cd
時　　間	秒	s	物質の量	モ　ル	mol
電　　流	アンペア	A			

第2表　単位換算表（太わくは SI 単位系による単位）

1. 質　量	kg*	lb			
	1	2.205	(注)　質量をあらわす単位には * をつけてある.		
	0.4536	1	(注)　質量 1 kg* の物体の標準重量は 1 kg である.		
2. 重量ある いは力	ニュートンN	kg	lb	g*cm/s²(dyne)	
	1	0.1020		1.00×10^5	
	9.807	1	2.205	9.807×10^5	
	4.448	0.4536	1	4.448×10^5	
	1.00×10^{-5}	1.020×10^{-5}	2.248×10^{-6}	1	
3. 長　さ	m	cm	in	ft	
	1	100	39.37	3.281	
	0.01000	1	0.3937	0.03281	
	0.02540	2.540	1	0.08333	
	0.3048	30.48	12.00	1	
4. 面　積	m²	cm²	in²	ft²	
	1	1.00×10^4	1550	10.76	
	0.0001000	1	0.1550	0.001076	
	0.0006452	6.452	1	0.006944	
	0.09290	929.0	144.0	1	
5. 体　積	m³	cm³	in³	ft³	
	1	1×10^6	61020	35.31	
	1×10^{-6}	1	0.01602	3.531×10^{-5}	
	1.639×10^{-5}	16.39	1	5.787×10^{-4}	
	0.02832	2.832×10^4	1728	1	
6. 斗　量	m³	英 gal	米 gal	litre	
	1	220.0	264.2	1000	
	0.004546	1	1.201	4.546	
	0.003785	0.8327	1	3.785	
	0.001000	0.2200	0.2642	1	
7. 圧　力	パスカル Pa	kg/cm²	lb/in²(psi)	lb/ft²	dyne/cm²
	1	1.020×10^{-5}	1.450×10^{-4}	2.089×10^{-2}	10.00
	9.807×10^4	1	14.22	2048	9.807×10^5
	6.895×10^3	0.07031	1	144.0	6.895×10^4
	47.88	4.882×10^{-4}	6.944×10^{-3}	1	478.8
	0.1000	1.020×10^{-5}	1.450×10^{-5}	2.089×10^{-3}	1

8. 速度

m/s	m/h	ft/s	ft/h
1	3600	3.281	1.181×10^4
2.778×10^{-4}	1	9.114×10^{-4}	3.281
0.3048	1097	1	3600
8.467×10^{-5}	0.3048	2.778×10^{-4}	1

9. 比重量（または密度）

g/cm³(g*/cm³)	kg/m³(kg*/m³)	lb/in³(lb*/in³)	lb/ft³(lb*/ft³)
1	1000	0.03613	62.43
0.001000	1	0.00003613	0.06243
27.68	2.768×10^4	1	1728
0.01602	16.02	0.0005787	1

（注）比重量を重力単位であらわした数値は密度を絶対単位であらわした数値にひとしい.
（注）密度を重力単位であらわすには、比重量を重力速度 g でわればよい.

10. 重力加速度

$g = 98.7\text{cm/s}^2 = 9.807\text{m/s}^2 = 1.271 \times 10^8\text{m/h}^2 = 32.17\text{ft/s}^2 = 4.170 \times 10^8\text{ft/h}^2$

11. 粘性係数

パスカル秒 Pa·s	kgs/m²	g*/cms(Poise)	kg*/mh	lb*/fts
1	0.1020	10.00	3600	0.6719
9.807	1	98.07	3.530×10^4	6.589
0.1000	0.01020	1.000	360.0	0.06719
2.778×10^{-4}	2.833×10^{-5}	2.778×10^{-3}	1	1.866×10^{-4}
1.488	0.1517	14.88	5357	1

12. 動粘性係数（または温度伝導率）

m²/s	cm²/s	m²/h	ft²/h	ft²/s
1	1.000×10^4	3600	3.874×10^4	10,76
1.000×10^{-4}	1	0.3600	3.874	1.076×10^{-3}
2.778×10^{-4}	2.778	1	10.76	2.989×10^{-3}
2.581×10^{-5}	0.2581	0.09290	1	2.778×10^{-4}
0.09290	929.0	334.4	3600	1

13. 体積流量

m³/s	m³/h	ft³/h	ft³/s
1	3600	1.272×10^5	35.31
2.778×10^{-4}	1	35.31	9.807×10^{-3}
7.865×10^{-6}	0.02832	1	2.773×10^{-4}
0.02832	102.0	3600	1

14. 重量速度（または質量速度）

kg/m²h(kg*/m²h)	kg/m²s(kg*/m²s)	lb/ft²h(lb*/ft²h)	lb/ft²s(lb*/ft²s)
1	0.0002778	0.2048	0.00005689
3600	1	737.3	0.2048
4.882	0.001356	1	0.0002778
1.758×10^4	4.882	3600	1

（注）重量速度を重力単位であらわした数値は、質量速度を絶対単位であらわした数値にひとしい.

15. 熱量

ジュール J	kcal	BTU	kWh	PSh
1	2.388×10^{-4}	9.478×10^{-4}	2.778×10^{-7}	3.777×10^{-7}
4.187×10^3	1	3.968	1.163×10^{-3}	1.581×10^{-3}
1056	0.2520	1	2.931×10^{-4}	3.984×10^{-4}
3.600×10^6	859.8	3.412	1	1.360
2.648×10^6	632.5	2510	0.7355	1

16. 動力

ワットW	kgm/s	lbft/s	PS	kcal/s
1	0.1020	0.7376	1.360×10^{-3}	2.388×10^{-4}
9.807	1	7.233	0.01333	2.343×10^{-3}
1.356	0.1383	1	1.843×10^{-3}	3.239×10^{-4}
735.5	75.00	542.5	1	0.1757
4.187×10^3	426.9	3087	5.691	1

17. 熱量/面積

kcal/m²	BTU/ft²
1	0.3687
2.713	1

18. 熱量/体積

kcal/m²	BUT/ft³
1	0.1124
8.900	1

19. 熱量/重量

kcal/kg	BTU/lb
1	1.800
0.5556	1

20. 比熱

$1\text{kcal/kg}°\text{C} = 1\text{BTU/lb}°\text{F} = 1\text{Pcu/lb}°\text{C} = 4.187\text{kJ/kgK}$

230　単 位 換 算 表

21. 熱伝導率	W/(m·K)	kcal/mh°C	cal/cms°C	BTU/fth°F	BTU/inh°F
	1	0.8598	2.388×10^{-3}	0.5778	0.04815
	1.163	1	2.778×10^{-3}	0.6720	0.05600
	418.7	360.0	1	241.9	20.16
	1.731	1.488	4.134×10^{-3}	1	0.08333
	20.77	17.86	0.04960	12.00	1
22. 熱伝達率 熱通過率	W/(m²·K)	kcal/m²h°F	cal/cm²s°C	BUT/ft²h°F	W/cm²°C
	1	0.8598	2.888×10^{-5}	0.1761	1.000×10^{-4}
	1.163	1	2.778×10^{-5}	0.2049	1.163×10^{-4}
	4.187×10^{4}	3.600×10^{4}	1	7373	4.187
	5.678	4.883	1.356×10^{-4}	1	5.678×10^{-4}
	1.000×10^{4}	8600	0.2388	1761	1
23. 熱抵抗	m²K/W	m²h°F/kcal	cm²s°C/cal	ft²h°F/BTU	
	1	1.163	4.187×10^{4}	5.678	
	0.8598	1	3.600×10^{4}	4.881	
	2.388×10^{-5}	2.778×10^{-5}	1	1.356×10^{-4}	
	0.1761	0.2048	7373	1	
24. 熱流強さ $\left(\dfrac{熱\ 量}{面積 \cdot 時間}\right)$	W/m²	kcal/m²h	cal/cm²s	BTU/ft²h	W/cm²
	1	0.8598	2.388×10^{-5}	0.1370	1.000×10^{-4}
	1.163	1	2.778×10^{-5}	0.3687	1.163×10^{-4}
	4.187×10^{4}	3.660×10^{4}	1	1.327×10^{4}	4.187
	3.154	2.712	7.535×10^{-5}	1	3.154×10^{-4}
	1.000×10^{4}	8600	0.2388	3170	1

注：上記以外で SI 単位系に含まれるか併用される重要な単位

セルシウス温度　°C　　（$t°C = T K - 273.15$）　　　　リットル　（$1l = 10^{-3}m^3$）

バ ー ル　　　　har　（$1bar = 10^5 Pa = 0.9869atm$）　　ト　　ン　（$at = 10^3 kg$）

ヘ ル ツ　　　　Hz　（s^{-1}）

その他オングストローム（Å），標準大気圧（atm）など．

索　引　**233**

な　行

二元冷凍サイクル　16
2段圧縮冷凍サイクル　12
日射による熱負荷　188

熱運搬装置　206
熱交換機　81
熱通過率　58, 187
熱伝達率　46
熱伝導　46
熱放射　45
熱流束　46

は　行

バイパスファクタ　186
パッケージユニット　210
発達した流れ領域　61
パネル　205
ハロゲン炭素化合物　23
反射率　70
半冷却時間　144

ビィーデマン・フランツの法則　124
比較湿度　160
非黒体面　75
微細多フィン管　138
非定常伝導伝熱　56
ヒートポンプ　213
ヒートポンプの熱源　214
ヒートポンプマルチシステム　140

VAVユニット　210
ファンコイルユニット　210
フィン効率　84
複管式　195
ふく射暖房　194
ふく射暖房方式　205
不透明体　71
部分空調　207
不飽和空気　159
ブライン　18
プランクの法則　71

プラントル数　60
フーリエの熱伝導方程式　46
プール沸騰　77

平均ヌセルト数　62
平均熱伝達率　61
ペルチェ効果　124
変風量方式　209

放射率　72
放出熱量　9
膨張タンク　201
膨張弁　2, 105
放熱器　196
飽和空気　159
飽和蒸気圧　159
飽和沸騰　77
保健用空気調和　158

ま　行

膜温度　62
膜状凝縮　80
膜沸騰熱伝達　77
マルチ圧縮機方式　136

水空気比　218
水の凍結速度　148

無機化合物　20

毛髪湿度計　167
モリエ線図　168

や　行

有効温度　176

容量制御装置　95
容量調節装置　106
汚れ係数　84, 99

ら　行

ランバートの法則　72
乱流速度境界層　60

234　索　　引

ルイスの関係　165

冷却減湿装置　212
冷却効率　217
冷却塔　216
冷凍　2
冷凍機　2
冷凍曲線　150
冷凍効果　7, 9

冷凍サイクル　2, 89
冷凍トン　9
冷媒　2, 18
冷媒循環量　10
冷房時の標準外気　181

ロータリ圧縮機　95
露点　160
露点温度　160
露点湿度計　167

■編者略歴

関 信弘 (せき・のぶひろ)
1923年1月1日生
1945年 北海道大学工学部機械工学科卒業
北海道大学名誉教授，工学博士，
（前） 北海道職業訓練短期大学校校長
専 門 熱力学，伝熱工学

■著者略歴 （執筆順）

福迫尚一郎 (ふくさこ・しょういちろう)
1937年11月24日生
1970年 北海道大学大学院工学研究科博士
課程機械工学専攻修了
北海道大学工学部機械工学第二学
科教授，工学博士
現 在 札幌市助役
専 門 伝熱工学，冷凍空調工学

稲葉英男 (いなば・ひでお)
1947年2月2日生
1979年 北海道大学大学院工学研究科博士
課程機械工学第二専攻修了
現 在 岡山大学工学部機械工学科教授，
工学博士
専 門 熱力学，伝熱工学

坂爪伸二 (さかつめ・しんじ)（故人）
1938年3月18日生
1962年 北海道学芸大学卒業
（前）釧路工業高等専門学校教授

相場眞也 (あいば・しんや)
1937年2月26日生
1959年 秋田大学鉱山学部機械工学科卒業
秋田工業高等専門学校機械工学科
教授，工学博士
現 在 秋田工業高等専門学校名誉教授
専 門 熱力学，伝熱工学

斉藤 図 (さいとう はかる)（故人）
1938年9月26日生
1964年 北海道大学大学院工学研究科修士
課程機械工学専攻修了
（前） 室蘭工業大学教授，工学博士

山田悦郎 (やまだ・えつろう)
1936年1月15日生
1958年 秋田大学鉱山学部卒業
1990年 秋田大学鉱山学部機械工学科教
授，工学博士
2003年 同校退官
専 門 伝熱学

冷凍空調工学 　　　　　　　　　　　　　　　　　© 関 信弘 1990

1990年11月30日　第1版第1刷発行	編者／関 信弘
2008年2月15日　第1版第10刷発行	発行者／森北博巳

【本書の無断転載を禁ず】

電算組版印刷／株式会社　太洋社
製本／協栄製本

```
検 印
省 略
```
定価はカバーに
表示してあります。

発行所／森北出版株式会社
東京都千代田区富士見1-4-11 〒102-0071
電話 03-3265-8341（代表）
FAX 03-3264-8709（営業）03-3265-8750（編集・開発）
日本書籍出版協会／自然科学書協会／工学書協会
土木・建築書協会 会員

JCLS ＜（株）日本著作出版権管理システム委託出版物＞　　落丁・乱丁本はお取替えいたします。

ISBN978-4-627-67210-9
Printed in Japan

冷凍空調工学 ［POD版］　　　　　　　　　　ⓒ関　信弘　1990

2018年2月28日	発行
編　者	関　信弘
発 行 者	森北　博巳
発　行	森北出版株式会社 〒102-0071 東京都千代田区富士見1-4-11 TEL　03-3265-8341　　FAX　03-3264-8709 http://www.morikita.co.jp/
印刷・製本	ココデ印刷株式会社 〒173-0001 東京都板橋区本町34-5
	ISBN978-4-627-67219-2　　　　　　Printed in Japan

JCOPY ＜（社）出版者著作権管理機構　委託出版物＞